U0806113

中级注册安全工程师职业资格考试辅导教材

安全生产专业实务

金属非金属矿山安全技术

全国安全工程师考试研究组　编

黄河水利出版社

图书在版编目(CIP)数据

安全生产专业实务. 金属非金属矿山安全技术 / 全国安全工程师考试研究组编. — 郑州 : 黄河水利出版社,2019.3(2023.1 修订重印)

中级注册安全工程师职业资格考试辅导教材

ISBN 978 - 7 - 5509 - 2306 - 5

Ⅰ. ①安… Ⅱ. ①全… Ⅲ. ①矿山安全 - 安全生产 - 资格考试 - 教材 Ⅳ. ①X93

中国版本图书馆 CIP 数据核字(2019)第 048256 号

出 版 社:黄河水利出版社

地　　址:郑州市金水区顺河路黄委会综合楼 14 层

邮　　编:450003

发行单位:黄河水利出版社

发行电话:0371 - 56623217　66026940

承印单位:河南承创印务有限公司

开　　本:16K

印　　张:18

字　　数:427 千字

版　　次:2019 年 3 月第 1 版

印　　次:2023 年 1 月第 5 次印刷

定　　价:68.00 元

前 言

为贯彻落实习近平新时代中国特色社会主义思想，适应我国经济社会安全发展需要，提高安全生产专业技术人员素质，客观评价中级安全生产专业技术人员的知识水平和业务能力，同时根据《注册安全工程师分类管理办法》规定，要求相关企业必须配备相应数量和级别的安全工程师。为满足国家对安全工程师的需求，国务院人力资源社会保障和应急管理部门共同组织实施中级注册安全工程师职业资格考试，考试合格者，可取得中华人民共和国注册安全工程师职业资格证书（中级）。由此可知，注册安全工程师的地位进一步得到提升，重视安全生产已成为政府和社会各领域的基本共识。

全国注册安全工程师职业资格考试实行全国统一大纲、统一命题的考试制度，原则上每年举行一次。

为了帮助考生顺利通过全国注册安全工程师职业资格考试，安全工程师考试研究组在深入研究考试大纲的基础上，剖析大纲要求，紧抓考试重点、难点，精心编写了本套教材。教材包括三门公共课《安全生产法律法规》《安全生产管理》《安全生产技术基础》和七门专业课《煤矿安全技术》《金属非金属矿山安全技术》《化工安全技术》《金属冶炼安全技术》《建筑施工安全技术》《道路运输安全技术》《其他安全技术（不包括消防安全）》。

本书具有以下特点：

一、紧贴大纲，内容全面，有利于考生掌握考点

本书包含了考试大纲要求的重难知识点和考点，内容翔实，层次分明。本书分为两部分，第一部分共十三章，每章由知识框架、考点精讲、案例分析和参考答

案及解析四部分组成，第二部分共七章，第一至第六章由知识框架、考点精讲两部分组成，第七章由案例分析题组成。有利于考生掌握考试内容，把握重点，全面复习。

二、考点明确，语言简洁，具有很强的实用性

本书对大纲要求的重要知识点进行精简汇编，考点以表格形式呈现，有利于考生理清学习重点，高效掌握知识的重难点，从而提高学习效率，备考更得力，达到最佳的学习效果。

三、添加知识框架，章节思维脉络清晰，方便考生理清思路

本书每一章前面都添加有知识框架。知识框架是对章节考试要点的提炼，能帮助考生快速掌握考试要点，理清自己的学习思路，从而达到快速备考、科学备考的目的。

四、添加案例分析，方便考生检验学习成果

本书添加了案例分析练习题，并且题后有详细的参考答案及解析，方便考生快速检验对知识点的掌握程度和学习效果。

由于时间和编者水平有限，本书难臻完善，不足之处，敬请广大考生予以指正。同时希望本书能够帮助各位考生顺利通过考试！

编　者

目 录

第一部分 专业安全技术

第二部分 安全生产案例分析

第一部分

专业安全技术

第一章　金属非金属矿山开采技术基础

知识框架

- 金属非金属矿山开采技术基础
  - 矿山地质的基本概念
    - 基本概念
    - 矿床的分类
    - 矿体的形状与产状
  - 矿床地质构造、水文地质及其对矿山安全生产的影响
    - 矿床地质构造
    - 地质构造对矿山开采的影响
    - 水文地质
    - 水文地质对矿山安全生产的影响
  - 金属非金属矿山的主要开发方式
    - 概述
    - 露天矿山主要开采方式
  - 地下矿山开采安全技术
    - 概述
    - 采矿作业安全管理
    - 地下采矿方法

考点精讲

第一节　矿山地质的基本概念

考点1　基本概念

项目	具体内容
矿床	地壳内部或表面富集的有用矿物或组分，在质和量上达到工业利用的要求，并在现有技术经济条件下能够被开采利用的部位称为矿床。矿床的空间范围包括矿体和围岩
矿体	构成矿床的基本单位，是达到工业要求的含矿部分，又是开采的直接对象。矿体具有一定的大小、形状和产状。一个矿床可以由一个或多个矿体组成

续表

项目	具体内容
矿石	矿石是指含有有用矿物或组分并组成矿体的矿物集合体。矿石中通常包括矿石矿物和脉石矿物两部分。矿石矿物指矿石中能提供有用元素或本身可以被直接利用的矿物,如铜矿石、石棉矿石等。脉石矿物指矿石中没有用处的那些矿物,如铜矿石中的石英。 矿石的品位是指单位矿石中所含有用元素、组分或矿物的含量(以质量百分比、g/t,g/m^3,g/L 表示)
围岩	围岩是指围绕在矿体周围无经济价值的岩石。矿体和围岩两者界限有的清楚,有的为渐变无明显界限。一般在矿床中,将可以达到最低工业平均品位的部分当作矿体,达不到的作为围岩。随着工艺技术的提高,最低工业品位可以降低,这样圈定矿体的范围也是可以扩大的
褶皱	层状的岩石经过变形后形成波浪起伏的弯曲形态,但其连续性和完整性没有受到破坏,这种构造叫作褶皱构造。褶曲是褶皱中的一个弯曲,是褶皱的基本单位。 褶曲有背斜和向斜两种基本形态。背斜是两翼岩层倾向相背,形态上是岩层向上弯曲的褶曲,其核部岩层较老,两翼岩层较新。向斜是两翼岩层倾向相向,形态上是岩层向下弯曲的褶曲,其核部岩层较新,两翼岩层较老
裂隙	岩石因受地壳内的动力,沿着一定方向产生机械破裂,失去其连续性和整体性称为断裂构造。裂隙是断裂构造的一种,通常把岩体中产生的无明显位移的裂缝叫作裂隙
断层	断层是岩石在构造应力作用下,发生了断裂和构造,并有显著位移的断裂构造。断层的要素包括断层面、断层线、断盘和断距。根据断层两盘在空间的相对运动情况,断层可分为正断层、逆断层和平推断层

考点 2　矿床的分类

项目	具体内容
矿床的分类	矿床的矿体形状、厚度及倾角,对于矿床开拓和采矿方法的选择,有着直接的影响。因此,矿床一般按矿体形状、倾角和厚度进行分类
按矿体形状分类	(1)层状矿床。这类矿床多为沉积或变质沉积矿床。其特点是矿床规模较大,赋存条件(倾角、厚度等)稳定,有用矿物成分组成稳定。其含量较均匀。 (2)脉状矿床。此类矿床主要是由于热液和汽化作用。将矿物充填于地壳的裂隙中生成的矿床。其特点是矿脉与围岩接触处有蚀变现象,矿床赋存条件不稳定,有用成分含量不均匀。 (3)块状矿床。这类矿床主要是充填、接触交代、分离和汽化作用形成的矿床。其特点是:矿体大小不一;形状呈不规则的透镜状;矿巢、矿株等产出;矿体与围岩的界限不明显

续表

项目	具体内容
按矿床倾角分类	(1)水平和微倾斜矿床,倾角小于5°。 (2)缓倾斜矿床,倾角为5°~30°。 (3)倾斜矿床,倾角为30°~55°。 (4)急倾斜矿床,倾角大于55°。 矿体的倾角与采场的搬运方式有着密切关系。在开采水平和微倾斜矿床时,各种有轨或无轨搬运设备可以直接进入采场。在缓倾斜矿床中搬运矿石,可采用人力或电耙、运输机等机械设备,在倾斜矿床中,可借助溜槽、溜板或暴力抛掷等方法,利用重力搬运矿石
按矿体厚度分类	矿体的厚度是指矿体上盘与下盘间的垂直距离或水平距离。前者叫作垂直厚度或真厚度,后者叫作水平厚度。 矿体按厚度通常划分为以下5类: (1)极薄矿体,厚度在0.8 m以下。 (2)薄矿体,厚度为0.8~4 m。 (3)中厚矿体,厚度为4~10 m或4~15 m。 (4)厚矿体,厚度为10~15 m或10~40 m。 (5)极厚矿体,厚度在40 m以上

考点3 矿体的形状与产状

项目	具体内容
矿体的形状与产状	矿体的形状和产状是由多种因素决定的,其中最主要的是矿床的成因,其次则是构造条件及围岩性质等。矿床的成因不同,其矿体形状也往往不同。如沉积矿床的矿体形状多为层状,而热液矿床的矿体则多呈脉状;层状和脉状矿体又各有不同的产状。 矿体形状和产状的研究,对于找矿、勘探以及开采工作都具有极其重要的意义。特别是采矿工作者,必须准确掌握矿体的形状和产状才能制定出合理的开采方案

第二节 矿床地质构造、水文地质及其对矿山安全生产的影响

考点1 矿床地质构造

项目	具体内容
地质构造的分类	地质构造是指承受地壳运动的岩层或岩体,在地应力的作用下发生形变的结果。地应力的方式和结果有3类: (1)压应力使岩石发生挤压作用,形成压性构造

续表

项目	具体内容
地质构造的分类	(2)张应力使岩石发生拉伸作用,形成张性构造。 (3)扭应力使岩石发生扭曲作用,形成扭性构造。岩石的形变,除与应力的大小、方向、性质和作用时间的长短有关外,还与岩石本身的理化表现有关,基本的构造类型有:水平构造、倾斜构造、褶皱构造和断层构造等,其规模有大有小,形态亦多种多样
水平构造	水平构造原始岩层一般是水平的,它在地壳垂直运动影响下未经褶皱变动而仍保持水平或近似水平的产状者,称为水平构造
倾斜构造	倾斜构造是指岩层经构造变动后岩层层面与水平面间具有一定的夹角。倾斜岩层常是褶曲的一翼,断层的一盘,或者由不均匀的升降运动引起的
褶皱构造	岩层在侧方压应力作用下发生的弯曲叫褶曲。褶曲又指岩层的单个弯曲,而岩层的连续弯曲则称为褶皱。褶皱的形态可用褶曲要素表示
断层构造	断层构造是指岩石受应力作用而发生变形,当应力超过一定强度时,岩石便发生破裂,甚至沿破裂面发生错动,使岩层的连续性、完整性受到破坏而形成的构造。按断层的规模和破裂程度,可分为劈理、节理、断层等基本类型
矿床地质构造	矿床地质构造是指埋藏在地壳里的矿体与各种岩石单体所自然形成的矿床。采矿工作中常见矿床的成因类型为石灰岩、砂岩、各种板岩、石英岩、矽卡岩 、混合岩、闪长岩、花岗岩等。 矿床地质构造的地应力作用的方式、基本的构造类型,与其地质构造相同。 岩石是矿物结晶颗粒的集合体。由于颗粒大小不同,颗粒间联结方式不同,岩石具有不同的结构与构造。岩石结构是指:岩石的组成部分(颗粒)的大小、形状、表面特征、颗粒相互关系、胶结类型特征等。而岩石的构造是指:岩石组成部分在空间排列的情况。如岩石的层面构造、层理构造等。 构成矿物的各种化学元素的原子(离子)在空间按一定规律重复排列,使其具有规则的几何形状的固体称为晶体

考点 2 地质构造对矿山开采的影响

项目	具体内容
地质构造与成矿的关系	地壳中矿产资源的形成主要受到两个因素的控制:其一要有成矿物质的来源;其二要有成矿物质运移的通道,以及使成矿物质有沉淀、赋存的场所。岩浆和气水热液是携带成矿物质的重要介质。当地壳运动使地壳发生各种构造变动时,形成褶皱、断裂和节理裂隙,往往伴有大规模的岩浆活动。含矿的岩浆或气水热液便在这些构造中运移,并在合适的构造部位沉淀矿质,富集成矿,形成所谓的内生矿产。由于地壳运动产生了构造隆起带凹陷带,构造隆起带长期遭受风化剥蚀,一些成矿物质被流水携带搬运至凹陷带,在一定的条件下也可发生沉淀富集,形成所谓的外生矿产。地质构造不仅影响成矿的地质条件,而且也决定了矿产资源的分布规律

续表

项目	具体内容
围岩的性质对矿山安全的影响	围岩是矿体周围的岩石。矿山生产首先要在围岩中布置一系列的开拓、采准工程，由于岩层性质的不同，开拓条件和稳固程度也就不同，所以地质工作既要查清矿体本身的情况，也要摸清围岩的性质，以防止矿山生产中的冒顶、片帮和塌方等事故，确保开采安全。 矿体围岩的坚固稳定程度与矿山生产的安全关系极为密切。一般在巷道掘进时，遇到岩石松软、节理发育、断层裂缝较多、有断层破碎的时候，如不及时加以支护，或采场缺少支架，均易引起冒顶片帮事故。 采场顶底板的稳固程度主要取决于岩性和矿山压力两个基本地质因素。特别在岩层是否是含水层这一关键问题上，更直接关系到矿床的开采。当顶板的岩性较松软，矿山压力较大时，就容易发生冒落事故。如果岩层较稳固，矿山压力也不大时，则不易破裂冒落。 因此，在矿山井巷或工作面采掘前，既要查清围岩的稳固程度，又要摸清矿山压力的大小，以便为安全生产提供依据
地质构造对矿山采掘工作的影响	（1）成矿前形成的褶曲，对矿床的形成、矿体分布、空间形态、产状等常起控制作用。 在“层间剥离”等部位的矿体，形态较为简单，产状与围岩产状基本一致；在褶曲鞍部破碎带、伴生断裂等内赋存的矿体，一般形态比较复杂、产状多变。而矿体的形状、产状直接影响开拓系统、采矿方法等的选择。 （2）成矿后形成的褶曲，常使矿体形态复杂化，给勘探和采矿工作带来麻烦，这是对采掘工作不利的因素。 当矿层受到褶曲作用后，其厚度可发生变化，尤其是强度小、塑性大的矿层，厚度变化更为显著，一般在矿层鞍部或核部厚度相对变大，两翼矿层的厚度相对变小。因此，当沉积或沉积变质矿床受到褶曲构造影响时，在一定范围内矿量相对集中，这样可以减少巷道的总长度，便于开采。 （3）在背斜核部顶压一般较小，对采掘工程有利，但是背斜核部的顶部岩层中，张裂隙较发育，对采掘工程又是不利因素，尤其是张裂隙发育可能导致矿山涌水量增加，造成采矿困难。在向斜核部，顶压一般较大，对采掘工程不利。 （4）褶曲可使矿层的产状发生变化，若矿层的倾角变化适当时，可采用重力搬运，对矿内运输有利
节理（裂隙）对矿山采掘工作的影响	（1）在节理发育的岩石中打炮眼时，要注意打眼的位置，不要沿节理面打眼，尤其是张节理面，否则容易卡钻；沿节理面布炮眼，由于裂缝易漏气，影响爆破效果。因此要注意节理的走向、发育程度及延伸情况。 （2）节理面的方向有时会影响巷道掘进方向，使其偏离中线。例如，某矿在掘进中，由于有一组张节理斜交中线方向，按正规布置炮眼，爆破后巷道总是偏离中线方向；若改变炮眼排列，有意识地使其稍为偏斜，反而使掘进方向能按中线方向前进。 （3）在露天开采中，在节理发育地段，要特别注意边坡角的选择，以防止滑坡、塌方等事故

续表

项目	具体内容
节理(裂隙)对矿山采掘工作的影响	(4)节理密度大,而节理面是多方向的地段,岩石就比较破碎,容易冒落,要加强支护工作。但在支护中必须注意节理的产状,有时可根据节理的方向来选择适当的支护方式,从而减小工作量及材料消耗。 (5)地下水发育地区,节理也是地下水的良好通道,尤其是张节理。规模大的张节理若与采矿巷道贯通,有发生突水事故的危险。为此,在考虑矿山防排水措施时,要对节理的发育和分布规律予以重视。 (6)节理影响采矿方法的选择,在节理特别发育的区段,某些采矿法选择要慎重,如不适于使用空场法等,另外,在某些壁式崩落法采场,在节理很发育地段,须适当缩小放顶距
断层对矿山采掘工作的影响	(1)成矿后断层对矿山探矿工作影响很大,因为成矿后断层常把矿体切成几部分,使矿体的分布、形状和产状复杂化。这样就增加了探矿工作量,必须多打钻孔、坑道等才能探明矿体的形态和产状。 (2)断层影响矿床开拓系统的布置。由于大断层的影响,经常使开拓系统复杂化,需要增加开拓巷道的数量和总长度,并造成施工中的许多困难。因此,在开拓设计中,对于主要开拓巷道所经过地段,应弄清较大断层的情况,并使开拓巷道的位置尽量避开这些断层破碎带,尤其是应避开与巷道平行或成小角度斜交的断层破碎带。 (3)断层影响采场设计及回采工作。地下开采的矿山,在采场中遇到断层,对回采工作很不利。因此,在采场设计中如遇见断距较大的断层应尽可能把它作为划分采场的边界,以减少它对回采工作的影响。 (4)断层影响井巷掘进。在平巷掘进中,若遇到稍大的断层,有时就须考虑使巷道拐弯,以保证平巷和矿体底板的距离。而巷道的拐弯会增加巷道的长度,同时给运输造成不便,给各种管道工程的铺设也带来困难。此外,在掘进中碰到断层的破碎带较大,还必须加强支护,甚至要采取特殊措施才能通过断层。断层对掘进工作危害很大,所以各种井巷工程都应尽量避免沿着断层面掘进。 (5)断层影响矿坑涌水。断层破碎带多数是地下水的良好通道,因此,在大断层附近矿坑水的涌水量常增大,甚至造成突然涌水事故。 (6)断层对采掘工作的有利因素。断层对矿山采掘工作危害很大,但在一定条件下,又有积极因素。例如,有些逆断层可使矿体局部变厚或造成矿层局部重复;又如易于发生矿石自燃的矿床,当断层把矿体分割成许多断块时,能实行分区开采,采完后可及时封闭,以防止矿石自燃或火区蔓延。因此,断层对矿山的采掘工作有害因素,要采取措施防止;对其有利因素又要充分利用

考点3 水文地质

项目	具体内容
概念	自然界中的水存在于大气中、地壳表面和地壳内。大气中的水以水蒸气及云、雾、雨、雪和冰雹等形态存在于空气中。地壳表面的水分布在河流、湖泊和海洋中,或呈冰雪覆盖于高山顶部。地壳里的水,存在于岩土空隙中,也有气态、液态和固态等几种不同的形态

续表

项目	具体内容
概念	大气中的水叫作大气水，地壳表面的水叫作地表水，地壳内的水则叫作地下水。专门研究地下水的成因、分类、物理性质、化学成分及其运动规律的科学称为水文地质学。因此，常把与地下水有关的问题称为水文地质问题，把与地下水有关的地质条件称为水文地质条件
地下水的分类及各类地下水的特征	地下水存在和运动于岩石的空隙中。由于各地区的自然地理因素和地质条件的不同，必然会影响到地下水的化学成分、物理性质、循环条件及其动态变化等。为了便于掌握地下水各方面的特征，在生产实践中更合理地利用地下水和有效地防治它的危害，对地下水进行分类是很有必要的。近年来我国水文地质工作者，根据我国地下水各方面的特征，采用了按埋藏条件和含水层空隙性质的综合分类方法。 首先按地下水埋藏条件划分为上层滞水、潜水和承压水（自流水）三类；其次按含水层空隙性质的不同，又分为孔隙水、裂隙水和岩溶水三类。通过两种分类的不同组合，便可以得出九类不同特征的地下水，如孔隙——上层滞水、裂隙——潜水、岩溶——承压水等
按埋藏条件分类的各类地下水特征	（1）上层滞水。它是埋藏在离地表不深，包气带中局部隔水层上的重力水。 （2）潜水。它是埋藏在地表以下第一个稳定隔水层上具有自由水面的重力水。 （3）承压水（自流水）。承压水是充满于两个稳定隔水层间的重力水。由于岩层大多数为倾斜状态，这时承压水因具有高差而形成静水压力，它可以沿着岩石裂隙、钻孔等涌出地面，所以又称作自流水
按含水层空隙性质分类的各类地下水特征	（1）孔隙水。孔隙水存在于松散岩层的孔隙中，这些松散岩层包括第四系及部分第三系沉积岩和坚硬基岩的风化壳。孔隙水的存在条件和特征取决于岩土的孔隙情况，因为岩土孔隙的大小和多少，不仅关系到岩土透水性的好坏，而且也直接影响到岩土中地下水量的多少以及地下水在岩土中的运动条件和地下水的水质。一般情况下，颗粒大而均匀，则含水层孔隙也大，透水性好，地下水水量大，运动快，水质好；反之，则含水层孔隙小，透水性差，地下水运动慢，水质差，水量也小。 孔隙水因埋藏条件的不同，可形成上层滞水、潜水或承压水，即分别称为孔隙——上层滞水、孔隙——潜水和孔隙——承压水。 （2）裂隙水。藏在基岩裂隙中的地下水称为裂隙水。它主要分布在山区和第四系松散覆盖层下面的基岩中，裂隙的性质和发育程度决定了裂隙水的存在和富水性，因此在研究裂隙水时，应首先对裂隙水存在的空间——裂隙进行研究。岩石的裂隙按成因可分为风化裂隙、成岩裂隙和构造裂隙三种类型，相应地也将裂隙水分为三种，即风化裂隙水、成岩裂隙水和构造裂隙水。 ①风化裂隙水是赋存在风化裂隙中的水。风化裂隙是由岩石的风化作用形成的，其特点是广泛地分布于出露基岩的表面，延伸短，无一定方向，发育密集而均匀，构成彼此连通的裂隙体系，一般发育深度为几米到几十米，少数也可深达百米以上。风化裂隙水绝大部分为潜水，具有统一的水面，多分布于出露基岩的表层，其下新鲜的基岩为含水层的下限。风化裂隙水的补给来源主要为大气降水，其补给量的大小受气候及地形因素的影响很大，气候潮湿多雨和地形平缓地区，风化裂隙水较丰富，一般可做饮用水

续表

项目	具体内容
按含水层空隙性质分类的各类地下水特征	②成岩裂隙水。成岩裂隙为岩石在形成过程中所产生，一般常见于岩浆岩中。喷出岩类的成岩裂隙尤以玄武岩最为发育，这一类裂隙无论在水平或垂直方向上，都较均匀，亦有固定层位，彼此相互连通。侵入岩体中的成岩裂隙，通常以其与围岩接触的部分最为发育，而赋存在成岩裂隙中的地下水称为成岩裂隙水。 ③构造裂隙水。构造裂隙是由于岩石受构造运动应力作用所形成的，而赋存于其中的地下水就称为构造裂隙水。由于构造裂隙较为复杂，构造裂隙水的变化也较大，一般按储存地下水的裂隙分布的产状，又将构造裂隙水分为层状裂隙水和脉状裂隙水两类。 （3）岩溶水。"岩溶"是发育在可溶性岩石地区的一系列独特的地质作用和现象的总称，也称它为喀斯特。独特的地质作用包括地下水的溶蚀作用和冲蚀作用，而独特的地质现象，就是由这两种作用所造成的各种溶洞和溶蚀地形等。埋藏于溶洞中的重力水称为岩溶水或称喀斯特水，也称溶洞水。其主要特点是岩溶水水量大、运动快、在垂直和水平方向上都具有分布不均匀的特性。此外，岩溶水，特别是岩溶潜水的动态变化显著。这是因为岩溶溶洞较其他岩石中的孔隙、裂隙要大得多，降水易于渗入，以至于在岩溶强烈发育的地区，即使是暴雨也很难形成地表径流，降水几乎全部渗入地下。一般在岩溶比较发育的地区，40%～50%的降水渗入地下是很常见的。岩溶溶洞不仅迅速接受降水渗入，而且岩溶水在溶洞或暗河中运动也很快，动态变化受气候影响显著，水位年变化幅度有时可达数十米之差，这是由于岩溶水径流畅通，由高处向低处迅速排泄的结果。因而岩溶水埋藏很深，在高峻的岩溶山区常缺少地下水露头，甚至连地表水也没有，造成缺水现象。 因为岩溶水一般水量大、水质好，故可作为大型供水水源；但另一方面，它对采矿来说有严重的威胁
影响矿床含水量的因素	造成矿床充水的原因错综复杂，主要有自然因素和人为因素两大方面。 1. 自然因素 大气降水、地形、地表水和地下水的分布、地质构造、岩层的透水性。 2. 人为因素 （1）矿井的采空区及废弃巷道常会成为井下涌水的贮存空间，如果在开掘过程中不慎与这些巷道沟通，将会造成大量老空水涌入井巷，导致严重的后果。 （2）地质勘探时未封闭的钻孔，会成为地面水和地下水涌入矿井的通道。 （3）采矿方法的影响。如果采矿方法选用不当，对矿井的涌水将造成较大的影响。如矿层埋藏较浅而采用陷落法采矿时，容易引起地表塌陷，在地表出现裂隙或漏斗，造成地表水大量涌入矿井巷道。 掌握矿井水文地质知识，能够根据矿井不同的水文地质特征，选择正确的采矿方法，合理布置采掘巷道，实施有效的预防性防水措施，减少或控制矿井水害对开采的影响。这对矿山的安全生产有着非常重要的意义和作用

续表

项目	具体内容
水文地质对矿山开采的影响	矿山建设和生产时期，地下水、地表水和大气降水便通过岩石的空隙，以滴水、淋水、涌水和突然涌水等方式流入矿坑和巷道里。这种进入露天矿坑和地下巷道中的水，统称为矿坑水，矿坑水的危害主要表现在以下几个方面： (1)在建井时期，当涌水量过大时，需要有治理措施，否则增加投资，妨碍施工速度，影响建井质量。 (2)具有侵蚀性的矿坑水，能腐蚀露天矿坑和井巷中的各种金属设备，如轨道、支架和各种采掘机械等，污染作业环境。 (3)降低坑道的顶板、底板和边帮的稳固性，增加支护和维护困难。 (4)在露天矿山，地下水往往破坏边坡的稳定，造成边坡崩塌或滑坡事故，影响正常生产，甚至被迫停产。 (5)当地质情况不清，突然遇到大量涌水时，会造成井筒、巷道和采场淹没，人员伤亡，设备毁坏的水害事故

考点4　水文地质对矿山安全生产的影响

项目	具体内容
水文地质对矿山安全生产的影响	由于水文地质的影响，岩石的产状和褶皱、断层等构造对地下水的静储量、地表与地下水间的水力联系影响很大。 水平岩层不利于地下水的汇集，而单斜构造就有利于地下水的运动和聚集。褶曲紧密的背斜构造顶部，一般裂隙比较发育，因而在山区，背斜构造就不利于汇集地下水，却常常成为地下水的补给区。向斜构造尤其是轴部最利于地下水的聚集和贮存。因此，埋藏在向斜盆地构造区里的矿床，地下水的天然贮量（静储量）就会较大。含水较少的矿床，由于断层或其他破碎带的影响而与含水丰富的岩层沟通，会增加矿床的含水量。 断层破碎带是地下水的导水通路，也经常是矿山涌水的渠道。因水文地质多方面因素对矿床构造的影响，使矿山地下积水、涌水，将给矿山生产、安全造成如下主要影响： (1)降低设备效率和使用寿命。 (2)降低矿山工程下降速度、采场底部汇水受淹时掘沟，会降低掘沟速度，给新水平的准备造成很大困难。 (3)破坏边坡的稳定性。 (4)引起事故、灾害，直至淹没矿井。 (5)恶化矿山环境，形成公害。 (6)软化围岩，降低矿山巷道、采场顶板的稳定性。 从上述情况看出，在矿山采矿作业过程中，水的危害是很大的，因此，矿山企业必须做好防、排水工作

第三节　金属非金属矿山的主要开发方式

考点1　概述

项目	具体内容
概述	露天矿山是指露在地表或埋藏不深的矿床,采用露天开采进行采矿的矿山。 根据矿床埋藏条件和地形条件,露天矿山分为山坡露天矿和凹陷露天矿。开采水平位于露天开采境界封闭圈以上的称为山坡露天矿,位于露天开采境界封闭圈以下的称为凹陷露天矿
露天矿山开采的特点	露天开采与地下开采相比,有如下突出优点: (1)受开采空间限制小,可采用大型机械设备,有利于实现自动化生产,从而可大大提高开采强度和矿石产量。例如目前世界上最大的露天铁矿年产量已超过6 000万t。 (2)资源回收率高。一般矿石损失率为3%~5%,贫化率为5%~8%。 (3)劳动生产率高。露天开采由于作业条件好,机械化程度高,其劳动生产率比地下开采高。 (4)生产成本低。露天开采的成本一般比地下开采低50%~75%,因而有利于大规模开采低品位矿石。 (5)开采条件好,作业比较安全。 (6)建设速度快,单位矿石基建投资较低。我国大中型露天矿基建一般3~4年,而大型的地下矿基建时间要7~10年。一般大型露天矿一单位矿石基建投资比地下矿要低1~3倍。 露天开采的主要缺点是: (1)占用土地多,地表受到破坏,污染环境。 (2)受气候影响大。如严寒、冰雪、酷热和暴雨等对露天开采有一定影响。 (3)对矿床的埋藏条件要求严。(埋藏较深的矿床,露天开采范围受到限制)
露天矿山开采的工艺过程	矿床露天开采的工艺过程一般为穿孔、爆破、采装、运输与排岩。这些工序环节构成了露天开采的最基本生产周期。 (1)穿孔作业是露天开采的第一道生产工序。其作业内容是为了后续的爆破工作能够有装药空间,采用穿孔设备在计划开采的台阶区域进行穿凿炮孔。穿孔工作的质量直接影响爆破工序的生产效率与质量。 (2)爆破作业将整体矿岩进行破碎和松动,形成一定形状的爆堆,为后续的采装作业提供工作条件。爆破工作质量、爆破效果的好坏,直接影响后续采装作业的生产效率及成本。 (3)采装作业是利用装载机械将矿岩从较软弱的矿岩实体或经爆破破碎后的爆堆中挖取,装入运输工具内或直接卸至某一卸载点。采装作业是露天矿整个生产过程的中心环节,其工艺过程和生产能力在很大程度上决定着露天矿的开采方式、技术面貌、矿床的开采强度与矿山开采的总体经济效果。 (4)运输作业是将已装载到运输设备中的矿石运送到贮矿场、破碎站或选矿厂,将岩石运往排土场。运输作业的方式与运输系统的合理性将直接影响露天矿生产的经济效益

续表

项目	具体内容
露天开采矿山安全生产的基本要求	(1)工作帮和非工作帮的边坡角、台阶高度、平台宽度及台阶坡面角应符合安全规程的要求,影响边坡的滑体采取了有效的措施。 (2)采矿方法和开采顺序合理,并符合设计和安全规程的要求。 (3)采矿、铲装、运输设备的安全防护装置和信号装置齐全可靠。 (4)爆破安全距离符合爆破安全规程的要求,采场避炮设施安全可靠。 (5)有防排水、防尘供水系统,各产尘点防尘措施及装备齐全、可靠。 (6)供电、照明、通信系统及避雷装置安全可靠。 (7)按规定选择电气设备、仪器仪表,其安装和保护装置符合要求并安全可靠。 (8)尾矿和排土场的设置符合安全规程的要求。 (9)按规定建立矿山救护组织,配备救护器材,制定了事故应急救援预案。 (10)对开采中产生的噪声、振动、有毒有害物质等有预防措施。 (11)水文、地质及有关图纸等技术资料齐全。 (12)安全生产规章制度健全,按要求设置安全管理机构,配置安全管理人员,对特种作业人员按规定进行教育培训与考核

考点2　露天矿山主要开采方式

项目	具体内容
露天矿床开拓方式	露天矿床开拓就是建立地面与露天矿场内各工作水平之间的运输通道,以保证露天采场正常的运输联系,及时准备出新的工作水平。 露天矿床开拓与运输方式有密切关系。开拓方式的选择正确与否直接影响矿山基建工程量、基建投资、投产与达产时间、矿山生产能力、生产成本等重要指标。 露天矿床开拓运输方式可分为公路运输开拓、铁路运输开拓、公路—铁路联合运输开拓、公路(或窄轨铁路)—斜坡提升联合运输开拓、公路(或窄轨铁路)—平硐溜井联合运输开拓、公路—破碎站—胶带机联合运输开拓、自溜—斜坡卷扬提升运输开拓等7种
露天矿的开采方式	我国金属露天矿开采方式大体分为全境界(不分期)开采方式和分期开采方式两大类。而分期开采又分为分期过度开采(分期时间长)、扩帮开采(或称分期开采,其分期时间短)和分区开采
分区开采的安全问题	(1)安全平台宽度。安全平台宽度不宜过窄,一般留15~25 m为宜。 (2)接滚石平台。当采用陡帮扩帮作业时,一般每隔60~90 m。高度应布置一个接滚石平台,其宽度为20~25 m,以防止扩帮滚石威胁下部正常采剥作业。 (3)分区扩帮。扩帮剥离与正常采剥应分区作业,如在同一区段应交错作业,根据扩帮高差大小不同,水平错开距离一般应大于200 m

续表

项目	具体内容
分区开采的安全问题	(4)定向爆破。扩帮采用定向爆破,使爆破方向不转向采空区一侧,以防止扩帮爆破滚石威胁下部正常采剥作业安全。严禁两个相邻的组合台阶同时进行爆破。 (5)保证运输作业安全。陡帮采剥区段,如上部扩帮作业,下部临时帮上运输线路一般不用,不允许有运输设备等通过。 (6)辅助设备。设计应考虑配备必要的辅助设备,如前装机、推土机等,用于扩帮作业的辅助作业,清理道路边坡碎石等。 (7)要有科学的生产管理和必要的安全规程

第四节　地下矿山开采安全技术

考点1　概述

项目	具体内容
概述	各种不同的矿物都埋藏于地下,由于它的埋藏深浅度不同,采用的开采方法也不相同,对于埋藏较浅或地表有露头的矿床。一般采用露天开采的方法;对于埋藏较深的矿床,通常采用地下开采。地下开采的方法是:从地表掘进一系列通达矿体的各种通道,用以提升、运输、通风、排水和行人等。并且,为了采出矿石,还需要一些必要的准备工程
矿产资源分类	根据《矿产资源法》制定的细则,将矿产资源分为以下四类: (1)能源矿产:包括煤、煤成气、石煤、油页岩、石油、天然气、油砂、天然沥青、铀、钍、地热。 (2)金属矿产:包括黑色金属矿产、有色金属矿产、稀有金属矿产等。 (3)非金属矿产:包括金刚石、石墨、磷、自燃硫、硫铁矿、钾盐等。 (4)水气矿产:包括二氧化碳气、硫化氢气、氦气、氡气等
开采步骤	1. 开拓工作 开拓工作是指从地面掘进一系列井巷达到矿体,使矿体连通地面,形成行人、运输、通风、排水、供电、供风、供水等系统。 2. 采准工作 采准工作是指在已开拓完毕的矿床里,掘进采准巷道,将阶段划分成矿块作为回采的独立单元,并在矿块内创造行人、凿岩、出矿、通风等条件。 采准系数是指每1 000 t矿块采出矿石总量所需掘进的采准、切割巷道米数。 3. 切割工作 切割工作是指在已采准完毕的矿块内,为大规模回采矿石开辟自由面和补偿空间

续表

项目	具体内容
开采步骤	4. 回采工作 回采工作包括落矿、搬运和地压管理三项作业。 (1)落矿是以切割空间为自由面,用凿岩爆破方法崩落矿石。一般根据矿床的赋存条件、所采用的采矿方法及凿岩设备,选用浅孔、中深孔、深孔和硐室等落矿方法。 (2)矿石运搬是指在矿块内把崩下的矿石,搬运到阶段运输巷道,并装入矿车。运搬方法主要有重力运搬和机械运搬(电耙、装运机、汽车等)。 (3)地压管理是指在回采过程中或矿石采出后,为保证开采工作的安全,对采场、矿柱、巷道及上下盘围岩所发生的变形、破坏、崩落等地压现象采取必要的技术措施,控制地压和管理地压,消除地压所造成的不良影响

考点2 采矿作业安全管理

项目	具体内容
采矿安全管理要求	采矿作业的一般安全技术要求: (1)地下采矿,必须按采矿设计和作业规程进行。 (2)每个采场都要有两个出口,并上下相连通。安全出口的支护必须坚固,并设梯子。 (3)在上下相邻的两个中段,沿倾斜上下对应布置的采场使用空场法、留矿法回采时,禁止同时回采,只有全部矿房结束后,方准回采下面采场。 (4)采用全面采矿法时,回采过程中应周密检查顶板。根据顶板稳定情况,留出合适的矿柱。 (5)矿柱必须合理地回收。设计回采矿房时,必须同时设计回采矿柱。本中段回采矿房结束后,应及时回采上一中段的矿柱。 (6)回采过程中,必须保证矿柱的稳定性及运输、通风等巷道的完好,不允许在矿柱内掘进有损其稳定性的井巷。回采房柱至矿柱附近时,应严格控制凿岩质量和一次爆破炸药量,技术人员要及时给出回采界限,严禁超采超挖。 (7)地压活动频繁、强度大的矿井,应有专管地压的人员。地压人员日常对全矿各地段进行监察,发现险情(如支护歪斜、破损、顶板和两帮开裂等),应及时报告,通知有关人员,并分析原因进行处理。个别地压活动频繁、顶板破碎、有冒落可能的采场,应由有经验的人员,每班进行检查,指导凿岩方式,避免发生冒落。若发现冒落预兆,应立即撤出全部人员。 (8)采空区应及时处理,视采空区体积及存在危险大小采取不同的处理办法。体积大,并且一旦塌落会造成下部整个采场或整个矿井毁灭性灾害的采空区,应采用充填法或及时有效地采用强制崩落的方法处理;体积不大,或远离主要矿区的孤立采空区,可采用密闭方法处理。密闭墙的强度应满足抵御塌落时所产生的冲击波的冲击

续表

项目	具体内容
采矿安全管理要求	(9)禁止放空溜矿井，不合格的大块矿石、废旧钢材、木材和钢丝绳等杂物，严禁放入井内，以防堵塞。放矿时，放矿工应和采场搬运工取得联系，防止其同时往溜井倒矿，矿石流冲出伤人。 (10)严禁人员直接站在溜井、漏斗的矿石上或进入溜井与漏斗内处理堵塞。 (11)采场放矿作业出现悬拱或立槽时，严禁人员进入悬拱或立槽下方进行处理。 (12)围岩松软不稳固的回采工作面、采准和切割巷道，须采取支护措施；因爆破或其他原因而受破坏的支护，必须及时修复，确认安全后方准作业。 (13)作业中发现冒顶预兆时，应停止作业进行处理；发现大面积冒顶危险征兆，应立即撤离作业人员并及时上报
地下开采矿山安全生产的基本条件	(1)地下开采矿山的井口和平硐及其主要构筑物的位置应不受岩移、滑坡、滚引、地表塌陷、山洪暴发和雪崩的危害。井口标高应在历年最高洪水位1～3 m以上。 (2)主要井巷的位置应布置在稳定的岩层中，避免布置在含水层、断层和受断层破坏的岩层中，特别是岩溶发育的地层的流砂中。若难以避开时，应有专门设计，并报主管部门批准。 (3)每个生产矿井，必须有两个独立的能上下人的直达地表的安全出口，两个出口之间的距离不能小于30 m。各个生产中段(水平)和各个采场必须要有两个能上下人的安全出口与直达地表的安全出口相通。矿山两个通往地面的安全出口中，如有一个出口不适于人员通行时，应停止坑内采掘工作，直至修复或设置新出口为止。 (4)采矿方法和开采顺序合理，并符合安全规程的要求。 (5)选用适应顶板特点的支护型式的器材，井下巷道断面的宽度和高度应满足生产和行人的要求。 (6)矿井有完整、合理的通风系统，采用机械通风；新矿井、新水平(区段)、新采区的开采应按设计的要求形成通风系统，井下通风构筑物、设备设施的设置和质量以及通风的风质、风量、风速要符合矿山安全规程的要求。 (7)矿井开采的防排水、防尘供水、供电、照明安全可靠，对开采中产生的噪声、振动、粉尘、有毒有害物质等有预防措施。 (8)提升运输系统的安全保护和信号装置齐全可靠，其设备的选择、安装、试运转符合安全要求；按规定选择电气设备、仪器仪表，其安装和保护装置符合要求且安全可靠。 (9)尾矿和排土场的设置符合安全规程的要求。 (10)有自燃倾向的矿井有完善的防灭火系统，消防器材、材料配置及数量符合安全要求。 (11)按规定建立矿山救护组织，配备救护器材，制定了事故应急救援预案。 (12)安全生产规章制度健全，按要求设置安全管理机构，配置安全管理人员，对特种作业人员按规定进行教育培训与考核，持证上岗

考点3 地下采矿方法

项目	具体内容
常用采矿法	采矿方法是指如何安全、经济的采出矿块、矿房或矿柱内矿石的方法，包括矿块的采准切割、回采、采空区处理等工作。根据所开采矿床的地质条件，合理选择采矿方法，加强对采矿工作的安全管理，对提高企业经济效益、减少伤亡事故是十分重要的。根据矿石回采过程中采场管理方法的不同，非煤矿山的地下采矿方法可分为空场采矿法、崩落采矿法及充填采矿法
空场采矿法	空场采矿法是指在回采过程中，采空区主要依靠暂留或永久残留的矿柱进行支撑，采空区始终是空着的，一般在矿石与围岩很稳固时采用。它是一种生产效率高、成本低的采矿方法，根据回采时矿块结构的不同与回采作业的特点，空场采矿法又可分为全面采矿法、房柱采矿法、分段矿房法、阶段矿房法等。采用空场采矿法时，必须根据矿石、围岩特性、回采工艺及设备等，正确地确定矿块的结构尺寸和回采顺序，以利于地压管理和安全生产
崩落采矿法	崩落采矿法的特点是随着矿石采出有计划地用崩落矿石的覆盖岩层和上下盘岩石来充填采空区，及时控制采区地压和处理采空区。一般在矿体围岩不稳固、地表允许陷落的条件下采用。 崩落采矿法是一种高效率，能适应各种不同地质条件的采矿方法，在大、中型矿山使用较多。根据矿石是否在崩落废石覆盖下放出，崩落采矿法可分为围岩崩落采矿法（包括单分层崩落采矿法与分层崩落采矿法）和矿石围岩崩落采矿法（包括有底柱分段崩落法和无底柱分段崩落法）。前者矿石不在崩落废石覆盖下放出，后者矿石在崩落的松散废石覆盖下放出
充填采矿法	充填采矿法的特点是在回采时，采空区依靠充填其内的充填料、支柱或充填料与支柱相配合形成的人工支撑体支撑采空区。这种方法能有效地维护采空区，对围岩的稳固性要求不高，但生产成本较高。主要用于开采矿石价值高、要求回收率高、充填料取材方便，地表不允许陷落和特殊复杂地质条件下的矿体。 根据充填材料和输送方式以及矿体回采方向和充填方式不同，充填采矿法分为上向分层（或进路）充填法、下向分层（或进路）充填法和嗣后充填采矿法

跟踪训练

1. 某钨矿发生两次严重地压活动，井下四万余米巷道破坏，300 多个采场垮塌，地面塌陷区面积超过 10 万平方米，形成了一个大漏斗。该现象属于（　　）。

A. 崩塌　　B. 滑坡

C. 采空塌陷　　D. 采矿区

2. 岩石的稳固性分为(　　)。

A. 极不稳固、不稳固两级

B. 中等稳固、稳固两级

C. 极不稳固、不稳固、中等稳固、稳固、极稳固五级

D. 极不稳固、不稳固、稳固、极稳固四级

3. 下列矿产中,属于能源矿产的是(　　)。

A. 自燃硫　　B. 石墨

C. 有色金属矿产　　D. 地热

4. 一般把倾角小于(　　)度的岩层称为水平岩层。

A. 10　　B. 5　　C. 15　　D. 20

参考答案及解析

1. C 【解析】采空塌陷是指由于地下挖掘形成空间,造成上部岩土层在自重作用下失稳而引起的地面塌陷现象。

2. C 【解析】 岩石的稳固性分为极不稳固、不稳固、中等稳固、稳固、极稳固五级。

3. D 【解析】 根据《矿产资源法》制定的细则,将矿产资源分为以下四类:

(1)能源矿产:包括煤、煤成气、石煤、油页岩、石油、天然气、油砂、天然沥青、铀、钍、地热。

(2)金属矿产:包括黑色金属矿产、有色金属矿产、稀有金属矿产等。

(3)非金属矿产:包括金刚石、石墨、磷、自燃硫、硫铁矿、钾盐等。

(4)水气矿产:包括二氧化碳气、硫化氢气、氦气、氡气等。

4. B 【解析】一般把倾角小于5度的岩层称为水平岩层。

第二章　矿山自然与地质灾害防治技术

知识框架

矿山自然与地质灾害防治技术
- 矿山自然与地质灾害防治相关技术和标准
- 矿山自然与地质灾害分析
  - 矿山自然灾害分析
  - 矿山地质灾害分析
- 矿山自然与地质灾害防治措施
  - 矿山自然灾害防治措施
  - 矿山地质灾害防治措施
  - 地面裂缝、沉降观测
  - 地质灾害监管举措

考点精讲

第一节　矿山自然与地质灾害防治相关技术和标准

考点　矿山自然与地质灾害防治相关技术和标准

项目	具体内容
矿山自然与地质灾害防治相关技术和标准	(1)遇有六级以上强风时,不应在露天进行起重和高处作业。 (2)有遭遇洪水危险的露天矿山应设置专用的防洪、排洪设施。 (3)因遇有大雾、炮烟、尘雾和照明不良而影响能见度,或因暴风雨、雪或有雷击危险不能坚持到正常生产时,应立即停止作业;威胁人身安全时,人员应转移到安全地点。 (4)移动电缆和停、切、送电源时,打雷、暴雨、大雪或大风天气,不应上钻架顶作业。 (5)对运输和行人的非工作帮,应定期进行安全稳定性检查(雨季应加强),发现坍塌或滑落征兆,应立即停止采录作业,撤出人员和设备,查明原因,及时采取安全措施,并向矿山有关部门报告。 (6)在境界外邻近地区堆卸废石时,应遵守设计规定,保证边坡的稳固,防止滚石、滑塌的危害,并且废石场不应成为作用于边坡的附加荷载。 (7)矿山,应建立健全边坡管理和检查制度,每5年至少进行一次边坡稳定性分析

续表

项目	具体内容
矿山自然与地质灾害相关防治技术和标准	(8)露天采场工作边坡应每季度检查1次,运输或者行人的非工作边坡每半年检查1次;边坡出现滑坡或者坍塌迹象时,应立即停止受影响区域的生产作业,撤出相关人员和设备,采取安全措施;高度超过200 m的露天边坡应进行在线监测,对承受水压的边坡应进行水压监测。 (9)采用管道向井下输送燃油时,地表油罐应距离井口50 m以上,并远离常年最大频率风向的井口上风侧。井巷中的输油管应和动力电缆分开布置,并能避免坠落物的撞击。巷道中的输油管应挂有"严禁烟火""油管"等标志。不应在容易发生变形的井筒和巷道采用管道输送燃油。 (10)雾霾或烟尘影响能见度时,应开启警示灯,靠右侧减速行驶,前后车间距应不小于30 m,视距不足30 m时,应靠右停车。 (11)冰雪或多雨季节道路较滑时,应有防滑措施并减速行驶;前后车距应不小于40 m;拖挂其他车辆时,应采取有效的安全措施,并有专人指挥。 (12)雨季应加强水文地质观测,减少溜井储矿量;溜井积水时,不应卸入粉矿,并应采取安全措施,妥善处理积水,方可放矿。 (13)遇有八级或八级以上大风时,应停止索道运转和线路上的一切作业。 (14)在大风、大雾及洪水期间,行船和调船应有可靠的安全措施。 (15)六级以上的大风和大雪、大雨天气,应停止吊装作业;装、卸井架时,应有专人统一指挥。遇大风(六级以上)、暴雨(雪)、大雾及无充足照明的夜间,不应进行井架装、卸作业。 (16)新建矿山企业的办公区、工业场地、生活区等地面建筑,应选在危崖、塌陷、洪水、泥石流、崩落区、尘毒、污风影响范围和爆破危险区之外。 (17)挖掘作业时,发现悬浮岩块或崩塌征兆、盲炮等情况,应立即停止作业,并将设备开到安全地带。 (18)在大雾,暴风雨(雪)等恶劣天气下,应严格控制行车速度,并保持适当的车距。 (19)挖掘机、前装机作业和行走时,应做到发现悬浮岩块或崩塌征兆、盲炮等情况,立即停止作业,并将设备转移至安全地带。 (20)遇超过设计防洪频率的洪水时,允许最低一个台阶临时淹没,淹没前应撤出一切人员和重要设备。 (21)露天采场的总出入沟口、平洞口、排水井口和工业场地,均应采取妥善的防洪措施。 (22)发生泥石流的矿山,应建立泥石流观测站和专门的气象站。泥石流沟谷应定期进行剖面测量,统计泥沙淤积量,为排土场泥石流防治提供资料。 (23)矿床疏干过程中出现陷坑、裂缝以及可能出现的地表陷落范围,应及时圈定、设立标志,并采取必要的安全措施。 (24)矿山企业应对作业地点的气象条件(温度、湿度和风速等),每月至少测定1次。 (25)矿山企业应根据气候特点,采取防暑降温措施或防冻避寒措施

第二节　矿山自然与地质灾害分析

考点1　矿山自然灾害分析

项目	具体内容
矿山自然灾害	影响矿山自然灾害的有暴雨、洪水、台风、地震、海啸、暴雪、雷电等

考点2　矿山地质灾害分析

项目	具体内容
矿山地质灾害	1. 崩塌 一般在重力作用影响下，较大坡度斜坡上的土壤、岩石以及尾矿等会从原来的位置脱离，发生滚落、崩塌，并在平坦位置进行堆积的现象称为崩塌。崩塌体为土质者，称为土崩；崩塌体为岩质者，称为岩崩；大规模的岩崩，称为山崩。这种矿山地质灾害主要是矿坑设计缺陷、尾矿堆积不合理等因素造成的。 矿山崩塌所造成的影响有：直接损失或损坏建筑物；堵塞河流，并淹没上游的农田、建筑物等；在较宽的河谷中，此类矿山地质灾害还会对河流的性质及流向产生一定的影响。 2. 滑坡 由于天然降水的冲刷、河流的冲刷、地震活动和地下水活动等，斜坡失去原来的稳定状态，而导致山坡上的土壤、碎石以及其他杂物由于重力作用的影响，出现山坡上分散性或整体性由上向下移动的现象，称为滑坡。 3. 泥石流 发生滑坡时如果出现大量降水，其夹带的碎石、岩块以及泥土等，从山顶或山腰以极快的速度直接沿山体或者一定的槽道向下冲击，并堆积到山底低洼处的现象，称为泥石流。滑坡和泥石流不仅会对采矿经济效益造成严重影响，还会对采矿人员的生命安全构成威胁。 4. 边坡滚石灾害 滚石是指个别块石因失稳从边坡和陡崖表面，经过下落、回弹、跳跃等运动方式中的一种或几种的组合沿着坡面向下快速运动，最后在较平缓的地带或障碍物附近停下来的一个过程。当在滚石运动范围内有人类活动或人类构筑的设施时，就可构成滚石灾害。 5. 地面沉降 地面沉降是指在自然和人为作用下发生的局部地面高程降低的地质现象。自然因素包括地壳升降运动、地震、火山活动等；人为因素包括油气矿产资源的开发活动、地下工

续表

项目	具体内容
矿山地质灾害	程的修建、地下水的开采等。 6. 地裂缝 地裂缝的全名是地面裂缝。地裂缝是地表岩、土体在自然或人为因素下，产生开裂，继而在地面形成一定长度和宽度的裂缝的一种地质现象。地裂缝的形成原因包括自然因素和人为因素。其中，自然因素包括地壳运动、滑坡、特殊土质的膨胀以及湿陷等，人为因素包括过度开采地下水、矿山地下采空等

第三节　矿山自然与地质灾害防治措施

考点1　矿山自然灾害防治措施

项目	具体内容
矿山自然灾害防治措施	(1)各级安全监管部门要高度重视，并认真组织开展矿山应对自然灾害的安全检查工作。各级安全监管部门要切实加强组织领导，对金属与非金属矿山逐一开展应对自然灾害安全检查工作，重点对防洪设施、采场边坡、尾矿库坝体及下游人员设施等进行检查；要督促指导矿山企业对矿区安全设施及周边环境进行全面自查，建立地质灾害监测制度，指定专门机构、专门人员具体负责防范强降雨、山洪、泥石流等自然灾害的工作，层层划分任务，落实责任，自查结果要及时上报当地安全监管部门；要会同国土资源部门，了解掌握辖区内地质灾害情况，对处在地震活动带、山区、河谷等易发生地质灾害的重点区域的矿山要有针对性地开展重点检查，真正把因强降雨、山洪、泥石流等自然灾害引发生产安全事故的各项防范工作措施落到实处。 (2)突出重点，切实强化金属非金属矿山应对自然灾害的防范措施。各级安全监管部门要加强安全检查和监督管理，督促企业加强隐患排查和对重大危险源的监控，及时消除隐患和险情；督促和指导地下矿山加强防洪设施检查，尤其是对采掘作业面及采空区上方、水体(河流、水库等)、下方或易受其威胁的作业场所的防洪检查，做好防洪准备；采矿影响范围内存在废弃矿井、采空区积水或水文地质条件复杂的地下矿山，必须健全防治水患工作制度和责任，掌握采空区、废弃巷道分布及其积水情况，配备相应的技术管理人员，做好防治水患工作；要注意观察井口周边强降雨、山洪和地质灾害情况，发现异常时，严禁从业人员下井作业，防止洪水灌井和井口塌方事故的发生。 (3)各级安全监管部门要经常督促指导尾矿库重点检查周边及下游人员情况，坝体稳定性、防洪排水设施、监测监控设施和应急救援预案等内容。对存在坝体不稳定、排洪能力不足、排洪设施失效或未通过“三同时”审查、未取得安全生产许可证的尾矿库一律停止运行，并责令立即整改。勒令受洪水威胁的尾矿库必须停止作业，提醒当地政府及时通知下游居民做好撤离防灾准备

续表

项目	具体内容
矿山自然灾害防治措施	(4)各级安全监管部门要经常督促指导露天矿山在雨天停止开采作业,在雨后及时对危险边坡和危岩浮石进行监控处理。各级安全监督管理部门要重点检查台阶坡面、矿山运输道路是否存在滑坡隐患,作业面是否存在浮石,截洪沟是否清理通畅,排洪设施是否维护正常,排土场是否达到设计要求。各级安全监督管理部门要注意观察采矿场周边的降雨、山洪和地质灾害情况,若发现异常情况,及时撤离采矿场作业人员和禁止从业人员进入采矿场作业,防止发生滑坡事故

考点2　矿山地质灾害防治措施

项目	具体内容
防治措施	1. 崩塌防治措施 (1)削坡清除:采取合理坡率放坡,设落石平台,清除危岩体、松散浮石等措施。 (2)支撑加固:采取支撑、嵌补、锚杆等措施进行加固。 (3)坡面防护:直接对危岩崩塌区采取柔性防护、挂网喷混凝土等措施,也可采取对裂隙灌浆填缝的措施。 (4)被动拦挡:在下方采取拦挡墙(堤)、网等被动防护措施,以便拦截崩塌落石影响场地。 (5)遮挡建(构)筑物:采取明洞、棚洞等措施,直接保护建(构)筑物,避让崩塌落石。 (6)截排水措施:截排水措施是为了减小或防止地表水渗入至裂隙的有效措施。 2. 滑坡防治措施 (1)减重反压:在上部主滑段采取削坡减重的措施,并根据实际情况对前缘进行反压。 (2)支挡加固:在滑坡体的前缘设置挡土墙、抗滑桩进行支挡或格构锚杆(索)进行锚固型防护。 (3)排水工程:可采用地表排水或地下排水等措施。 (4)坡面防护:包括植物防护和工程防护等措施。 3. 泥石流防治措施 (1)跨越工程:采取桥梁、涵洞跨越避险措施。 (2)穿越工程:采取隧道、明硐和渡槽的穿越措施。 (3)防护工程:采取护坡、挡墙、顺坝和丁坝等措施。 (4)排导工程:采取导流堤、急流槽、束流堤等措施。 (5)拦挡工程:采取拦砂坝、固床坝、储淤场、支挡工程、截洪工程等措施。 (6)生物措施:采取植树造林、封山育草,改良耕作技术以及改善对生态环境有重要影响的农业管理方式等措施。 4. 地面塌陷防治措施 (1)矿山生产过程中地面发生塌陷时,应根据已发塌陷的分布及活跃程度,设计有效的塌陷防治方法对塌陷进行治理。常用的技术有: ①分析地面塌陷成因

续表

项目	具体内容
防治措施	②地面塌陷预防。 ③塌陷回填法。 ④一般注浆法。 ⑤孔内造浆及注浆法。 ⑥旋喷桩帷幕法。 ⑦埋管注浆法。 ⑧隐伏土洞探测及治理。 (2)塌陷区位于河床时,可在漏水地段铺设不透水的人工河床。 (3)矿区地面出现的塌陷裂缝应及时填塞,可沿缝挖沟,深度可设计0.4~0.8 m,裂缝边缘两侧各宽0.5 m,缝内填入石块和片石,上部用灰土填塞夯实。 (4)塌陷回填抢险时,一般采用如下急救措施:在底部架设废钢管、废钢轨、废钢丝绳,再连续投入柴把、草束、砂包、片石,当泄水量明显减小后,再填塞大量石块,最后在上部用水泥浆砌片石,灰土夯实。 5. 滚石灾害防治措施 (1)在源头上,可以采取控制喷混凝土、贴钢筋网等办法。 (2)在路径上,可以采取拦网、坡面植被种植、坡面进行水泥铺设等多种措施来减少或阻止滚石的向下运动。 (3)在终点上,采取护栏、挡石墙、碎石缓冲区等措施来进行滚石卸能与拦截。如拦石网后方填碎石层,坡面贴网和坡上立网结合,并灵活运用,相互结合,就可以起到很好的防护效果。 6. 地面沉降防治措施 (1)采用未沉降区的高程基准点或经校正后的高程基准点引测,进行建设场地地面高程复核的措施,消除以往沉降的影响。 (2)根据地面沉降发展趋势,预测工程一定使用年限内的累计沉降量,在工程设计时预留地面沉降值。 (3)限制或控制地下水开采。 (4)对已有建筑区采取围堤排涝方法,降低防护区地表水位,减少或防止受淹

考点3 地面裂缝、沉降观测

项目	具体内容
基准点和观测点设置要求	(1)基准点应设在沉降区域以外。 (2)观测点应设置在能表示出沉降特征的地点,可采用浅埋标志。 (3)观测点本身应牢固稳定,确保点位安全,能长期保存。 (4)要保证在点上能垂直置尺和良好的通视条件。 (5)观测点应在平面图标记

续表

项目	具体内容
观测方法及精度要求	(1)地面裂缝监测,可采用简易的红漆标记、钢卷尺、钢直尺和游标卡尺观测,观测精度为毫米。 (2)房屋变形开裂监测,可采用简易的贴纸条标记、钢卷尺、钢直尺和游标卡尺观测,观测精度为毫米。 (3)地面沉降监测可采用二等水准测量的方法,其线路闭合差应小于 $\pm 6\sqrt{n}$ mm。水平位移采用轴线法观测,轴线法难以施测时采用小角度法观测水平位移,误差小于2.0 mm。 (4)观测精度要求:沉降观测中误差小于0.5 mm,水准测量闭合小于 $\pm 8\sqrt{n}$ mm,位移观测中误差小于5.0 mm
观测频率要求	(1)地面塌陷、裂缝监测,监测频次为3次/月,异常时应加密观测。 (2)沉降监测:监测频次一般为3次/月,雨天应加密观测
沉降观测应提交的图表	(1)工程平面位置图及基准点分布图。 (2)沉降观测点位分布图。 (3)沉降观测成果表

表 1-3-1　地质灾害危险性评估等级表

重要程度	地质环境调价复杂程度		
	复杂	中等	简单
一般项目	二级	三级	三级
较重要项目	一级	二级	三级
重要项目	一级	一级	二级

表 1-3-2　地质环境条件复杂程度分级表

判断条件	地质复杂程度		
	复杂	中等	简单
地质灾害	地质灾害强烈发育,现状地质灾害两种以上且规模为中等及以上;单种地质灾害规模为大型,危害大	地质灾害中等发育,现状地质灾害两种以下或规模为小型;单种地质灾害规模为中型及以下的,危害中等	地质灾害不发育,一般无现状地质灾害或个别小型地质灾害,危害小
地形地貌	地形复杂,地貌类型多样,场地地形坡度以大于25°为主,相对高差大于500 m	地形比较简单,地貌类型少,地形坡度以15°~25°为主,区内相对高差50~500 m	地形简单,地貌类型单一,地形坡度小于15°,区内相对高差小于50 m

续表

判断条件	地质复杂程度		
	复杂	中等	简单
地质构造	地质构造复杂,位于区域性断裂带上或多组断层交错;节理发育,具有一定规模的节理4组以上,其间距一般小于0.2 m	地质构造比较复杂,具有一般性断层;节理较发育,有2~4组,间距为0.2~0.4 m	地质构造简单,一般无断层;节理不发育,有1~2组,间距一般大于0.4 m
岩土性质	岩性岩相变化大,岩体以碎裂、散体结构为主,或岩溶发育;有多层土体性质或厚度差异巨大;有特殊性土(软土除外)	岩性岩相有变化,岩体以薄层、厚层状为主,岩溶不发育;多层土体性质和厚度变化比较大,有软土分布	岩性单一,岩体以厚层、整体块状为主;土层简单,无软土
水文地质条件	地下水对岩土体性质或工程影响大	地下水对岩土体性质或工程影响比较小	地下水对岩土体性质或工程基本无影响
人类工程活动	改造地质环境的人类工程活动强烈,有不稳定边坡且影响大;有浅埋硐室;地下采空区规模较大	改造地质环境的人类工程活动比较强烈,有稳定性较差的边坡;有地下硐室;地下采空区规模小	改造地质环境的人类工程活动一般,无不稳定边坡;无地下硐室;无地下采空区
注:地质复杂程度是由复杂向简单推定的,地质灾害和人类工程活动两项中任意一项首先满足较高等级者即判定为该等级,其余四项中有任意两项优先满足较高等级者即判定为该等级			

考点4　地质灾害监管举措

项目	具体内容
密切协作,充分发挥安全监管作用	各级安全监督管理部门应加强与国土资源部门的沟通,全面了解掌握辖区内易发生地质灾害的重点区域和各类灾害形势及其发生规律,做好地质灾害监测预防。对辖区内的重点区域要进行重点检查,发现存在塌陷、边坡变形和滑动迹象等安全隐患,要立即整改,防范因强降雨、山洪而引发的滑坡。同时各级安全监督管理部门要加强与气象部门的联系、沟通、协调与配合,完善预报预警工作机制,密切关注雨情、水情等情况,根据有关部门发布的预警信息,及时通知相关矿山企业,督促指导矿山企业提早做好防范应对工作,做到早预警、早准备、早防范

续表

项目	具体内容
强化保障,切实提高事故应急救援能力	各级安全监管部门做好并完善因强降雨、山洪、泥石流等自然灾害引发生产安全事故的应急预案的工作,并针对可能出现的洪水冲刷和山体滑坡造成的灾难影响制定防范措施和应急处置措施,组织开展应对由自然灾害引发生产安全事故的应急演练,组建并优化应急救援队伍,储备必要的应急救援装备和物资,确保因自然灾害引发的各类生产安全事故能够得到及时有效的处置
加强应急值守,及时准确上报信息	各级安全监督管理部门要坚持24小时值班制度,及时掌握有关地质灾害情况,统筹安排好安全生产工作,并保持通信畅通;更要督促指导金属非金属矿山企业严格执行24小时值班制度、领导带班制度和事故(包括险情)专报制度,尾矿库企业要安排专职人员24小时巡查尾矿库安全设施运行情况,一旦出现险情,矿山企业要立即汇报当地政府和安全监管部门,并启动事故应急救援预案,出现重大险情,直接报告省级安全监督管理局

案例分析

关种田采石场位于六枝特区西部的新窑乡境内。某年修建了关种田通往鱼塘寨的便道。采石场初始由当地村民李胜国、李隆凯等人开采石建房自用,以后村民建房需石料谁采谁用,逐步形成采石场。当地村民顺关种田大坡的坡脚修建一条公路通往鱼塘寨,关种田大坡脚部分被开挖。特区第二建筑公司(集体企业)兼并了停产多年的特区水泥厂,经第二建筑公司注入资金整改,水泥厂恢复生产,生产原料需石灰石,李胜国和李隆凯组织村民在关种田采石场采石卖给水泥厂和铁路、公路等单位。后来,新窑乡政府副乡长安庆在处理土地纠纷中发现鸭塘村关种田采石场无证开采,第二年,乡政府副乡长安庆在村级干部会议期间,要求鸭塘村村委会办理关种田采石场有关证照才能开采,按乡政府要求鸭塘村村委会写了关于鸭塘村办理矿山开采证的申请,乡政府签了请有关部门给予办理的意见,并由乡分管企业的安庆副乡长将办证申请送到特区地矿局,特区地矿局审查后,认为不符合办证的规定,要求补相应的资料后再审查。直到发生事故时,该采石场都没有办理采矿许可证,有关部门也没有采取措施予以取缔。

该采石场火工爆破材料由持"爆破合格证"的放炮工李隆祥填写"购买爆炸物品申请表",责任区民警、乡派出所、特区公安局按《贵州省民用爆炸物品管理实施细则》第三十一条的规定批准后,到特区化轻公司购买。

采石场老板李胜国、李隆凯带15人上班作业,一农用车驾驶员到采石场运石料。16时45分,山体突然滑坡,除一人离开工地打水幸免于难,李德钢和一名小工受伤外,熊明文等15人在事故中遇难。事故发生后,市、区党委、政府的领导和有关部门的负责人立即赶赴现场组织指挥抢险,省委领导要求全力以赴做好抢险工作,副省长刘长贵同志率省有关部门的领导于当晚2时赶到现场指挥抢险,国家安全生产监督管理局也派有关负责人次日赶赴现场组织指导抢险。在积极组织事故抢险的同时,成立由省经贸委牵头组成的省市联合调查组,对事故进行全面认真的调查。

问题:

请分析造成该事故的原因。

参考答案及解析

1. 直接原因:

(1)关种田大坡岩层组合层面有2~5 mm泥岩软弱夹层裂隙发育,雨水入浸,降低泥岩夹层的抗剪强度。

(2)大坡顺向坡一侧的坡脚地带,在修路和多年的采石场开采过程中,形成一定放坡角度的临空面,大坡两侧采石作业,破坏了整个滑坡体的暂时稳定,酿成滑坡事故。

2. 事故管理原因:

(1)该采石场无证非法开采,并违反乡镇露天矿场安全生产的规定。没有按规范进行开采,破坏了山体的平衡。不执行乡政府的停产通知,违规冒险作业。

(2)特区矿管部门对该采石场无证非法开采滥采滥挖制止不力。当新窑乡政府将该采石场办证的申请送上来后近五个月,直到事故发生,没有到采石场检查,也不采取措施对无证非法开采的行为予以制止。

(3)鸭塘村未落实安全生产责任制,对无证非法开采未采取措施予以制止。

(4)乡派出所在爆破物品管理上审查把关不严,致使无证采石场购买到火工产品,水泥厂购买无证采石场的产品,使该采石场得以继续生产。

(5)新窑乡政府在安全检查中发现该采石场属无证非法开采,违规冒险作业,制止不力。

(6)特区政府对乡镇采石场安全生产重视不够,督促检查不力,致使该采石场无证开采的现象长期存在。

第三章　矿山通风技术

知识框架

- 矿山通风技术
  - 矿内空气
    - 矿内空气的要求
    - 矿内空气中有毒有害气体的危害
  - 通风系统及要求
    - 矿井通风系统的安全要求
    - 主扇工作方式与安装地点
    - 地下开采对通风和空气的要求

考点精讲

第一节　矿内空气

考点 1　矿内空气的要求

项目	具体内容
矿内空气	地面空气进入矿井后，由于矿石表面的氧化、木料的腐烂、凿岩、爆破及装运等作业产生粉尘和有毒有害气体，致使矿井空气成分发生变化，不同于地面空气，称为矿内空气。 矿内空气的变化，造成矿井作业环境恶劣，空气质量和气候条件很差，有害矿井作业职工的安全与健康。因此，必须进行矿井通风与防尘。供给矿井各工作面新鲜空气，排除、稀释有毒有害气体及矿尘；改善作业环境，保障职工的身心健康，提高劳动生产力，避免或减少灾害事故的发生
要求	地面空气进入矿井后，由于采矿作业，使用各种凿岩机械和机动车辆的消耗、人员的呼吸，坑木的腐烂致使矿内空气中的氧气含量减少，二氧化碳增多，并混入了各种有毒有害气体的矿尘，同时，空气的温度、湿度和压力发生了较大的变化。当地面空气进入矿井后，其组成成分发生的变化不大时，称为矿内新鲜空气，如井底车场、运输大巷中的空气；反之称为污浊空气。 井下采掘工作面进风流中的空气成分（按体积计算），氧气不得低于 20%，二氧化碳不得高于 0.5%。 井下所有作业地点的空气含尘量不得超过 2 mg/m^3，人风井巷和采掘工作面的风源含尘量不得超过 0.5 mg/m^3

考点2 矿内空气中有毒有害气体的危害

项目	具体内容
矿内有毒气体	矿井爆破、矿石的氧化与自燃、坑木腐化、井下火灾等产生有毒气体，主要有一氧化碳、二氧化氮、硫化氢、二氧化硫等。这些气体都是剧毒的，能引发中毒事故。井下职工一旦发生中毒事故，应立即进行急救
有毒气体浓度规定	井下作业地点的空气中，粉尘和有害物质的最高允许浓度不得超过井下作业地点有害物质最高允许浓度的规定。 使用柴油机设备的矿井，井下作业地点有毒有害气体的浓度，应符合下列规定： (1)一氧化碳小于60 mg/m^3。 (2)二氧化氮小于10 mg/m^3。 (3)甲醛小于6 mg/m^3。 (4)丙烯醛小于0.6 mg/m^3

第二节 通风系统及要求

考点1 矿井通风系统的安全要求

项目	具体内容
概述	矿井通风系统按服务范围分为统一通风和分区通风；按进风井与回风井在井田范围内的布局分为中央式、对角式和中央对角混合式；按主扇的工作方式分为压入式、抽出式和压抽混合式。此外，阶段通风网络、采区通风网络和通风构筑物，也是通风系统的重要构成要素。防止漏风，提高有效风量率，是矿井通风系统管理的重要内容
统一通风和分区通风	一个矿井构成一个整体的通风系统称为统一通风；划分为若干个独立的通风系统，风流互不干扰，称为分区通风。拟订矿井通风系统时，首先应考虑采用统一通风还是分区通风。我国金属矿山采用统一通风的较多。统一通风，进排风比较集中，便于管理。开采范围不大的矿井，特别是深矿井，采用全矿统一通风比较合理。近年来，不少矿山，在调整通风系统过程中，根据各矿特点，将一个矿井划分成若干个独立的通风区域，实行分区通风，收到了较好的效果。分区通风具有风路短、阻力小、网路简单、风流易于控制等特点。因此，在一些矿体埋藏较浅且分散的矿山或矿井开采浅部矿体的时期，得到了广泛的应用。 但是，由于分区通风需要具备较多的进排风井，它的推广使用就受到一定的限制。是否适合分区通风，主要看开凿通达地表的通风井巷工程量的大小或有无现成的其他井巷可供利用。一般说来，在下述条件下，采用分区通风比较有利： (1)矿体埋藏较浅且分散，开凿通达地表的通风井巷工程量较小，或有现成的井巷可供利用

续表

项目	具体内容
统一通风和分区通风	（2）矿体埋藏较浅，走向长，产量大，若构成一个通风系统，风路长，漏风大，网路复杂，风量调节困难。 （3）开采围岩或矿石有自然发火危险的规模较大的矿井。 分区通风不同于在一个矿区内因划分成几个井田开拓而构成的几个通风系统。分区通风的各系统处于同一开拓系统之中，井巷间存在一定的联系。分区通风也不同于多台风扇机在一个通风系统中联合作业。分区通风的各系统不仅各具独立的通风动力，而且还各有完整的进回风井巷，各系统之间相互独立。实行分区通风应合理划分通风区域。 通常将矿量比较集中，生产上密切相关的地段，划在一个通风区域内
进风井与回风井的布局	每一通风系统至少有一个可靠的进风井和一个可靠的回风井。在一般情况下，均以罐笼提升井兼做进风井，箕斗井和箕斗、罐笼混合井则不做进风井。这是因为，装卸矿过程中产生大量粉尘能造成风流污染。排风井通常均为专用，因为排风风流中含有大量有毒气体和粉尘。按进风井和排风井的相对位置，可分为中央式、对角式和中央对角混合式三类不同的布置形式： （1）中央式。进风井与排风井均位于井田走向的中央，风流在井下的流动路线呈折返式。中央式布置具有基建费用少、投产快，地面建筑集中，便于管理，井筒延伸工作方便，容易实现反风等优点。中央式多用于开采层状矿体。金属矿山，当矿脉走向不太长，要求早期投产，或受地形、地质条件限制，在两翼不宜开掘进风井时，可采用中央式。 （2）对角式。进风井在矿体一翼，排风井在矿体另一翼，或者进风井在矿体中央，排风井在两翼，风流在井下的流动路线呈直线式。对角式布置具有风流路线短，风压损失少，漏风少，整个矿井生产期间风压比较稳定，风流分配比较均匀，排出的污风距工业场地较远等优点。金属矿山多采用对角式布置方式。 （3）中央对角混合式。当矿体走向长，开采范围广，采用中央式开拓时可在井田中部布置进风井和回风井，用于解决中部矿体开采时通风；同时在矿井两翼另开掘回风井，解决边远矿体开采时的通风。整个矿井既有中央式又有对角式，形成中央对角混合式。有些矿井，在中部井底车场附近有破碎硐室、主溜矿井和火药库等需要独立通风的井下硐室，此时也可在中央建立回风系统，而在两翼另设回风井，解决矿体开采过程中的通风

考点 2　主扇工作方式与安装地点

项目	具体内容
主扇工作方式	主扇工作方式有三种：压入式、抽出式和压抽混合式。不同的通风方式，一方面使矿井空气处于不同的受压状态，另一方面在整个通风线路上形成了不同形式的压力分布状态，从而在风量、风质和受自然风流干扰的程度上，出现了不同的通风效果

续表

项目	具体内容
主扇工作方式	(1)压入式。整个通风系统在压入式主扇作用下,形成高于当地大气压的正压状态。在进风段,由于风量集中,造成较高的压力梯度,外部漏风较大。在需风段和回风段,由于风路多,风流分散,压力梯度较小,而受自然风流的干扰而发生风流反向。压入式通风系统的风门等风流控制设施均安设在进风段,由于运输、行人频繁,不易管理,漏风大。由专用进风井压入式通风,风流不受污染,风质好,主提升井处于回风状态(漏风),对寒冷地区冬季提升井防冻有利。压入式通风适合在下列条件下采用: ①回采过程中回风系统易受破坏,难以维护。 ②矿井有专用进风井巷,能将新鲜风流直接送往作业地点。 ③靠近地表开采,或采用崩落法开采,覆盖岩层透气性好。 ④矿石或围岩含放射性元素,有氡及氡子体析出。 (2)抽出式。整个通风系统在抽出式主扇的作用下,形成低于当地大气压的负压状态。回风段风量集中,有较高的压力梯度;在进风段和需风段,由于风流分散,压力梯度较小。回风段压力梯度高,使作业面的污浊风流迅速向回风道集中,烟尘不易向其他巷道扩散,排出速度快。此外,由于风流调控设施均安装于回风道中,不妨碍运输、行人,管理方便,控制可靠。抽出式通风的缺点是,当回风系统不严密时,容易造成短路吸风,特别是当采用崩落法开采,地表有塌陷区与采空区相连通的情况下更为严重。采用抽出式通风系统各矿的实践经验表明,在回风道上部建立严密的隔离层,将回风系统与上部采空区隔开,防止短路吸风,是保证抽出式通风发挥良好作用的重要条件。抽出式通风的另一个特点是,作业面和进风系统负压较低,易受自然风压影响出现风流反向,造成井下风流紊乱。 抽出式通风使主要提升井处于进风状态,风流易受污染。寒冷地区的矿山还应考虑冬季提升井防冻。一般来说,只要能够维护一个完整的回风系统,使之在回采过程中不致遭到破坏,采用抽出式通风比较有利。我国金属和其他非煤矿山大部分采用抽出式通风。 (3)压抽混合式。在进风段和回风段均利用主扇控制风流,使整个通风系统在较高的压力梯度作用下,驱使风流沿指定路线流动,故排烟快,漏风少,也不易受自然风流干扰而造成风流反向。这种通风方式兼压入式和抽出式两种通风方式的优点,是提高矿井通风效果的重要途径。当然,压抽混合式通风所需通风设备多,管理较复杂。在下述条件下可采用压抽混合式: ①采矿作业区与地面塌陷区相沟通,采用压抽混合式可平衡风压,控制漏风量。 ②有自然发火危险的矿山,为防止大量风流漏入采空区引起发火,可采用压抽混合式。 ③利用地层的调温作用解决提升井防冻的矿井,可在预热区安设压入式扇风机送风,与抽出式主扇相配合,形成压抽混合式
安装地点	主扇可安装在地表,也可安装在井下,一般多安装在地表。安装在地表的主要优点:安装、检修、维护管理比较方便;井下发生灾变事故时,扇风机不易受到损害,便于采取停风、反风或控制风量等应急措施。其缺点:井口密闭、反风装置和风硐的漏风较大;当矿井较深,工作面距主扇较远时,沿途漏风大,在地形条件复杂的情况下,安装、建筑费用较高

续表

项目	具体内容
安装地点	主扇安装在井下的优点：主扇装置漏风少；扇风机靠近作业区，沿途漏风也少；可利用较多井巷进风或回风，降低通风阻力；密闭工程量较少。其缺点：安装、检修和管理不方便；易因井下灾害而遭到破坏

考点3　地下开采对通风和空气的要求

项目	具体内容
地下开采对通风的要求	(1)所有矿井应建立完善的机械通风系统。矿井应根据生产变化，及时调整通风系统，并绘制全矿通风系统图。井下大爆破时，应专门编制通风设计和安全措施，由主管矿长批准执行。 (2)矿井通风系统的有效风量率，不得低于60%。 (3)采场形成通风系统之前，不得投产回采。矿井主要进风风流不能通过采空区和陷落区，需要通过时，应砌筑严密的通风假巷引流。主要进风巷和回风巷，要经常维护，保持清洁和风流畅通，禁止堆放材料和设备。 (4)进入矿井的空气不得受有害物质的污染。放射性矿山出风井与入风井的间距，应大于300 m。从矿井排出的污风，不得对矿区环境造成危害。 (5)箕斗井不得兼作风井。混合井作风井时，应采取有效的净化措施，保证风源质量。主要回风井巷禁止用作人行道。 (6)各采掘工作面之间不得采用不符合本标准卫生要求的风流进行串联通风。井下破碎硐室、主溜井等处的污风，应引入回风道。井下炸药库和充电硐室，应有独立的回风道。充电硐室空气中氢气的含量，不得超过0.5%(按体积计算)。井下所有机电硐室，都应供给新鲜风流。 (7)采场、二次破碎巷道和电耙巷道，应利用贯穿风流通风或机械通风。电耙司机应位于风流的上风侧。 (8)采空区应及时密闭。采场开采结束后，应封闭所有与采空区相通的影响正常通风的巷道。 (9)通风构筑物(风门、风桥、风窗、挡风墙等)应由专人负责检查、维修，保持完好严密状态。主要运输巷道应设两道风门，其间距应大于一列车的长度。手动风门应与风流方向成80°至85°的夹角，并逆风开启。 (10)木制风桥只准临时使用；风桥与巷道的连接处应做成弧形
矿山开采对空气的要求	矿井进风应满足下列要求： (1)井下工作人员供风量不少于4 m^3/(min·人)。 (2)排尘风速：硐室型采场不小于0.15 m/s，饰面石材开采时不小于0.06 m/s；巷道型采场和掘进巷道不小于0.25 m/s；电耙道和二次破碎巷道不小于0.5 m/s；箕斗硐室、装矿皮带道等作业地点的风速不小于0.2 m/s

续表

项目	具体内容
矿山开采对空气的要求	(3)破碎机硐室:采用旋回破碎机的,风量不小于12 m^3/s;采用其他破碎机的,风量不小于8 m^3/s,采用2台破碎设备时,不小于12 m^3/s。 (4)柴油设备运行时供风量不小于4 $m^3/(min \cdot kW)$。 (5)满足有关规定的风速要求。 有人员作业场所的井下气象条件应符合下列要求: (1)人员连续作业场所的湿球温度不高于27 ℃,通风降温不能满足要求时,应采取制冷降温或其他防护措施。 (2)湿球温度超过30 ℃时,应停止作业。 (3)湿球温度为27 ℃~30 ℃时,人员连续作业时间不应超过2 h,且风速不小于1.0 m/s。 (4)湿球温度为25 ℃~27 ℃时,风速不小于0.5 m/s。 (5)湿球温度20 ℃~25 ℃时,风速不小于0.25 m/s。(6)湿球温度低于20 ℃时,风速不小于0.15 m/s

跟踪训练

1. 井下采掘工作面进风流中的空气成分(按体积计算),氧气不得低于(　　)。

A. 20%　　B. 30%　　C. 15%　　D. 10%

2. 使用柴油机设备的矿井,井下作业地点有毒有害气体中一氧化碳的浓度应(　　)。

A. 小于80 mg/m^3　　B. 小于60 mg/m^3

C. 小于70 mg/m^3　　D. 小于90 mg/m^3

参考答案及解析

1. A　**【解析】**井下采掘工作面进风流中的空气成分(按体积计算),氧气不得低于20%,二氧化碳不得高于0.5%。

2. B　**【解析】**使用柴油机设备的矿井,井下作业地点有毒有害气体的浓度,应符合下列规定:

一氧化碳小于60 mg/m^3;

二氧化氮小于10 mg/m^3;

甲醛小于6 mg/m^3;

丙烯醛小于0.6 mg/m^3。

第四章　矿山地压灾害防治技术

知识框架

- 矿山地压灾害防治技术
  - 矿山地压灾害防治相关技术和标准
  - 矿山地压灾害分析
    - 矿山地压分类及其灾害
    - 地压灾害及其成因
  - 地压灾害防治措施
    - 各种地压灾害防治措施
    - 金属非金属矿山应急管理
    - 事故、事件报告、调查与分析

考点精讲

第一节　矿山地压灾害防治相关技术和标准

考点　矿山地压灾害防治相关技术和标准

项目	具体内容
矿山地压灾害防治相关技术和标准	1. 工程地质复杂、有严重地压活动的矿山，应遵守的规定 (1)设立专门机构或专职人员负责地压管理，及时进行现场监测，做好预测、预报工作。 (2)发现大面积地压活动预兆，应立即停止作业，将人员撤至安全地点。 (3)地表塌陷区应设明显标志和栅栏，通往塌陷区的井巷应封闭，人员不应进入塌陷区和采空区。 2. 采场 (1)企业应建立顶板分级管理制度。对顶板不稳固的采场，应有监控手段和处理措施。 (2)围岩松软不稳固的回采工作面及采准、切割巷道，应采取支护措施。 3. 采空区 (1)企业应根据采空区特点，制定相应的管理制度。 (2)企业应按设计要求进行采空区处理。采空区的处理应有切实可靠的方案。 (3)企业应制定井巷报废管理制度，确保井巷报废后的风险得到有效控制 4. 地表塌陷区 (1)企业应采取有效的措施，避免无关人员进入地表塌陷区

续表

项目	具体内容
矿山地压灾害防治相关技术和标准	(2)地表移动范围内,禁止建新的建(构)筑物。 (3)在地表移动区外,应修筑防洪沟,防止大量地表水通过塌陷区进入井下。 (4)企业应建立岩体移动监测站,监测塌陷区上部围岩的变形与移动。 5. 井巷与硐室 (1)井底车场、站台的设置和管道的铺设等,应符合相关的规定。 (2)井巷和硐室的布置及其支护方法、材料和质量,应符合相关的规定。 (3)矿山井巷工程施工及验收,应遵守相关的规定。 (4)井巷工程的施工组织设计,基建期应由施工单位编制,生产期则由矿山企业自行编制。施工前,应组织施工人员学习施工组织设计。施工中,应按照施工组织设计的规定作业,保证工程的规格质量。 (5)矿井的安全出口应符合下列规定: ①每个矿井至少应有两个相互独立、间距不小于 30 m、直达地面的安全出口;矿体一翼走向长度超过 1 000 m 时,此翼应有安全出口。 ②每个生产水平或中段至少应有两个便于行人的安全出口,并应同通往地面的安全出口相通。 ③井巷的分道口应有路标,注明其所在地点及通往地面出口的方向。 ④安全出口应定期检查,保证其处于良好状态。 (6)对所有支护的井巷,均应定期进行维护。 (7)井巷、硐室和采场的设备、工具、材料及废弃物的布置或存放应符合安全要求。 (8)井下炸药库和充电硐室应有独立的回风道,井下机电硐室应供给新鲜风流。 (9)井下破碎硐室、卸矿站等粉尘浓度较大的场所,应采取有效的除尘措施。 (10)作为应急安全出口的竖井应设应急提升设施或者梯子间。深度超过 300 m 的井筒设置梯子间时,应在井筒无马头门段设置与梯子间相通的休息硐室。休息硐室间距不大于 150 m。硐室宽度不小于 1.5 m,深度不小于 2.0 m,高度不小于 2.1 m。 (11)围岩松软不稳固的回采工作面及采准、切割巷道,应采取支护措施。 (12)作业场所有坠落危险的钻孔、井巷、溶洞、陷坑、泥浆地和水仓等,均应加盖或设栅栏,并设置明显的标志

第二节　矿山地压灾害分析

考点 1　矿山地压分类及其灾害

项目	具体内容
地压概念	地压是泛指在岩体中存在的力,包括原岩对围岩的作用力、围岩间的相互作用力、围岩对支护体的作用力。地压的根本来源是地层受地球重力,处在一定深度的原岩体,承受着上部岩体的重量,由这个重量所引起的单位面积上的内力,即为自重应力

续表

项目	具体内容
地压分类	1. 变形地压 变形地压是指围岩发生位移而挤压支架而产生的地压。变形地压的特点表现为围岩和支护体之间的相互作用。其大小既取决于围岩的应力状态,又取决于支护体的类型和支护时间。变形地压可分为弹性变形压力、塑性变形压力和流变压力。 2. 膨胀地压 在泥质页岩或炭质页岩中的巷道,经常发生顶板下沉、底板鼓起、两帮突出等现象,造成支护体破坏,这些由于岩体吸水后变形产生的破坏现象称为膨胀现象,由此产生的压力称为膨胀压力。 3. 散体地压 散体地压又名松动地压,产生的原因是由于开挖,在一定范围内围岩中发生滑移或塌陷的岩体以重力的形式直接作用于支护体上,由此产生的压力称为散体地压。 4. 冲击地压 冲击地压又名岩爆,是指岩体中积聚的大量弹性变形势能在一定条件下突然猛烈释放出来所产生的压力。冲击地压是深井矿山面临的主要安全隐患之一。发生岩爆的条件是,岩体中的地应力超过了岩石本身的硬度,同时岩石的脆性和弹性都比较高,这时一旦地下工程活动破坏了岩体原有的平衡状态,就会导致岩爆的发生。 5. 井巷地压 井巷受到破坏主要是围岩应力超过了岩体的强度,提高围岩的强度,降低围岩应力,改善围岩的应力状态,以便充分利用围岩的自身抗力去支撑井巷地压。 6. 采场地压 采场地压是指在地下开采时,矿体对于采场和采空区失去平衡状态,引起采场围岩变形、移动等地压现象

考点2　地压灾害及其成因

项目	具体内容
地压灾害	地压灾害类型包括:冒顶片帮、空区垮塌、岩爆、巷道变形、支护破坏、地表沉降、冲击气浪、矿震、其他次生灾害(地表建筑破坏、井下透水、地表水下灌、滑坡、山崩等)
成因	1. 产生冒顶片帮的原因 冒顶片帮是由于采矿作业打破了岩石的稳定平衡状态,当强大的地压传递到顶板或者两帮时,岩石遭受破坏,致使岩矿发生某种形变,出现裂缝,导致顶板下沉弯曲,裂缝逐渐扩大,如果生产技术和组织管理不当,就可能造成顶板岩石的冒落。 2. 产生空区垮塌的原因 空区垮塌主要发生在地下井巷开采的矿山,在矿山采空区,若因矿柱设置不足,或者矿柱受损而失去支撑力,就会导致空区垮塌。空区垮塌多发生在矿体埋藏较浅、产状较平缓的矿区。对于矿体埋藏较深的地下开采矿山,如果不能及时回填和崩落采空区,当其达到一定的规模就会产生大面积垮塌。另外,在熔岩分布区,矿山排水疏干也会导致溶洞上方空区垮塌。 空区垮塌的危害主要表现在以下两个方面:一是空区垮塌会造成巨大的经济损失;另

续表

项目	具体内容
成因	一方面空区垮塌会造成顶板大面积冒落、地表沉陷和开裂，破坏地面环境和影响露天作业，严重的情况因空区突然的垮塌而产生的高速气浪和冲击波可能会造成人员的伤亡和设备损坏。 3. 岩爆的产生原因 在地下工程开挖过程中或开挖完毕后，原本处于高应力或极限平衡状态的岩体或地质结构体，因其内部储存的应变能瞬间释放，造成岩体产生爆裂、松落、弹射甚至抛射，给矿山带来危害和灾难。 4. 巷道变形的产生原因 巷道开挖后，随着时间的推移，围岩将不断地向巷道内产生位移，使围岩变形，一旦变形过大，会引起围岩松散，形成松散压力，巷道就会失去稳定

第三节 地压灾害防治措施

考点1 各种地压灾害防治措施

项目	具体内容
冒顶片帮的防治措施	提高生产作业人员安全防范意识和技术水平。另外，应该采取合理的采矿方法，所使用的各种采矿方法均要设置具体的安全技术操作规程，按照安全技术操作规程作业，建立正常的生产秩序和作业制度，加强职工安全技术教育、培训，采取合理的采场布置方式。 在矿山开采施工作业过程中，应加强掘进工作面的顶板管理，加强井巷的支护与维修工作。为了防止松软岩层，掘进工作面的顶板冒落，永久支架落后于掘进工作面的距离不得超过3 m，该距离视情况而定，在顶板松软的情况下还要缩短。除此之外，在掘进工作面和永久支架之间，还必须加设临时支架。另外，必须加强掘进工作面的顶板质量，对所有井巷进行定期检查，如果发现有弯曲、破损、折断、腐蚀的支架时，必须及时进行修理或更换
空区垮塌的防治措施	空区垮塌的防治措施主要是采用合理的采矿方式和采空区处理技术。目前，对于采空区的处理办法有充填法、顶板缓慢下沉法和条带开采法
岩爆的防治措施	在施工前，针对已有勘测资料，初步确定施工区域地应力的数量级以及施工过程中哪些部位及里程容易出现岩爆现象，优化施工开挖和支护顺序，为施工中岩爆的防治提供初步的理论依据。 在施工过程中，应该加强超前地质探测，预报岩爆发生的可能性及地应力的大小。 打设超前钻孔转移隧道掌子面的高地应力或注水降低围岩表面张力。必要时，若预测到的地应力较高，可在超前探孔中进行松动爆破或将完整岩体用小炮震裂，或向孔内压水，以避免应力集中现象的出现

续表

项目	具体内容
岩爆的防治措施	在施工中应加强监测工作，通过对围岩和支护结构的现场观察、辅助洞拱顶下沉、两维收敛以及锚杆测力计、多点位移计读数的变化，可以定量化地预测滞后发生的深部冲击型岩爆，用于指导开挖和支护的施工，以确保安全。 在开挖过程中采用“短进尺、多循环”，同时利用光面爆破技术，严格控制用药量，以尽可能减少爆破对围岩的影响，并使开挖断面尽可能规则，减小局部应力集中发生的可能性。 加强施工支护工作，给主要的施工设备安装防护网和防护棚架。 对发生岩爆的地段，可采取在岩壁切槽的方法来释放应力，以降低岩爆的强度。 在岩爆地段施工，对人员和设备进行必要的防护，以保证施工安全
巷道变形的防治措施	根据巷道围岩变形的机制对支护结构的要求，可以选择锚喷网支护为巷道的支护形式，即借助锚杆的加固效能和配合喷射混凝土、金属网，以支撑被构造断裂或松动岩层分离的单个岩块荷载的支护效能结合起来。其特点是： (1)锚喷网支护能够从围岩表面到内部形成一个由人工结构联结的岩石加固圈，能够发挥岩石自身的支承能力。 (2)喷射混凝土对岩石表面起到胶结作用，使被节理裂隙切割的岩块不易松动、脱落，发挥岩块间的咬合作用。 (3)锚杆不仅能够提供围岩的支护力，而且能够在围岩内形成压缩带，提高围岩的整体性，同时还能够提高围岩的抗剪切破坏能力。 (4)金属网增大了喷层的柔性和抗拉、抗剪的能力，加强了整体性能，使之阻止锚杆岩体的松动掉块，起到了保护和发挥锚杆支护的作用

考点2 金属非金属矿山应急管理

项目	具体内容
认定紧急情况	企业应根据危险辨识和风险评价结果，并考虑法律法规与其他要求，以及以往事故、事件和紧急情况的经验，认定潜在的紧急情况。 认定紧急情况时，应特别关注： (1)自然灾害：如洪水、泥石流、台风、地震等。 (2)透水。 (3)火灾。 (4)地压灾害。 (5)地表塌陷。 (6)坠罐。 (7)爆炸。 (8)突然停电。 (9)中毒和窒息

续表

项目	具体内容
应急准备管理	(1)企业应指定专人管理应急工作,并根据应急演练中的风险和企业内外部事故、事件的应急经验,及时完善应急准备工作。 (2)定期评审与企业应急有关的外部应急部门,如消防、医疗部门。 (3)企业应评审可能造成企业紧急情况的外部机构及其影响,如危险货物的供应商及其危险物品的类型、数量、位置的信息等
应急计划	企业应针对认定的紧急情况编制应急计划,并明确有关人员的职责及履职方法。编制应急计划时,应考虑以下内容: (1)危险源辨识和风险评价结果。 (2)安全法律法规与其他要求。 (3)以往事故、事件和紧急状况的处理经验。 (4)企业现有的应急能力和应具备的应急能力。 (5)专业应急部门可以支援的应急能力。 (6)政府在应急管理中的作用等。 应急计划的内容应包括: (1)接警与通知。 (2)指挥与控制。 (3)警报与紧急公告。 (4)应急资源。 (5)通信。 (6)事态监测与评估。 (7)警戒与治安。 (8)人员疏散。 (9)医疗与卫生。 (10)公共关系。 (11)应急人员安全。 (12)搜索与搜救。 (13)泄漏物控制。 (14)现场恢复
应急响应	企业应根据事故或紧急情况确定启动应急程序,并按事先规定的响应级别实施应急响应。 企业应确保足够的应急能力支持
应急保障	企业应建立完善的应急组织机构,并规定职责及作用。设立应急控制指挥中心时,应确保其具备必需的能力

续表

项目	具体内容
应急保障	企业应根据认定的紧急情况,建立应急响应队伍,包括: (1)消防。 (2)医疗救护。 (3)搜索与救援。 (4)安全保卫。 (5)通信。 (6)抢修。 企业应根据认定的紧急情况配备必要装备,包括: (1)通信设备。 (2)急救用品。 (3)紧急备用电源、设备及物资。 (4)摄影设备。 (5)应急人员的识别标识。 (6)急救防护用品。 企业配置应急装备时,应考虑外部可以支援的应急能力。 企业应针对可能发生的紧急情况,识别外部应急资源。 对于已识别的、可以利用的外部应急资源,应建立正式的相互支援协议
应急评审	企业应定期评审和更新应急计划,确保所需的应急能力。 评审的依据包括: (1)紧急情况响应和应急演练的结果。 (2)外部应急经验。 (3)设备、设施或流程的变化情况。 修订后的应急计划应及时发给相关人员,并对其提供必要的培训。 基于安全考虑,应急计划应适度保密
培训、训练及演习	(1)企业应进行应急培训、训练和演习。 (2)培训和训练可针对应急队伍和全体成员进行。 (3)演习应根据认定的紧急情况,按计划进行。演习方式包括桌面演习、功能演习和全面演习

考点3　事故、事件报告、调查与分析

项目	具体内容
报告	(1)企业应建立事故、事件报告制度,阐明事故、事件定义、报告的内容、时间、方式及响应。 (2)企业应对报告的事故、事件进行登记建档,并定期审查,以确保所有的事故、事件均得到有效调查和处理

续表

项目	具体内容
调查	(1)企业应建立事故、事件调查与跟踪制度,明确事故调查人员的组成,沟通方式、对象和时间。 (2)调查过程应考虑专业技术需要,必要时聘请外部专家。 (3)在形成调查报告之前,应与所涉及的员工进行交流。 (4)调查应确保查明事件、事故的根本原因,调查报告应提出事故、事件的处理意见和防范措施的建议。 (5)应对所有相关文件和资料进行整理,并归档保存
统计与分析	企业应确立事故、事件统计指标及计算方法,并定期对事故、事件的发生情况进行统计分析,以发现事故、事件发生的原因和趋势。 事故、事件分析的要点包括: (1)事故发生时间规律分析。 (2)伤亡人员年龄结构分析。 (3)伤亡人员工作年限分析。 (4)原因分析。 (5)伤害率分析。 (6)事故费用分析。 (7)安全标准化系统缺陷分析。 对事故进行年度分析,以检测改进,并找出趋势
事故、事件回顾	(1)利用安全讲座引发讨论和学习,以吸取教训。 (2)回顾已发生事故的原因和防范措施。 (3)通过个案研究或展示,促进了解,鼓励讨论

案例分析

(一)

2022年5月19日7时10分,某市黄金有限责任公司三道沟金矿的安全员谢迎新对李大红(历建刚的岳父)班组进行派班,讲解安全注意事项后,安排李大红班组到160 m中段6线15号采场出矿,李大红为班长,负责本班的安全工作,丁仁立、历建刚和历文忠(历建刚的父亲)为搬运工。7时30分,派完班后入井,带班矿长李中伟准备与作业人员一起入井,由于时值入井的高峰期,受罐笼承载力的限制,李大红班组先入井,8时许到达作业面。李大红首先进行通风,通风10分钟后,李大红安排历建刚、历文忠父子到3号顺路埋设溜矿筒,李大红用撬棍撬毛,丁仁立照明监护,从1号顺路一直撬到2号溜矿口,撬了1个小时,撬毛结束。李大红招呼历建刚和历文忠父子休息,4人在2号溜矿口处休息了10多分钟。

大约9时20分，李大红安排丁仁立到采场下方2号溜矿斗放矿，安排历建刚和历文忠父子在采场出矿。历建刚和历文忠出第三车矿时，听见“咕咚”一声闷响，紧接着听到李大红喊“妈呀！”一声，历建刚和历文忠看见李大红被一块脱落的岩石压住，历文忠上前抱住李大红的头，历建刚用撬棍撬脱落的岩石，一边撬一边喊丁仁立，丁仁立听到喊声来到现场，帮助历建刚撬岩石，2人撬开岩石把李大红救出。李大红的右腿骨折了，后背处有被砸痕迹，没有出血，腰不能动弹，直喊疼，当时头脑清醒，能说话。救出后，历建刚扶李大红到丁仁立的后背上，丁仁立把李大红背到1号顺路，并用绳子把李大红绑在自己的后背上，历建刚在下方用手托着李大红的脚，历文忠在顺路口处向下放绳子，丁仁立背着李大红，将李大红放到160 m中段，历建刚在马头门处向调度室打电话，让罐笼到160 m中段，不一会儿，罐笼来了，将李大红用罐笼提升到0 m。历建刚跑到派班室取的担架，用担架把李大红从0 m马头门抬出，坐车送当地市人民医院。在去医院的途中死亡，死亡时间为10时11分。

事故发生后，矿长高洪元于10时40分向当地市安监局做了报告。安监局接报后及时向市政府领导报告，市政府组成安监局、公安局、监察局、工会和镇政府等部门参加的事故调查组，对事故进行了全面细致的调查。

经法医鉴定：李大红为肝破裂失血性休克死亡。

专家组调查后认为：

1. 事故单位操作规程、规章制度齐全，操作人员入井到作业现场作业程序及现场警示标志符合安全管理规定。

2. 通过现场勘查和查阅设计，采场符合采矿设计及图纸要求；设计采用硐室取料充填法，设计采幅和悬顶高符合安全规程，采幅宽度符合设计要求。

3. 现场勘查冒落三角岩体外形尺寸长4.2 m、底宽1.8 m、厚1.4 m，总重量14.82 t。按照操作规程和常规检查方法无法发现和识别。

专家组调查后认定：此次事故不存在设计、管理方面缺陷和违章行为，一致认为此次事故为非责任事故。

事故调查组于2022年6月1日召开事故分析会，对此次事故进行了全面、客观、实事求是的分析，经过分析，采信专家意见，依据调查事实和专家意见，调查组认定此次事故为一起非责任事故。

问题：

请你为该矿山企业总结此次事故带来的经验教训。

（二）

某矿掘进二队在8809尾巷施工，跟班队干周某和工长杜某到达工作面后，发现巷道顶板压力大有网包。周某组织工人处理网包，周某让工长杜某用综掘机截割头挑起网包，自己则用钻杆将活矸捅漏。随后又让魏某、张某去煤头抬锚索钻准备补打锚索。此时，巷道顶板突然冒落将魏某和正在补打帮锚杆的穆某埋压致死。

问题：

1. 请根据以上材料分析事故的原因。

2. 请根据以上材料总结教训。

3. 请根据以上材料提出针对类似事故的防范措施。

参考答案及解析

(一)

1. 虽然此次事故被确定为非责任事故,但该矿也要深刻吸取事故教训,加强顶板安全管理,严格执行顶板分组管理制度。

2. 加强对工人的安全培训教育,增强企业职工班前讲安全、班中检查安全、班后总结安全的意识,确保各项规章制度及操作规程有效执行。

3. 公司要严格落实隐患排查治理制度,全方位、全过程进行隐患排查治理,确保隐患不留死角、不留盲区。

(二)

1. 事故原因:

(1)顶板破碎产生网包后,现场人员处理网包没有由外向里逐排进行,顶板冒落将作业人员埋压致死,是造成事故的直接原因。

(2)现场处理网包没有安排专人观察顶板情况,没有把危险区域的作业人员撤出,安全防护意识不强,是造成事故的主要原因。

(3)隐患排查治理工作不到位,未及时处理巷道顶板隐患,是造成事故的重要原因。

2. 事故教训:

(1)处理顶板隐患必须由外向里逐排进行。

(2)处理顶板隐患必须安排专人观察顶板情况,安全退路必须畅通,并且危险区域严禁有其他作业人员。

(3)严格落实隐患排查制度,发现隐患必须制定措施及时处理。

3. 防范措施:

(1)加强地质部门在生产过程中的预测预报工作,做到及时发现、及时汇报、及时处理。

(2)加强顶板管理,在遇到顶板破碎带时,现场作业必须有跟班领导指挥,并有两名有经验的工人密切观察顶板的动向,严格按规程、措施进行作业。

(3)维修巷道时,在架设好临时支护的前提下,严格执行由外到里、逐排进行的原则。

(4)强化作业规程和专项措施的编制、审核工作,规程和措施内容要全面而具体,具有针对性、及时性和可操作性。

(5)矿领导和负有安全生产管理职能的部门要严格落实安全生产责任制,各司其职、各负其责,督促全矿职工提高安全意识,坚持正规作业。

第五章　地下空区危害防治技术

知识框架

- 地下空区危害防治技术
  - 地下空区危害防治相关技术和标准
    - 地下空区危害防治的概述
    - 疏干后岩溶空区相关技术和标准
    - 采空区风险评估
    - 风险评估模型
  - 地下空区危害分析
  - 地下空区危害防治措施
    - 充填法相关介绍
    - 崩落法相关介绍
    - 隔离采空区相关介绍
    - 地下空区相关防治措施应遵守的规定
    - 地下空区治理方式
    - 疏干后的岩溶空区防治措施

考点精讲

第一节　地下空区危害防治相关技术和标准

考点1　地下空区危害防治的概述

项目	具体内容
地下空区危害防治的内容	(1)采用留矿法、空场法采矿的矿山，应采取充填、隔离或强制崩落围岩的措施，及时处理采空区；较小、较薄和孤立的采空区，是否需要及时处理，由主管矿长决定。 (2)地下开采改为露天开采时，应将全部地下巷道、采空区和矿柱的位置，绘制在矿山平、剖面对照图上。地下巷道和采空区的处理方法，应在设计中确定。地下开采的塌陷区范围内，不应布置重要矿山工程。 (3)采空区综合治理技术方案应符合矿山建设和生产的总体规划，矿山在进行采矿设计时应同时提出采空区治理方案，并把采空区治理列入生产作业计划，作为生产任务的

续表

项目	具体内容
地下空区危害防治的内容	一部分和日常重点安全生产工作之一。采空区排查与治理的技术、工艺、设备,应综合考虑经济、安全、环保等方面的因素,做到经济合理、技术简单、安全可靠,并能最大限度地利用已有工程和设备设施
采空区调查与探测	对采空区调查与探测的目的是: (1)查明采空区的范围、埋置深度、充填情况等。 (2)查明场区内岩土体物理力学性质。 (3)对采空区地基稳定性进行分析评价。 (4)针对采空区进行采空区治理施工方案设计。 在调查和探测所得数据的基础上,逐步建立采空区基本信息数据库

考点 2　疏干后岩溶空区相关技术和标准

项目	具体内容
疏干后岩溶空区相关技术和标准	(1)岩溶塌陷非常严重的矿区,应采用高精度岩溶探测方法,查明矿区岩溶发育情况和主要进水通道位置、规模,为制订防治水方案提供依据;有疏干岩溶塌陷的矿山应详细调查开采或地下水活动诱发的岩溶塌陷发展的形态、规模、分布范围、对地下水运动有明显影响的补给和排泄通道,必要时进行连通试验和暗河、岩溶塌陷测绘工作,并分析岩溶发育规律和地下水径流方向,圈定补给区,测定补给区内的渗漏情况,估算地下水径流量。 (2)疏干排水时有地表沉降、塌陷的矿山必须进行塌陷和沉降观测,分析塌陷和沉降的发展趋势、预测塌陷和沉降范围及灾害程度。裸露型岩溶、地面塌陷发育的矿区,应做好气象观测,降雨、洪水预报。封堵可能影响生产安全的井下揭露的主要岩溶进水通道。对已采区可构建挡水隔离墙。雨季应加强地下水的动态观测,并进行矿井涌水峰值的预报。 (3)疏干岩溶塌陷、滑坡、泥石流等地质灾害的评价、设计必须由有相关资质的单位完成

考点 3　采空区风险评估

项目	具体内容
采空区风险评估	采空区风险评估主要是评估地压引起的采空区失稳风险、水灾风害和具有自燃倾向矿床的火灾风险。危害辨识和风险评估是整个风险评估体系的基础。 危害辨识是进行风险评估和风险控制的基础,采空区危害辨识过程包括对象确定、调查收集资料、选择分析方法、识别危害类型、分析识别风险影响因素等

续表

项目	具体内容
采空区风险评估	1. 确定对象 在进行风险辨识之前，首先应该明确要进行评估的采空区，然后根据收集的资料和技术人员的分析，采用一定的方法对采空区进行危害辨识。 2. 识别采空区危害 采空区围岩失稳导致能量转移和释放，所以主要从能量贮存和转移方面识别采空区围岩失稳后产生的危害。 3. 导致采空区危害的因素 导致采空区危害的因素主要有地质、水文、环境、采矿工艺和采空区的几何参数等。 4. 风险评估的具体内容 采空区内矿柱及其失稳风险；采空区顶板暴露面积及顶板断裂发生大规模冒落风险；井下采空区冒落导致地表塌陷、地表水下灌、房屋倒塌、山体滑坡等风险；采空区积水量、水头压力、来源补给、探水界限距离及其突水风险；有自燃倾向性矿石产生内因火灾的风险概率和危害程度

考点4　风险评估模型

项目	具体内容
基本原理	1. 确定危害因素诱发灾害的可能性 在引起采空区事故的各种危害因素中，地质、水文、环境、采空区的几何参数等因素是在采空区开挖后就已经存在，所以要分析出这些因素引起事故的可能性。 2. 估计危害造成的后果 采空区危害所造成的损失一般可从人身安全、财产损失、环境影响和信誉损失四个方面来考虑。其中财产损失在这四个之中是最容易估计；人身伤亡和环境破坏两方面的损失计算与各国社会的价值观取向关系密切相关；信誉损失是最难估计的损失，因为它涉及众多的社会因素和政治因素。 3. 确定风险可接受性 通过风险分析得出地下采空区风险区域和危害范围，根据采空区风险标准、社会及个人风险标准，可判断采空区风险是否可接受。根据分析判断可确定出采空区风险等级：极其危险，不能继续作业；高危险，要立即整改；显著危险，需要整改；一般危险，需要注意；稍有危险，可以接受
组成	风险评估主要由风险分析和风险判断两部分组成。 风险分析也就是初步评价阶段，从评价经济性和可操控性出发，仅对部分风险影响因素进行概率评估，大多数还是经由专家打分或经验判断来确定。在此阶段，事故后果由危害影响系数来初步评价。 风险分析，根据采空区风险标准、社会及个人风险标准，可判断采空区风险是否可接受，根据分析判断可确定出采空区风险等级

第二节 地下空区危害分析

考点 地下空区危害分析

项目	具体内容
地下空区带来的危害	1. 地表塌陷 隐伏的采空区是地表塌陷的关键影响因素，覆岩条件下的大面积采空区为地表塌陷提供了空间条件，严重破坏了地表环境、建筑结构，严重地危害了矿区的经济发展和人民群众的生命财产安全。 2. 山体崩塌 地下空区所引发的山体崩塌是矿山常见的突发性地质灾害之一。因为采矿而导致的高陡边坡，形成悬空危岩体及山体开裂等，尤其是在运用崩落法采矿或者出现暴雨不当时，易发生山体的崩塌等情况，主要分成岩质崩塌与土质崩塌等两类。 3. 边坡滑坡 地下空区对其上或邻近边坡造成的边坡滑坡的原因大致可以概括为以下几个方面： (1)地下大面积采空后，地表相继产生大面积的地表移动和破坏。这一方面改变了地表形态，另一方面在某些部位产生裂缝。这两种改变，首先是增强了地表和地下水的破坏作用，大大降低了结构面强度和岩体的总体强度。同时也可能改变临空面性质和边坡的总体形态和尺寸，从而降低边坡岩体的总体稳定性。 (2)采空区引起的巨大塌陷体可能会改变原始的重力场而形成一套新的重力场，导致边坡岩体发生全面的应力调整，出现新的拉张应力区和鼓张应力区。这些不同性质的应力区，在不同部位以不同的作用方式破坏了原有岩体的完整性和岩体强度。 (3)改变原有结构面的闭合状态、产状、结构面和结构体强度。尤其是控制性软弱结构面产状和强度的改变将可能完全破坏原有结构面组合固有的稳定状态而产生滑移、倾倒或滑坡等类型的破坏

第三节 地下空区危害防治措施

考点1 充填法相关介绍

项目	具体内容
充填法简介	充填法是在矿床回采之后，用填充材料(废石、尾砂等)将矿床充满，如果需要回采矿柱，则采用胶结充填。这种方法可以有效地控制采场地压，减缓岩层移动和地表下沉的程度，为回采矿柱创造了安全的条件，提高矿石的回采率

续表

项目	具体内容
充填法应用条件	(1)上覆岩层或地表不允许崩落。 (2)开采贵重矿石或高品位的富矿,要求提高矿柱的回采率。 (3)已有充填系统充填设备和现成的充填材料可资利用。 (4)深部开采,地压较大,则有足够强度的充填体,可以缓和相邻未采矿柱的应力集中程度

考点2 崩落法相关介绍

项目	具体内容
崩落法简介	崩落法是处理采空区的一种经济且安全可靠的方法。崩落围岩处理采空区的目的,是使围岩中的应变能得到释放,减小应力集中程度。用崩落岩石填充采空区,在生产地区上部形成岩石保护垫层,以避免上部围岩突然大量冒落时造成的冲击气浪和机械冲击对采准巷道、采掘设备和人员的危害
崩落法应用条件	上覆岩层或地表允许崩落。当暴露面积扩大后,围岩长时间不能自然崩落,应采取爆破方式强制崩落或诱导崩落围岩。崩落岩石的厚度,一般应满足缓冲保护垫层的需要,以15~20 m为宜。在崩落围岩时,为减弱冲击气浪的危害,对于离地表较近的空区,或已与地表相通的相邻空区,应提前与地表或与上述空区崩透,形成“天窗”。强制放顶工作,一般与矿柱回采同段进行,且要求矿柱超前爆破。如不回采矿柱,则要崩塌所有支撑矿(岩)柱,以保证较好强制崩落围岩的效果

考点3 隔离采空区相关介绍

项目	具体内容
隔离采空区简介	隔离采空区是在通往采空区的巷道中,砌筑一定厚度的隔墙,使空区中的围岩崩落所产生的冲击气浪,遇到隔墙时能够得到有效的缓冲
隔离采空区应用条件	隔离采空区适用于空区体积不大,且离主要生产区较远,采空区下部不再进行回采工作的条件下。对于处理较大的空区,隔离只是一种辅助的方法,例如密闭与运输巷道相通的矿石溜井、人行天井等。另外,隔离采空区必须是上覆岩石允许崩落,否则不能采用

考点4 地下空区相关防治措施应遵守的规定

项目	具体内容
充填法	采用充填技术进行采空区治理设计时,应遵守以下规定:若回采矿柱,宜采用尾砂胶结充填,采用尾砂充填时,应保证排水系统的有效运行,定期清理沉淀池中的泥沙;用

续表

项目	具体内容
充填法	水力充填时,应设计滤水构筑物或溢流脱水设施;干式填充时,应明确尽量接顶的技术方案
崩落法	采用崩落法时应遵守以下规定:对于比较容易处理的区域,可采用单层中深孔爆破处理方式;对于不容易处理、条件比较复杂的区域,宜采用深孔爆破一次处理的方式,或者先处理上层采空区,然后做相应的处理,直至全部采空区处理完毕。对埋藏浅或出露地表的急倾斜采场,在回采矿柱的同时,尽量利用上部岩石充填采空区。对于深部的急倾斜采场,一般采用强制崩落上部岩石做覆盖层或者利用上阶段的覆盖层。对于中厚的缓倾斜矿体,在用中深孔、深孔或药室爆破顶板岩石之前,应先崩掉采场内的矿柱;对走向长的缓倾斜采空区,应一次崩落顶板岩石,部分充填采空区,其余部分随岩石自行崩落来充填采空区。崩落放顶应采用微差爆破技术,尽量减少爆破冲击波对周边岩柱的破坏。使用强制崩落技术时,矿岩稳定性应满足放顶工程稳定和采空区作业安全
隔离采空区	采用隔离采空区的方法时应遵守下列规定:在适当位置使采空区与上部无人作业区域地表贯通,以泄放地压活动引起的空气冲击波;在地面塌陷、裂缝区的周围设置完整的截排水沟或挡水围堤,防止大气降水渗入井下采空区;在封闭墙下部留设计采空区积水的排水通道,避免采空区积水诱发矿井突水事故

考点5　地下空区治理方式

项目	具体内容
充填法	充填法是通过使用充填材料对采空区进行填充处理,可以有效控制地压,防止地表塌陷
崩落法	崩落法是通过崩落采空区上方围岩可以使岩石充满采空区并形成缓冲岩石保护垫层,以防止采空区内大量岩石突然冒落造成危害
封闭法	封闭法是通过隔离墙等设施将采空区与其他生产作业点的通道隔绝,以防止因采空区围岩崩落所产生的冲击波危及人身和设备的安全
疏散人群	疏散人群是通过疏散采空区地表塌陷影响范围内的过往群众或常住居民,并在塌陷影响范围外设置围栏和警示牌的方法,以防止造成人员伤亡和财产损失的情况发生
设置安全标识	在采空区治理之前,矿山企业应根据采空区调查和探测结果,在治理的空区所在的地面上设置醒目的安全警示和隔离栅栏,并封堵所有通往岩石移动区的溜矿井、人行通风天井等井巷,张贴或悬挂“禁止进入”等安全警示牌,以防止人员误入

续表

项目	具体内容
建立采空区监测预警制度	矿山企业应根据采空区实际情况，建立健全采空区的监测预警制度，包括采空区监测网络、预测预报和预警响应制度，并根据监测结果不断调整防治措施，避免或延缓采空区灾害发生；当采空区灾害不可避免时，矿山企业应对工作人员及其他会受到影响的人员发出预警，撤离人员，确保安全生产。 治理有自燃发火灾害隐患的矿床采空区时，应装备现代化的坑内环境监测系统，实行连续自动监测与报警，下井作业人员应随身携带自救设备
地下矿山的监测预警	矿山企业应对岩层松软破碎、采空区高、开采深度小等易发生地表沉陷和位移的地下矿山进行连续性监测；对于地表已经或可能发生沉降、位移的区域，应设有明显的安全警示标志。 工程地质复杂、有地压活动的地下矿山，应设专门机构或专职人员负责地压管理的工作，及时进行现场监测，做好预测、预报工作

考点6　疏干后的岩溶空区防治措施

项目	具体内容
疏干后的岩溶空区防治措施	(1)应采取有效的物质探测方法查明塌陷区的岩溶裂缝、过水通道的分布情况及发展规律。推荐采用地面五极纵轴电(激电)探测和高密度电法(浅部)，探测网度推荐采用50 m×20 m，异常密集区加密。 塌陷区有河道时，应沿河道延伸方向布置探测剖面，剖面总数不少于3条。应布置适量的钻孔验证物探成果，每条剖面至少1个。 (2)对于直接揭露含水体的放水疏干工程，施工前应先建好水仓、水泵房等排水设施。地下水位降到安全水位之前，不应开始采矿。 (3)对于疏干过程中出现陷坑、裂缝以及可能出现的地表陷落范围，应及时圈定、设立标志，并采取必要的安全措施。 (4)矿山企业应将塌陷区的居民迁走，公路和河流改道后，才能进行疏干放水。 (5)对于直接揭露含水体的放水疏干工程，施工前应先建好水仓、水泵等排水设施。等到地下水位降到安全水位之后，才可开始采矿

案例分析

(一)

2015年12月25日7时56分，平邑县保太镇境内万庄石膏矿区发生采空区坍塌，该区域内平邑县玉荣商贸有限公司玉荣石膏矿(以下简称玉荣石膏矿)井下作业的29名矿工被困。经全力救援，截至2016年2月6日，有15人获救升井，1人死亡，13人失踪，直接经济损失4 133.9万元。平邑县万枣膏业有限公司(以下简称万枣石膏矿)是平邑县保太乡万庄村与枣庄市中区郭里集煤矿合资建设的,前身为平邑县保太乡果园石膏矿,始建于1994年7月,1994年临沂矿务局设计室编制了简易开采设计,1995年11月首次获得采矿许可证,生产规模10万t/年,1996年7月建成投产。最近一次的采矿权证由临沂市国土资源局颁发,有效期为2010年11月10日至2013年11月10日。采矿许可证到期后未延续。安全生产许可证由山东省安全生产监督管理局颁发,有效期为2011年10月19日至2014年10月18日。安全生产许可证到期后已由山东省安全生产监督管理局注销。至2011年末采空区累计面积12.33万m^2。2011年10月由临沂市安监局核准为三级标准化企业。2012年4月29日济南斯泰普咨询有限公司编制了《安全评估报告》,评估结论:具备安全生产条件。当地国土资源部门每年组织对矿产资源开发利用情况进行监督检查,在2007年7月的检查中,发现该矿与玉荣石膏矿间有一条3.2 m×2.2 m平巷贯通,当即已责令封堵。玉荣石膏矿隶属于玉荣商贸有限公司。该矿位于平邑县保太镇德埠庄村南,由平邑县万枣膏业有限公司和原平邑玉荣商贸有限公司玉荣石膏矿于2008年整合而成,生产规模40万t/年,从业人员近400人,法定代表人尹升。2015年3月,山东信力安全技术有限公司对该矿采空区稳定性进行分析,确定该矿采空区属于"相对稳定类"。2015年9月,平邑县通过政府购买服务,聘请山东公信安全评价有限公司对该矿进行矿山安全会诊检查,编制了《平邑玉荣商贸有限公司玉荣石膏矿矿山安全会诊检查报告》,未发现采空区存在问题。2015年10月平邑县国土资源局委托山东省地质勘察五院对该矿2015年度井巷工程实测,实测报告和日常监管均未发现有越界开采行为。企业针对该矿灰岩顶板属于富含水层不能放顶的实际,采用先进设备设施对采空区进行监测,安装了报警仪、视频监控探头、顶板位移报警器、地压在线监测系统,同时,采用土洋结合,使用糊纸法、标记法等多种方法进行监测。矿山通过动态报警和位移监测装置监测采空区变化,设有专人每天进入空区观测记录,事发前未发现异常。保太石膏矿位于玉荣石膏矿南部,建于1992年,2003年闭坑。2016年1月3日在原保太石膏矿地面出现陷落坑,约26 m×18 m,深度约10 m,陷落坑发生在"12.25"坍塌事故之后的第10天,经调查分析,因保太石膏矿无上覆石灰岩层,地面陷落主要受坍塌区域水位变化诱发采空区冒落所致。

问题:

请分析导致此次事故的原因。

(二)

某铁矿338中段的李某等2名员工在338东采场边(采场采空区长约11 m、宽约8.5 m、高约8 m)排位,巷道边帮冒落(高巷底约2.5 m高)一块大石头(约长0.9 m、宽0.5 m、厚0.3 m左右)把李某压在下面,另一人受轻伤,轻伤者见自己一人施救不了,就跑到314中段叫人。坑内打钻工彭某等3人知道后立即赶到事发地点救人,刚开始搬石头时边帮又冒落一大块石头(约长0.8 m、宽0.8 m、厚0.7 m),造成4人受伤。之后经组织救援,把伤员送往县人民医院抢救，其中 3 名伤者因伤势过重，经抢救无效死亡，另 1 名伤者，经诊断为轻伤。

问题：

1. 请简要分析事故产生的原因。

2. 根据材料总结事故教训并提出防治措施。

参考答案及解析

（一）

1. 万枣石膏矿采空区经多年风化、蠕变，采场顶板垮塌不断扩展，使上覆巨厚石灰岩悬露面积不断增大，超过极限跨度后突然断裂，灰岩层积聚的弹性能瞬间释放形成矿震，引发相邻玉荣石膏矿上覆石灰岩垮塌，井巷工程区域性破坏，是造成事故的直接原因。

2. (1) 玉荣商贸有限公司未落实采空区监测治理主体责任是事故发生的主要原因。

(2) 玉荣石膏矿对相邻矿山采空区坍塌风险认识不足，防控不到位是事故发生的重要原因。

(3) 政府及有关部门对停产矿山采空区监测和治理监督不到位，是事故发生的重要原因。

（二）

1. 事故原因：

(1) 矿山从业人员安全意识淡薄，进入作业场所安全检查不够细，未进行安全确认。

(2) 矿山安全管理松散，盲目施救，造成伤亡人员扩大。

2. 教训及防治措施：

(1) 采用安全可靠的采矿工艺，提高矿山采掘机械化。一些矿山仍存在现场实际与设计不相符等问题，造成作业人员风险大，事故多发。如一些矿山用留矿法采矿，未用机械出渣，在无法进行安全确认的高大采空区里人工出渣，风险大。矿山企业对存在采矿工艺不合理的问题要尽快整改，提高矿山采掘机械化，确保作业人员安全。安监部要加强监督检查，加大相应的处罚力度。

(2) 加强从业人员安全培训教育，提高应对事故灾难的能力。要根据各类事故灾害的特点，制订有针对性的应急预案，并加强应急演练，对所有下井人员进行专门的预防冒顶、中毒窒息、火灾事故的知识培训，并组织现场应急演练，提高员工的现场应急处置能力。发生事故时，救援工作要按照应急预案，组织有经验有能力的人员进行救援，防止盲目施救扩大人员伤亡。

(3) 各矿山企业要切实加强安全生产工作的领导，落实安全生产工作职责。要严格用工管理，针对非煤矿山从业人员中农民工多、流动性大、人员安全技能低的特点，加强企业职工的安全教育,严格执行全员安全教育培训制度,提高安全意识,提高辨识和排除各类风险的能力。认真落实金属非金属地下矿山企业领导带班下井制度,生产矿山要严格执行24小时值班和领导干部带班制度,保证一名领导干部在岗带班,所有值班人员必须坚守岗位,尽职尽责,严禁擅离职守,遇有重大突发事件或事故,及时妥善处理。

第六章　矿山水灾防治技术

知识框架

- 矿山水灾防治技术
  - 矿山水灾防治相关技术和标准
    - 金属非金属矿山露天部分水灾防治技术和标准
    - 金属非金属矿山地下部分水灾防治技术和标准
    - 地面防水
    - 井下防水
    - 矿山水害的原因分析
  - 矿山水灾危害分析
    - 矿山水灾危害种类
    - 井下排水设施
  - 矿山水灾相关防治措施
    - 金属非金属矿山露天部分水灾防治措施
    - 金属非金属矿山地下部分水灾防治措施

考点精讲

第一节　矿山水灾防治相关技术和标准

考点1　金属非金属矿山露天部分水灾防治技术和标准

项目	具体内容
金属非金属矿山露天部分水灾防治技术和标准	(1)露天矿山应设置防、排水机构。大中型露天矿应设专职水文地质人员,建立水文地质资料档案。每年应制定防排水措施,并定期检查措施执行情况。 (2)露天采场的总出入沟口、平洞口、排水井口和工业场地,均应采取妥善的防洪措施。 (3)矿山应按设计要求建立排水系统。上方应设截水沟;有滑坡可能的矿山,应加强防排水措施;防止地表、地下水渗漏到采场。 (4)露天矿应按设计要求设置排水泵站。遇超过设计防洪频率的洪水时,允许最低一个台阶临时淹没,淹没前应撤出一切人员和重要设备。 (5)各排水设备,应保持良好的工作状态。 (6)矿山所有排水设施及其机电设备的保护装置,未经主管部门批准,不应任意拆除

续表

项目	具体内容
金属非金属矿山露天部分水灾防治技术和标准	(7)邻近采场境界外堆卸废石,应避免排土场蓄水软化边坡岩体。 (8)应采取措施防止地表水渗入边坡岩体的软弱结构面或直接冲刷边坡。边坡岩体存在含水层并影响边坡稳定时,应采取疏干降水措施。 (9)露天开采转为地下开采的防、排水设计,应考虑地下最大涌水量和因集中降雨引起的短历时最大径流量。 (10)有条件的排土场,底部应排放易透水的大块岩石,控制排土场正常渗流。水力排土场应有足够的调、蓄洪能力,并设置防汛设施,备足防汛器材;较大容量的水力排土场,应设值班室,配置通信设施和必要的水位观测、坝体沉降与位移观测、坝体浸润线观测等设施,并设有专人负责,按要求整理

考点2　金属非金属矿山地下部分水灾防治技术和标准

项目	具体内容
金属非金属矿山地下部分水灾防治技术和标准	(1)存在水害的矿山企业,建设前应进行专门的勘察和防治水设计。勘察和设计应由具有相应资质的单位完成。防治水设计应为矿山总体设计的一部分,与矿山总体设计同时进行。 (2)水害严重的矿山企业,应成立防治水专门机构,在基建、生产过程中持续开展有关防治水方面的调查、监测和预测预报工作

考点3　地面防水

项目	具体内容
地面防水	应查清矿区及其附近地表水流系统和汇水面积、河流沟渠汇水情况、疏水能力、积水区和水利工程的现状和规划情况,以及当地日最大降雨量、历年最高洪水位,并结合矿区特点建立和健全防水、排水系统。 每年雨季前,应由主管矿长组织一次防水检查,并编制防水计划。其工程应在雨季前竣工。 矿井(竖井、斜井、平硐等)井口的标高,应高于当地历史最高洪水位1 m以上。工业场地的地面标高,应高于当地历史最高洪水位。 井下疏干放水有可能导致地表塌陷时,应事前将潜在塌陷区的居民迁走、公路和河流改道,才能进行疏干放水。 矿区不能进行大规模疏放水时,应采取帷幕注浆堵水等防治水措施。 矿区及其附近的地表水或大气降水有可能危及井下安全时,应根据具体情况采取设防洪堤、截水沟、封闭溶洞或报废的矿井和钻孔、留设防水矿柱等防范措施。 矿石、废石和其他堆积物不应堵塞山洪通道,不应淤塞沟渠和河道

考点 4　井下防水

项目	具体内容
井下防水	应调查核实矿区范围内的小矿井、老井、老采空区、现有生产矿井的积水区、含水层、岩溶带、地质构造等详细情况,并填绘矿区水文地质图。 对积水的旧井巷、老采区、流砂层、各类地表水体、沼泽、强含水层、强岩溶带等不安全地带,如不能采取疏放水措施保证开采安全,应留设安全矿(岩)柱。防治水设计应确定安全矿(岩)柱的尺寸,在设计规定的保留期内不应开采或破坏安全矿(岩)柱。在上述区域附近开采时应采取预防突然涌水的安全措施。 矿山井下最低中段的主水泵房和变电所的进口应装设防水门,防水门压力等级不低于0.1 MPa。水仓与水泵房之间应隔开,隔墙、水仓与配水井之间的配水阀的压力等级应与防水门相同。 水文地质条件复杂的矿山应在关键巷道内设置防水门,防止水泵房、中央变电所和竖井等井下关键设施被淹。防水门压力等级应高于其承受的静压且高于一个中段高度的水压。 通往强含水带、积水区、有可能突然大量涌水区域的巷道和专用的截水、放水巷道应设置防水门。防水门压力等级应高于其承受的静压。 防水门应设置在岩石稳固的地点,由专人管理,定期维修,确保可以随时启用。矿井最大涌水量超过正常涌水量的5倍,且大于50 000 m^3/d时,应在中段石门设置防水门,减少进入水仓的水量。 对接近水体的地带或与水体有联系的可疑地段,应坚持“有疑必探,先探后掘”的原则,编制探水设计。 掘进工作面或其他地点发现透水预兆时,应立即停止工作,并报告矿山企业主要负责人,采取措施。情况紧急时应立即发出警报,撤出所有可能受透水威胁的人员。 进行老采空区、硫化矿床氧化带的溶洞、与深大断裂有关的含水构造探水作业时,以及进行被淹井巷的排水和放水作业时,为预防有害气体逸出造成危害,应事先采取通风安全措施,并使用防爆照明灯具。发现有害气体、易燃气体泄出应及时采取处置措施。 受地下水威胁的矿山应采取矿床疏干、堵水等治理措施。 裸露型岩溶充水矿区、地面塌陷发育的矿区,应做好气象观测。雨季应加强降雨观测并根据暴雨强度采取应对措施,直至暂停生产。 井筒掘进过程中预测裸露段涌水量大于20 m^3/h时应先行治水。井巷穿越强含水层或高压含水断裂破碎带之前应治水后再掘进

考点 5　矿山水害的原因分析

项目	具体内容
自然因素	(1)地形。盆形洼地,降水不易流走,大多渗入井下,补给地下水,易造成灾害。 (2)围岩性质。围岩为松散的沙、砾层及裂隙、溶洞发育的硬质砂岩、灰岩等组成时,可储存大量水,这种岩层属强含水层或强透水层,对矿井威胁大;围岩为孔隙小、裂隙不发育的黏土层、页岩、致密坚硬的砂岩等,则是弱含水层或称隔水层,对矿井威胁小。当黏土厚度达5 m以上时,大气降水和地表水几乎不能透过

续表

项目	具体内容
自然因素	(3)地质构造。地质构造主要是褶曲和断层。褶曲可影响地下水的储存和补给条件,若地形和构造一致,一般是背斜构造处水小,向斜构造处水大;断层破碎带本身可以含水,而更重要的是断层作为透水通路往往可以沟通多个含水层或地表水,它是导致透水事故的主要原因之一。 (4)充水岩层的出露条件和接受补给条件。充水岩层的出露条件,直接影响矿区水量补给的大小,充水岩层的出露条件包括它的出露面积和出露的地形条件
防止水害工作规范化程度低	现有水害防治技术手段利用不够,防治水害工作规范化程度低。尽管我国矿山防治水技术实验研究条件和水害治理装备较发达国家落后,但由于我国矿山水文地质条件复杂,矿山灾害较为严重,我们的矿山水害防治技术和经验却处于世界领先地位。但由于生产企业未能及时调整好快速增长的生产方式和安全配套技术之间的关系,致使安全措施难以满足生产要求,没有贯彻执行矿山水害防治安全规程中的“有疑必探”原则,这必然会造成重大矿山水灾事故
防治水技术手段落后	随着矿山开采方式、开采深度和工作面开采空间尺度的变化,水害产生的条件、水害威胁的程度以及水害形成的机制都在发生着较大的变化。矿井生产的高产高效与防治水技术发展的相对滞后必然会导致水灾事故的上升
技术与装备不足	对于隐蔽型导水构造的精细探查技术与装备不足。含水层及其补给和排泄条件具有区域性和面状分布的特点,往往是易于查明和预知的。但导水通道,如断层、不良封闭钻孔和陷落柱等,具有极强的局部性和难以预知性。对断层和陷落柱精细探查的精度和超前距离都不能满足防治水工作的基本要求
人类活动	大量小煤矿的关闭及部分国有大井因资源枯竭或其他原因而废弃,导致生产矿井周边形成了新的水源和导水通道。由于对该类型矿在废弃和关闭过程中没有采取切实可行的水害防范措施,没有进行矿井关闭后可能诱发的矿井水文地质条件变化的研究与评价,缺乏关闭矿井相关工程和技术资料的系统整理与管理,对废弃矿井突水条件的认识及防范技术准备不足,致使频繁发生灾难性的突水事故,如果不能及时加以防范和控制,它不仅会造成矿山水害事故,而且会诱发严重的地质灾害和环境污染问题
缺乏规范化的安全监督检查体系	矿山生产企业缺乏专门的水害防治技术队伍和规范化的水害安全监督检查体系。目前我国的矿山生产企业缺乏专业的矿山水害防治技术队伍,缺乏对生产工作面、矿井进行水害安全技术论证、技术监控和安全技术保障体系的认识;虽然加强了事故发生后的责任追究制度,但是忽视了对生产过程中的安全技术保障体系监管和评估
地面防范措施不当	地面防洪、防水措施不当或管理不善。地表水大量灌入井下,造成水灾

续表

项目	具体内容
水文地质情况不清	井巷接近老窑积水区、充水断层、陷落柱、强含水层，未执行探放水制度，盲目施工，或者虽然进行了探水，但措施不当
井巷位置设计不当	如果将井巷设在不良地质条件中或过于接近强含水层等水源，导致施工后因地压和水压共同作用而发生顶、底板透水
井巷施工质量差	井巷施工质量差导致矿井井巷严重塌落、冒顶、跑砂导致透水，或工程钻孔在固井止水前误穿巷道，导致顶板含水透水
测量出错	由于测量错误导致巷道穿透积水区
井下防水闸门缺失	井下无防水闸门或防水闸门管理不善、组织不当，造成透水时无作用而淹井
忽视透水预兆	出现透水预兆未察觉或未被重视，或因处理不当造成透水
排水设备不完善	排水设备能力不足或设备不完好
排水设备维护不当	矿山企业平时对排水设备的维护不当

第二节　矿山水灾危害分析

考点1　矿山水灾危害种类

项目	具体内容
矿山水灾危害种类	1. 洪水淹井 洪水淹井是指当洪水通过井口或因采动导致的地表裂隙和岩溶通道灌入井下，威胁矿井安全和作业人员生命安全的一种水灾事故。 2. 井下透水 井下透水事故是指矿井在建设或生产过程中，因操作不当导致矿井与大的水源（地下河、水库、用水填充的旧矿等）连通，造成水灾事故。 3. 矿井突泥 矿井突泥是指伴随矿井突水活动，大量泥砂涌入井巷所造成的灾害

考点2　井下排水设施

项目	具体内容
井下排水设施	主要水仓应由两个独立的巷道系统组成。最低中段水仓总容积应能容纳4 h的正常涌水量；正常涌水量超过2 000 m^3/h时，应能容纳2 h的正常涌水量，且不小于8 000 m^3。应及时清理水仓中的淤泥，水仓有效容积不小于总容积的70%。 井下最低中段的主水泵房出口不少于两个；一个通往中段巷道并装设防水门；另一个在水泵房地面7 m以上与安全出口连通，或者直接通达上一水平。水泵房地面应至少高出水泵房入口处巷道底板0.5 m；潜没式泵房应设两个通往中段巷道的出口。 井下主要排水设备应包括工作水泵、备用水泵和检修水泵。工作水泵应能在20 h内排出一昼夜正常涌水量；工作水泵和备用水泵应能在20 h内排出一昼夜的设计最大排水量。备用水泵能力不小于工作水泵能力的50%；检修水泵能力不小于工作水泵能力的25%。只设3台水泵时，水泵型号应相同。 应设工作排水管路和备用排水管路。水泵出口应直接与工作排水管路和备用排水管路连接。工作排水管路应能配合工作水泵在20 h内排出一昼夜正常涌水量；全部排水管路应能配合工作水泵和备用水泵在20 h内排出一昼夜的设计最大排水量。任意一条排水管路检修时，其他排水管路应能完成正常排水任务

第三节　矿山水灾相关防治措施

考点1　金属非金属矿山露天部分水灾防治措施

项目	具体内容
金属非金属矿山露天部分水灾防治措施	(1)防水和排水是露天矿山生产的一项重要辅助工作，它是保证矿山安全和正常生产的先决条件。露天矿山要有专人负责水文地质调查、收集相关的水文地质资料、制订防水措施计划、检查防水设施的状况等。 (2)露天采场的总出入沟口、平洞口、排水井口和工业场地的位置，要尽量避开山洪、泥石流的影响，并采取妥善的防洪措施，包括修筑截洪沟、防洪堤等设施。必要时准备足够的抗洪抢险物资和装备。 (3)露天矿要根据采掘工程发展，确定截水沟设置方案，分期分批建设。一般来说，采场封闭圈以上要设截水沟，必要时要开凿输水平硐以形成自流排水系统；截水沟流水充满度不要超过75%；断面变化要以缓变的方式平顺连接；弯段转角不宜过大；截水沟的修建要注意避免因渗漏引起边坡滑坡的可能；一般石质截水沟断面采用矩形，土质截水沟采用梯形；土质截水沟流速过大时，可采用砂浆片石或砂浆卵石加固，加固厚度不小于200 mm。 (4)采场防淹没的措施包括： ①水量不大的矿山，设计一套水泵用于正常排水和排洪，泵在地坪上可垫高，避免淹泵和淹没其他设备。 ②洪水量大的矿山，分别设置排洪泵与正常排水泵。正常排水泵设在采场底，排洪泵

续表

项目	具体内容
金属非金属矿山露天部分水灾防治措施	设在上一工作平台或设在采场底一定高度的垫层上。 ③坑底采用潜水泵排水。 (5)各种排水设备要定期检修，确保其在需要进行排水时，可以正常投入运行。有淹没危险的采矿场，主排水泵的供电线路应不少于两回路。当任一回路停电时，其余线路的供电能力应能承担最大排水负荷。 (6)矿山所有排水设施、设备在其设计服务年限内要求加强维护，确保其始终处于完好状态，以便及时有效地排泄地表水或地下水。排水机电设备的保护装置是设备正常运转的重要保证，实际使用过程中应加强维护保养，未经主管部门批准，不得随意拆除。 (7)矿山的废石如果在邻近采场境界的外侧排放，既要考虑将排土场设在工程地质和水文地质较好的地带，又要考虑尽量避免排土场改变地表径流方向。 (8)凡是以地面防水工程拦截或引走的地面水流，一般不应再让其流入采场。 (9)露天转为地下开采的防、排水设计，除按20小时排出24小时的地下最大涌水量外，尚应考虑解决由集中降雨引起的短时涌水量问题。 (10)大块岩石的堆积体，其透水性好，将其铺在排土场的底部，有利于排泄排土场内部的水，有效降低排土场的浸润线，以提高排土场的整体稳定性，避免为泥石流形成创造条件

考点2　金属非金属矿山地下部分水灾防治措施

项目	具体内容
金属非金属矿山地下部分水灾防治措施	(1)存在水害的矿山企业，建设前应进行专门的勘察和防治水设计，这是地下矿山防治水的最基本的要求。 (2)水害严重的矿山企业往往需要多个专业和部门配合协调才能确保安全。成立包括各个有关部门人员的专门机构，才能保证紧急情况下采取有效的应对措施。 (3)在考虑矿山地面防水措施，或进行排水系统设计时，对地表水系及其可能的变化情况，应进行详细的调查和分析，以确保防水措施的有效性和排水系统有足够的排水能力。 (4)雨季前应进行专门的检查。对于需要维修或改建的防水工程，应在雨季前完工，以确保其在雨季能真正发挥防治水作用。 (5)矿井(竖井、斜井、平硐等)井口和工业场地地面标高，在矿山设计时应充分论证，在矿山建设时应严格按照设计要求进行施工，确保其真正满足防水要求。 (6)疏干陷区对塌陷区的居民、道路交通的安全影响极大，河水沿塌陷区直接灌入井下对矿山也有严重威胁。该类矿山防治水设计时，应根据具体的工程地质和水文地质条件划定可能塌陷区的范围。疏干前应将塌陷区的居民迁走、公路和河流改道，避免发生突然塌陷造成事故。 (7)井下工作人员要熟悉透水征兆，以便及时采取各种防范措施，迅速撤离人员，尽量减少损失。 (8)预注浆可以大幅度减小涌水量，改善施工条件和安全条件，当预测井筒涌水量较大，巷道穿越强含水层或高压含水断裂破碎带时，应采取预注浆措施

案例分析

（一）

某矿一运输上山掘进头，施工人员已发现有突水预兆，但跟班人员仍坚持继续生产，结果发生透水事故。事故原因：未开展水文调查工作，对矿井周边小窑积水情况不清；未按照探放水的相关规定进行探放水，在透水预兆十分明显的情况下，仍盲目组织施工，引发透水事故。

问题：

请根据上述材料提出防治措施。

（二）

2022 年 8 月 7 日，某矿安全巡视员发现北二车场绕道闭墙处有大量的水涌出，立即汇报矿调度，接警后，矿长在第一时间启动了应急救援预案，1 小时内井下 333 人全部安全升井。经专家估计该处突水量约 800 m^3/h。随后水量不断增大，之后在排水量不断增加的基础上水位持续上涨，升至 +333 标高时排水量增大到 680 m^3/h，水位稳定。

问题：

请根据以上材料提出矿井水灾的防治措施。

参考答案及解析

（一）

1. 采掘工作面遇有下列情况之一的，应当进行探放水：

（1）接近水淹或者可能积水的井巷、老空或者相邻煤矿。

（2）接近含水层、导水断层、暗河、溶洞和导水陷落柱。

（3）打开防隔水岩柱进行放水前。

（4）接近可能与河流、湖泊、水库、蓄水池、水井等相通的断层破碎带。

（5）接近有出水可能的钻孔。

（6）接近水文地质条件复杂的区域。

（7）采掘破坏影响范围内有承压含水层或者含水构造与含水层间的防隔水岩柱厚度不清楚可能发生突水。

（8）接近有积水的灌浆区。

（9）接近其他可能突水的地区。

2. 探放老空水前，首先分析查明老空水体的空间位置、积水量和水压。探放水孔应当钻入老空水体，并监视放水全过程，核对放水量，直到老空水放完为止。当钻孔接近老空时，预计可能发生瓦斯或者其他有害气体涌出的，应当设有瓦斯检查员或者矿山救护队员在现场值班,随时检查空气成分。如果瓦斯或者其他有害气体浓度超过有关规定,应当立即停止钻进,切断电源,撤出人员,并报告矿井调度室,及时处理。

(二)

1. 加大矿井周边监管力度,定期进行现场监测,取得第一手资料,发现问题及时落实解决。

2. 高度重视矿山防治水工作,严格落实防治水各项措施,制订水害应急和现场处置方案,并定期进行应急演练;利用新科技方法加强对老窑的探测和调查工作,对已知采空区邻区、下方圈定的积水区,编制探放水措施并严格按照设计进行排水及设立挡水墙,采用专门施工钻场进行探放治理,定期进行水量观测和挡水墙检查,保证分析结果准确和安全可靠。

第七章 爆破危害防治技术

知识框架

- 爆破危害防治技术
  - 爆破危害防治相关技术和标准
    - 爆破作业环境
    - 爆破工程施工准备
    - 施工现场清理与准备
    - 爆破器材现场检测、加工和起爆方法
    - 起爆网路
    - 装药
    - 填塞
    - 爆破警戒和信号
    - 爆后检查
  - 爆破危害分析
  - 爆破危害防治措施

考点精讲

第一节 爆破危害防治相关技术和标准

考点1 爆破作业环境

项目	具体内容
爆破作业环境	爆破前应对爆区周围的自然条件和环境状况进行调查，了解危及安全的不利环境因素，并采取必要的安全防范措施。 爆破作业场所有下列情形之一时，不应进行爆破作业： (1)距工作面20 m以内的风流中，瓦斯含量达到1%或有瓦斯突出征兆的。 (2)爆破会造成巷道涌水、堤坝漏水、河床严重阻塞、泉水变迁的。 (3)岩体有冒顶或边坡滑落危险的。 (4)硐室、炮孔温度异常的。 (5)地下爆破作业区的有害气体浓度超过规定的

续表

项目	具体内容
爆破作业环境	(6)爆破可能危及建(构)筑物、公共设施或人员的安全而无有效防护措施的。 (7)作业通道不安全或堵塞的。 (8)支护规格与支护说明书的规定不符或工作面支护损坏的。 (9)危险区边界未设警戒的。 (10)光线不足且无照明或照明不符合规定的。 (11)未按本标准的要求做好准备工作的。 露天和水下爆破装药前,应与当地气象、水文部门联系,及时掌握气象、水文资料,遇以下恶劣气候和水文情况时,应停止爆破作业,所有人员应立即撤到安全地点: (1)热带风暴或台风即将来临时。 (2)雷电、暴雨雪来临时。 (3)大雾天或沙尘暴,能见度不超过100 m时。 (4)现场风力超过8级、浪高大于1.0 m时或水位暴涨暴落时。 在有关法律不允许进行常规爆破作业的场合,但又必须进行爆破时,应与有关部门协调一致,做好安全防护,制订应急预案。 采用电爆网路时,应对高压电、射频电等进行调查,对杂散电流进行测试;发现存在危险,应立即采取预防或排除措施。浅孔爆破应采用湿式凿岩,深孔爆破凿岩机应配收尘设备;在残孔附近钻孔时应避免凿穿残留炮孔,在任何情况下均不许钻残孔

考点2　爆破工程施工准备

项目	具体内容
施工组织	A、B级爆破工程,都应成立爆破指挥部,全面指挥和统筹安排爆破工程的各项工作。指挥部的设置及职能为: (1)指挥部应设指挥长1人,副指挥长若干人;指挥长负责指挥部的全面工作并对副指挥长工作进行分工。 (2)指挥部应根据需要设置设计施工组、起爆组、物资供应组、安全保卫组、警戒组、安全监测组和后勤组等。 (3)指挥部和各职能组的每个成员,都应分工明确,职责清楚,各尽其责。 (4)其他爆破应设指挥组或指挥人,指挥组应适应爆破类别、爆破工程等级、周围环境的复杂程度和爆破作业程序的要求,并严格按爆破设计与施工组织计划实施,确保工程安全
施工公告	凡须经公安机关审批的爆破作业项目,爆破作业单位应于施工前3天发布公告,并在作业地点张贴,施工公告内容应包括:爆破作业项目名称、委托单位、设计施工单位、安全评估单位、安全监理单位、爆破作业时限等。 装药前1天应发布爆破公告并在现场张贴,内容包括:爆破地点、每次爆破时间、安全

续表

项目	具体内容
施工公告	警戒范围、警戒标识、起爆信号等。 邻近交通要道的爆破需进行临时交通管制时,应预先申请并至少提前3天由公安交管部门发布爆破施工交通管制通知。 在邻近通航水域进行爆破施工时,应在3天前通知港航监督部门。 爆破可能危及供水、排水、供电、供气、通讯等线路以及运输交通隧道、输油管线等重要设施时,应事先准备好相应的应急措施、应向有关主管部门报告,做好协调工作并在爆破时通知有关单位到场。 在同一地区同时进行露天、地下、水下爆破作业,或几个爆破作业单位平行作业时,应由建设单位组织协商后共同发布施工公告和爆破公告

考点3 施工现场清理与准备

项目	具体内容
施工现场清理与准备	爆破工程施工前,应根据爆破设计文件要求和场地条件,对施工场地进行规划,并开展施工现场清理与准备工作。施工场地规划内容应包括: (1)爆破施工区段或爆破作业面划分及其程序编排;爆破与清运交叉循环作业时,应制定相关的安全措施。 (2)有碍爆破作业的障碍物或废旧建(构)筑物的拆除与处理方案。 (3)现场施工机械配置方案及其安全防护措施。 (4)进出场主通道及各作业面临时通道布置。 (5)夜间施工照明与施工用风、水、电供给系统敷设方案,施工器材、机械维修场地布置。 (6)施工用爆破器材现场临时保管、施工用药包现场制作与临时存放场所安排及其安全保卫措施。 (7)施工现场安全警戒岗哨、避炮防护设施与工地警卫值班设施布置。 (8)施工现场防洪与排水措施。 爆破工程施工之前,应制定施工安全与施工现场管理的各项规章制度

考点4 爆破器材现场检测、加工和起爆方法

项目	具体内容
一般规定	爆破工程使用的炸药、雷管、导爆管、导爆索、电线、起爆器、量测仪表均应做现场检测,检测合格后方可使用。 进行爆破器材检测、加工和爆破作业的人员,应穿戴防静电的衣物。 在爆破工程中推广应用爆破新技术、新工艺、新器材、新仪表装备,应经有关部门或经授权的行业协会批准。 在潮湿或有水环境中应使用抗水爆破器材或对不抗水爆破器材进行防潮、防水处理

续表

项目	具体内容
爆破器材现场检测	在实施爆破作业前，爆破器材现场检测应包括： (1)对所使用的爆破器材进行外观检查。 (2)对电雷管进行电阻值测定。 (3)对使用的仪表、电线、电源进行必要的性能检验。 爆破器材外观检测项目应包括： (1)雷管管体不应变形、破损、锈蚀。 (2)导爆索表面要均匀且无折伤、压痕、变形、霉斑、油污。 (3)导爆管管内无断药，无异物或堵塞，无折伤、油污和穿孔，端头封口良好。 (4)粉状硝铵类炸药不应吸湿结块，乳化炸药和水胶炸药不应破乳或变质。 (5)电线无锈痕，绝缘层无划伤、开绽。 起爆电源及仪表的检验包括： (1)起爆器的充电电压、外壳绝缘性能。 (2)采用交流电起爆时，应测定交流电压，并检查开关、电源及输电线路是否符合要求。 (3)各种连接线、区域线、主线的材质、规格、电阻值和绝缘性能。 (4)爆破专用电桥、欧姆表和导通器的输出电流及绝缘性能。 检测及试验项目还应包括： (1)炸药的殉爆距离。(2)延时雷管的延时时间。(3)起爆网路连接方式的传爆可靠性试验
起爆器材加工	(1)加工起爆药包和起爆药柱，应在指定的安全地点进行，加工效量不应超过当班爆破作业用量。 (2)在水孔中使用的起爆药包，孔内不得有电线、导爆管和导爆索接头。 (3)当采用孔(硐)内延时爆破时，应在起爆药包引出孔(硐)外的电线和导爆管上标明雷管段别和延时时间。 (4)切割导爆索应使用锋利刀具，不得使用剪刀剪切
起爆方法	(1)电雷管应使用电力起爆器、动力电、照明电、发电机、蓄电池、干电池起爆。 (2)电子雷管应使用配套的专用起爆器起爆。 (3)导爆管雷管应使用专用起爆器、雷管或导爆索起爆。 (4)导爆索应使用雷管正向起爆。 (5)不应使用药包起爆导爆索和导爆管。 (6)工业炸药应使用雷管或导爆索起爆，没有雷管感度的工业炸药应使用起爆药包或起爆器具起爆。 (7)各种起爆方法均应远距离操作，起爆地点应不受空气冲击或被有害气体和个别飞散物危害

考点5　起爆网路

项目	具体内容
一般规定	(1)多药包起爆应连接成电爆网路、导爆管网路、导爆索网路、混合网路或数码电子雷管网路起爆。 (2)起爆网路连接工作应由工作面向起爆站依次进行。 (3)雷雨天禁止任何露天起爆网路连接作业,正在实施的起爆网路连接作业应立即停止,人员迅速撤至安全地点。 (4)各种起爆网路均应使用合格的器材。 (5)起爆网路连接应严格按设计要求进行。 (6)在可能对起爆网路造成损害的部位,应采取保护措施。 (7)敷设起爆网路应由有经验的爆破员或爆破技术人员实施,并实行双人作业制
电力起爆网路	(1)同一起爆网路,应使用同厂、同批、同型号的电雷管;电雷管的电阻值差不得大于产品说明书的规定。 (2)电爆网路的连接线不应使用裸露导线,不得利用照明线、铁轨、钢管、钢丝作爆破线路,电爆网路与电源开关之间应设置中间开关。 (3)电爆网路的所有导线接头,均应按电工接线法连接,并确保其对外绝缘。在潮湿有水的地区,应避免导线接头接触地面或浸泡在水中。 (4)起爆电源能量应能保证全部电雷管准爆;用变压器、发电机作起爆电源时,流经每个普通电雷管的电流应满足:一般爆破,交流电不小于2.5 A,直流电不小于2 A;硐室爆破,交流电不小于4 A,直流电不小于2.5 A。 (5)用起爆器起爆电爆网路时,应按起爆器说明书的要求连接网路。 (6)电爆网路的导通和电阻值检查,应使用专用导通器和爆破电桥,导通器和爆破电桥应每月检查一次,专用爆破电桥工作电流应小于30 mA
导爆管起爆网路	导爆管网路应严格按设计要求进行连接,导爆管网路中不应有死结,炮孔内不应有接头,孔外相邻传爆雷管之间应留有足够的距离。 用雷管起爆导爆管网路时,应遵守下列规定: (1)起爆导爆管的雷管与导爆管捆扎端端头的距离应不小于15 cm。 (2)应有防止雷管聚能射流切断导爆管的措施和防止延时雷管的气孔烧坏导爆管的措施。 (3)导爆管应均匀地分布在雷管周围并用胶布等捆扎牢固。 使用导爆管连通器时,应夹紧或绑牢。 采用地表延时网路时,地表雷管与相邻导爆管之间应留有足够的安全距离,孔内应采用高段别雷管,确保地表未起爆雷管与已起爆药包之间的水平间距大于20 m
导爆索起爆网路	(1)起爆导爆索的雷管与导爆索捆扎端端头的距离应不小于15 cm,雷管的聚能穴应朝向导爆索的传爆方向

续表

项目	具体内容
导爆索起爆网路	(2)导爆索起爆网路应采用搭接、水手结等方法连接;搭接时两根导爆索搭接长度不应小于 15 cm,中间不得夹有异物或炸药,捆扎应牢固,支线与主线传爆方向的夹角应小于 90°。 (3)连接导爆索中间不应出现打结或打圈;交叉敷设时,应在两根交叉导爆索之间设置厚度不小于 10 cm 的木质垫块或土袋
电子管起爆网路	(1)电子雷管网路应使用专用起爆器起爆,专用起爆器使用前应进行全面检查。 (2)装药前应使用专用仪器检测电子雷管,并进行注册和编号。 (3)应按说明书要求连接子网路,雷管数量应小于子起爆器规定数量;子网路连接后应使用专用设备进行检测。 (4)应按说明书要求,将全部子网路连接成主网路,并使用专用设备检测主网路
混合起爆网路	(1)大型起爆网路可以同时使用电雷管、导爆管雷管、电子雷管和导爆索连接成混合起爆网路。 (2)混合网路中的地表导爆索应与雷管、导爆管和电线之间留有足够的安全距离。 (3)用导爆索引爆导爆管时,应使用单股导爆索与导爆管垂直连接,或使用专用联结块连接
起爆网路试验	(1)硐室爆破和 A、B 级爆破工程,应进行起爆网路试验。 (2)电起爆网路应进行实爆试验或等效模拟试验;起爆网路实爆试验应按设计网路连接起爆;等效模拟试验,至少应选一条支路按设计方案连接雷管,其他各支路可用等效电阻代替。 (3)大型导爆管起爆网路和导爆索起爆网路试验,应至少选一组(地下爆破选一个分区)典型的起爆支路进行实爆;对重要爆破工程,应考虑在现场条件下进行网路实爆
起爆网路检查	起爆网路检查,应由有经验的爆破员组成的检查组担任,检查组不得少于 2 人,大型或复杂起爆网路检查应由爆破工程技术人员组织实施。 电力起爆网路,应进行下述检查,方准与主线连接: (1)电源开关是否接触良好,开关及导线的电流通过能力是否能满足设计要求。 (2)网路电阻是否稳定,与设计值是否相符。 (3)网路是否有接头接地或锈蚀,是否有短路或开路。 (4)采用起爆器起爆时,应检验其起爆能力。 导爆索或导爆管起爆网路应检查: (1)有无漏接或中断、破损。 (2)有无打结或打圈,支路拐角是否符合规定。 (3)雷管捆扎是否符合要求

续表

项目	具体内容
起爆网路检查	(4)线路连接方式是否正确、雷管段数是否与设计相符。 (5)网路保护措施是否可靠。 电子雷管起爆网路应按设计复核电子雷管编号、延时量、子网路和主网路的检测结果

考点6 装药

项目	具体内容
一般规定	(1)装药前应对作业场地、爆破器材堆放场地进行清理,装药人员应对准备装药的全部炮孔、药室进行检查。 (2)从炸药运入现场开始,应划定装药警戒区,警戒区内禁止烟火,并不得携带火柴、打火机等火源进入警戒区域;采用普通电雷管起爆时,不得携带手机或其他移动式通讯设备进入警戒区。 (3)炸药运入警戒区后,应迅速分发到各装药孔口或装药硐口,不应在警戒区临时集中堆放大量炸药,不得将起爆器材、起爆药包和炸药混合堆放。 (4)搬运爆破器材应轻拿轻放,装药时不应冲撞起爆药包。 (5)在铵油、重铵油炸药与导爆索直接接触的情况下,应采取隔油措施或采用耐油型导爆索。 (6)在黄昏或夜间等能见度差的条件下,不宜进行露天及水下爆破的装药工作,如确需进行装药作业时,应有足够的照明设施保证作业安全。 (7)炎热天气不应将爆破器材在强烈日光下暴晒。 (8)爆破装药现场不得用明火照明。 (9)爆破装药用电灯照明时,在装药警戒区 20 m 以外可装 220 V 的照明器材,在作业现场或硐室内应使用电压不高于 36 V 的照明器材。 (10)从带有电雷管的起爆药包或起爆体进入装药警戒区开始,装药警戒区内应停电,应采用安全蓄电池灯、安全灯或绝缘手电筒照明。 (11)各种爆破作业都应按设计药量装药并做好装药原始记录。记录应包括装药基本情况、出现的问题及其处理措施
人工装药	(1)起爆体、起爆药包应由爆破员携带、运送。 (2)炮孔装药应使用木质或竹制炮棍。 (3)不应往孔内投掷起爆药包和敏感度高的炸药,起爆药包装入后应采取有效措施,防止后续药卷直接冲击起爆药包。 (4)装药发生卡塞时,若在雷管和起爆药包放入之前,可用非金属长杆处理。装入雷管或起爆药包后,不得用任何工具冲击、挤压。 (5)在装药过程中,不得拔出或硬拉起爆药包中的导爆管、导爆索和电雷管引出线

续表

项目	具体内容
机械装药	现场混装多孔粒状铵油炸药装药车应符合以下规定： (1)料箱和输料螺旋应采用耐腐蚀的金属材料，车体应有良好的接地。 (2)输药软管应使用专用半导体材料软管，钢丝与厢体的连接应牢固。 (3)装药车整个系统的接地电阻值不应小于 $1\times10^5\ \Omega$。 (4)输药螺旋与管道之间应有一定的间隙，不应与壳体相摩擦。 (5)发动机排气管应安装消焰装置，排气管与油箱、轮胎应保持适当的距离。 (6)应配备灭火装置和有效的防静电接地装置。 (7)制备炸药的原材料时，装药车制药系统应能自动停车。 现场混装乳化炸药装药车应符合以下规定： (1)料箱和输料部分的材料应采用防腐材料。 (2)输药软管应采用带钢丝棉织塑料或橡胶软管。 (3)排气管应安装消焰装置，排气管与油箱、轮胎应保持适当的距离。 (4)车上应设有灭火装置和有效的防静电接地装置。 (5)清洗系统应能保证有效地清理管道中的余料和积污。 (6)应具有在原材料缺项、螺杆泵空转、螺杆泵超压等情况下自动停车等功能。 现场混装重铵油炸药装药车除符合相关规定以外，还应保证输药螺旋与管道之间应有足够的间隙，不应与壳体相摩擦。 小孔径炮孔爆破使用的装药器应符合下列规定： (1)装药器的罐体使用耐腐蚀的导电材料制作。 (2)输药软管应采用专用半导体材料软管。 (3)整个系统的接地电阻不大于 $1\times10^5\ \Omega$。 采用装药车、装药器装药时应遵守下列规定： (1)输药风压不超过额定风压的上限值。 (2)装药车和装药器应保持良好接地。 (3)拔管速度应均匀，并控制在 0.5 m/s 以内。 (4)返用的炸药应过筛，不得有石块和其他杂物混入
压气装药孔底起爆	压气装药孔底起爆应使用经安全性试验合格的起爆器材或采用孔底起爆具；孔底起爆具应在现场装入导爆管、雷管和炸药，导爆管应放在装置的槽内，并用胶布固定在装置尾端。炸药的感度和威力均不应小于 2# 粉状乳化炸药，装药密度应大于 $0.95\ g/cm^3$。 孔底起爆具应符合下列规定： (1)通过激波管试验，能承受 6×10^5 Pa 的空气冲击波入射超压。 (2)在锤重 2 kg、落高 1.5 m 的卡斯特落锤试验中不损坏。 (3)对导爆管应有保护措施。 (4)能起爆孔底起爆具以外的炸药

续表

项目	具体内容
压气装药孔底起爆	(5)每年至少检测一次。 压气装药安全性技术指标应符合下列规定： (1)现场装药空气相对湿度不低于80%。 (2)装药器的工作压力不大于6×10^5 Pa。 (3)炮孔内静电电压不应超过1 500 V,在炸药和输药管类型改变后应重新测定静电电压
现场混装炸药车装药	(1)使用现场混装炸药车装药应经安全验收合格。 (2)混装炸药车驾驶员、操作工,应经过严格培训和考核持证上岗,熟练掌握混装炸药车各部分的操作程序和使用、维护方法。 (3)混装炸药车上料前应对计量控制系统进行检测标定,配料仓不应有其他杂物;上料时不应超过规定的物料量,上料后应检查输药软管是否畅通。 (4)混装炸药车应配备消防器具,接地良好,进入现场应悬挂"危险"警示标识。 (5)混装炸药车行驶速度不应超过40 km/h,扬尘、起雾、暴风雨等能见度差时速度减半;在平坦道路上行驶时,两车距离不应小于50 m;上山或下山时,两车距离不应小于200 m。 (6)装药前,应先将起爆药柱、雷管和导爆索按设计要求加工并按设计要求装入炮孔内。 (7)混装炸药车行车时严禁压坏、刮坏、碰坏爆破器材。 (8)装药前应对炸药密度进行检测,检测合格后方可进行装药。 (9)混装炸药车装药前,应对前排炮孔的岩性及抵抗线变化进行逐孔校核,设计参数变化较大的,应及时调整设计后再进行装药。 (10)采用输药软管方式输送混装炸药时,对干孔应将输药软管末端送至孔口填塞段以下0.5~1 m处;对水孔应将输药软管末端下至孔底,并根据装药速度缓缓提升输药软管。 (11)装药过程中发现漏药的情况,应及时采取措施处理。 (12)装药时应进行护孔,防止孔口岩屑、岩渣混入炸药中。 (13)混装乳化炸药装药完毕10 min后,经检查合格后才可进行填塞,应测量填塞段长度是否符合爆破设计要求。 (14)混装乳化炸药装药至最后一个炮孔时,应将软管中剩余炸药装入炮孔中,装药完毕将软管内残留炸药清理干净。 (15)现场混制装填炸药时,炮孔内导爆索、导爆管雷管、起爆具等起爆器材的性能除应满足国家标准要求外,还应满足耐水、耐油、耐温、耐拉等现场作业要求;严禁电雷管直接入孔。 (16)孔底起爆时,起爆药包应离开孔底一定距离
预装药	(1)进行预装药作业,应制定安全作业细则并经爆破技术负责人审批。 (2)预装药爆区应设专人看管,并作醒目警示标识,无关人员和车辆不得进入预装药爆区

续表

项目	具体内容
预装药	(3)雷雨天气露天爆破不得进行预装药作业。 (4)高温、高硫区不得进行预装药作业。 (5)预装药所使用的雷管、导爆管、导爆索、起爆药柱等起爆器材应具有防水防腐性能。 (6)正在钻进的炮孔和预装药炮孔之间应有 10 m 以上的安全隔离区。 (7)预装药炮孔应在当班进行填塞,填塞后应注意观察炮孔内装药高度的变化。 (8)如采用电力起爆网路,由炮孔引出的起爆导线应短路,如采用导爆管起爆网路,导爆管端口应可靠密封,预装药期间不得连接起爆网路

考点 7 填塞

项目	具体内容
填塞	(1)硐室、深孔和浅孔爆破装药后都应进行填塞,禁止使用无填塞爆破。 (2)填塞炮孔的炮泥中不得混有石块和易燃材料,水下炮孔可用碎石渣填塞。 (3)用水袋填塞时,孔口应用不小于 0.15 m 的炮泥将炮孔填满堵严。 (4)水平孔和上向孔填塞时,不得紧靠起爆药包或起爆药柱楔入木楔。 (5)不得捣固直接接触起爆药包的填塞材料或用填塞材料冲击起爆药包。 (6)分段装药间隔填塞的炮孔,应按设计要求的间隔填塞位置和长度进行填塞。 (7)发现有填塞物卡孔应及时进行处理(可用非金属杆或高压风处理)。 (8)填塞作业应避免夹扁、挤压和拉扯导爆管、导爆索,并应保护电雷管引出线。 (9)深孔机械填塞应遵守下列规定: ①当填塞物潮湿、黏性较大或表面冻结时,应采取措施防止将大块装入孔内。 ②填塞水孔时,应放慢填塞速度,让水排出孔外,避免产生悬料

考点 8 爆破警戒和信号

项目	具体内容
爆破警戒	(1)装药警戒范围由爆破技术负责人确定;装药时应在警戒区边界设置明显标识并派出岗哨。 (2)爆破警戒范围由设计确定;在危险区边界,应设有明显标识,并派出岗哨。 (3)执行警戒任务的人员,应按指令到达指定地点并坚守工作岗位。 (4)靠近水域的爆破安全警戒工作,除按上述要求封锁陆岸爆区警戒范围外,还应对水域进行警戒。水域警戒应配有指挥船和巡逻船,其警戒范围由设计确定
信号	(1)预警信号:该信号发出后爆破警戒范围内开始清场工作。 (2)起爆信号:起爆信号应在确认人员全部撤离爆破警戒区,所有警戒人员到位,具备

续表

项目	具体内容
信号	安全起爆条件时发出。起爆信号发出后现场指挥应再次确认达到安全起爆条件，然后下令起爆。 (3)解除信号：安全等待时间过后，检查人员进入爆破警戒范围内检查、确认安全后，报请现场指挥同意，方可发出解除警戒信号。在此之前，岗哨不得撤离，不允许非检查人员进入爆破警戒范围。 (4)各类信号均应使爆破警戒区域及附近人员能清楚地听到或看到

考点9　爆后检查

项目	具体内容
爆后检查等待时间	(1)露天浅孔、深孔、特种爆破，爆后应超过5 min，方准许检查人员进入爆破作业地点；如不能确认有无盲炮，应经15 min后才能进入爆区检查。 (2)露天爆破经检查确认爆破点安全后，经当班爆破班长同意，方准许作业人员进入爆区。 (3)地下工程爆破后，经通风除尘排烟确认井下空气合格、等待时间超过15 min后，方准许检查人员进入爆破作业地点。 (4)拆除爆破，应等待倒塌建(构)筑物和保留建筑物稳定之后，方准许人员进入现场检查
爆后检查内容	(1)确认有无盲炮。 (2)露天爆破爆堆是否稳定，有无危坡、危石、危墙、危房及未炸倒建(构)筑物。 (3)地下爆破有无瓦斯及地下水突出、有无冒顶、危岩，支撑是否破坏，有害气体是否排除。 (4)在爆破警戒区内公用设施及重点保护建(构)筑物安全情况
检查人员	A、B级及复杂环境的爆破工程，爆后检查工作应由现场技术负责人、起爆组长和有经验的爆破员、安全员组成检查小组实施。 其他爆破工程的爆后检查工作由安全员、爆破员共同实施
检查发现问题的处置	(1)检查人员发现盲炮或怀疑盲炮，应向爆破负责人报告后组织进一步检查和处理，发现其他不安全因素应及时排查处理；在上述情况下，不得发出解除警戒信号，经现场指挥同意，可缩小警戒范围。 (2)发现残余爆破器材应收集上缴，集中销毁。 (3)发现爆破作业对周边建(构)筑物、公用设施造成安全威胁时，应及时组织抢险、治理，排除安全隐患。 (4)对影响范围不大的险情，可以进行局部封锁处理，解除爆破警戒

续表

项目	具体内容
盲炮的一般规定	(1)处理盲炮前应由爆破技术负责人定出警戒范围,并在该区域边界设置警戒,处理盲炮时,无关人员不许进入警戒区。 (2)应派有经验的爆破员处理盲炮,硐室爆破的盲炮处理应由爆破工程技术人员提出方案并经单位技术负责人批准。 (3)电力起爆网路发生盲炮时,应立即切断电源,及时将盲炮电路短路。 (4)导爆索和导爆管起爆网路发生盲炮时,应首先检查导爆索和导爆管是否有破损或断裂,发现有破损或断裂的可修复后重新起爆。 (5)严禁强行拉出炮孔中的起爆药包和雷管。 (6)盲炮处理后,应再次仔细检查爆堆,将残余的爆破器材收集起来统一销毁;在不能确认爆堆无残留的爆破器材之前,应采取预防措施并派专人监督爆堆挖运作业。 (7)盲炮处理后应由处理者填写登记卡片或提交报告,说明产生盲炮的原因、处理的方法、效果和预防措施
裸露爆破的盲炮处理	(1)处理裸露爆破的盲炮,可安置新的起爆药包(或雷管)重新起爆或将未爆药包回收销毁。 (2)发现未爆炸药受潮变质,则应将变质炸药取出销毁重新敷药起爆
浅孔爆破的盲炮处理	经检查确认起爆网路完好时,可重新起爆。 可钻平行孔装药爆破,平行孔距盲炮孔不应小于0.3 m。 可用木、竹或其他不产生火花的材料制成的工具,轻轻地将炮孔内填塞物掏出,用药包诱爆。 可在安全地点外用远距离操纵的风水喷管吹出盲炮填塞物及炸药,但应采取措施回收雷管。 处理非抗水类炸药的盲炮,可将填塞物掏出,再向孔内注水,使其失效,但应回收雷管。 盲炮应在当班处理,当班不能处理或未处理完毕,应将盲炮情况(盲炮数目、炮孔方向、装药数量和起爆药包位置,处理方法和处理意见)在现场交接清楚,由下一班继续处理
深孔爆破的盲炮处理	(1)爆破网路未受破坏,且最小抵抗线无变化者,可重新连接起爆;最小抵抗线有变化者,应验算安全距离,并加大警戒范围后,再连接起爆。 (2)可在距盲炮孔口不少于10倍炮孔直径处另打平行孔装药起爆,爆破参数由爆破工程技术人员确定并经爆破技术负责人批准。 (3)所用炸药为非抗水炸药,且孔壁完好时,可取出部分填塞物向孔内灌水使之失效,然后做进一步处理,但应回收雷管

续表

项目	具体内容
硐室爆破的盲炮处理	如能找出起爆网路的电线，导爆索或导爆管，经检查正常仍能起爆者，应重新测量最小抵抗线，重划警戒范围，连接起爆。 可沿竖井或平硐清除填塞物并重新敷设网路连接起爆，或取出炸药和起爆体
水下炮孔爆破的盲炮处理	(1)因起爆网路绝缘不好或连接错误造成的盲炮，可重新连接起爆。 (2)对填塞长度小于炸药殉爆距离或全部用水填塞的水下炮孔盲炮，可另装入起爆药包诱爆。 (3)处理水下裸露药包盲炮，也可在盲炮附近投入裸露药包诱爆。 (4)在清渣施工过程中发现未爆药包，应小心地将雷管与炸药分离，分别销毁
其他盲炮处理	地震勘探爆破发生盲炮时应从炮孔或炸药安放点取出拒爆药包销毁；不能取出拒爆药包时，可装填新起爆药包进行诱爆。 凡此处没有提到处理方法的盲炮，在处理之前应制定安全可靠的处理办法及操作细则，经爆破技术负责人批准后实施
总结	爆破作业单位应在一项爆破工程结束或告一段落时，进行爆破总结。 爆破总结应包括： (1)设计方案和爆破参数的评述，提出改进设计的意见。 (2)施工概况、爆破效果及安全分析，论述施工中的不安全因素、隐患以及防范办法。 (3)安全评估及安全监理的作用。 (4)经验和教训，提出类似爆破工程设计与施工的建议。 爆破总结资料应整理归档
露天爆破的一般规定	(1)露天爆破作业时，应建立避炮掩体，避炮掩体应设在冲击波危险范围之外；掩体结构应坚固紧密，位置和方向应能防止飞石和有害气体的危害；通达避炮掩体的道路不应有任何障碍。 (2)起爆站应设在避炮掩体内或设在警戒区外的安全地点。 (3)露天爆破时，起爆前应将机械设备撤至安全地点或采用就地保护措施。 (4)雷雨天气、多雷地区和附近有通讯机站等射频源时，进行露天爆破不应采用普通电雷管起爆网路。 (5)松软岩土或砂矿床爆破后，应在爆区设置明显标识，发现空穴、陷坑时应进行安全检查，确认无危险后，方准许恢复作业。 (6)在寒冷地区的冬季实施爆破，应采用抗冻爆破器材。 (7)硐室爆破爆堆开挖作业遇到未松动地段时，应对药室中心线及标高进行标示，确认是否有硐室盲炮

续表

项目	具体内容
露天爆破的一般规定	(8)当怀疑有盲炮时,应设置明显标识并对爆后挖运作业进行监督和指挥,防止挖掘机盲目作业引发爆炸事故。 (9)露天岩土爆破严禁采用裸露药包
地下爆破的一般规定	(1)地下爆破可能引起地面塌陷和山坡滚石时,应在通往塌陷区和滚石区的道路上设置警戒,树立醒目的警示标识,防止人员误入。 (2)工作面的空顶距离超过设计或超过作业规程规定的数值时,不应爆破。 (3)采用电力起爆时,爆破主线、区域线、连接线不应与金属物接触,不应靠近电缆、电线、信号线、铁轨等。 (4)距井下爆破器材库 30 m 以内的区域不应进行爆破作业。在离爆破器材库 30 ~ 100 m区域内进行爆破时,人员不应停留在爆破器材库内。 (5)地下爆破时,应明确划定警戒区,设立警戒人员和标识,并应采用适合井下的声响信号。发布的"预警信号""起爆信号""解除警报信号",应确保受影响人员均能辨识。 (6)井下工作面所用炸药、雷管应分别存放在受控加锁的专用爆破器材箱内,爆破器材箱应放在顶板稳定、支架完整、无机械电气设备、无自燃易燃或其他危险物品的地点。每次起爆时均应将爆破器材箱放置于警戒线以外的安全地点。 (7)地下爆破出现不良地质或渗水时,应及时采取相应的支护和防水措施;出现严重地压、岩爆、瓦斯突出、温度异常及炮孔喷水时,应立即停止爆破作业,制订安全方案和处理措施。 (8)爆破后,应进行充分通风,检查处理边帮、顶板安全,做好支护,确认地下爆破作业场所空气质量合格、通风良好、环境安全后方可进行下一循环作业。 (9)在城市、大海、河流、湖泊、水库、地下积水下方及复杂地质条件下实施地下爆破时,应做专项安全设计并应有切实可行的应急预案。 (10)地下爆破应有良好照明,距爆破作业面 100 m 范围内照明电压不得超过 36 V

第二节 爆破危害分析

考点 爆破危害分析

项目	具体内容
早爆	早爆是指炸药在预定起爆时间之前爆炸的现象。导致早爆的原因有:爆破器材的质量不合格;爆破区存在杂散电流、静电或感应电,引起早爆;使用装药机械时的静电积聚;炸药自燃导致自爆;感度高的炸药或起爆器材受到机械能作用等

续表

项目	具体内容
拒爆	拒爆是一种正常点火起爆而雷管或药包未爆的现象。拒爆可以是单个药包拒爆，也可以是部分或全部药包拒爆。引起拒爆的原因包括人为原因和物质原因。 人为原因：装药、堵塞不慎引起的断路、短路或药管分离；爆破设计不当引起带炮、“压死”或爆破冲坏网路；爆破的网路连接错误或节点不牢；防潮抗水措施不严或起爆能不足；爆破网路损坏；漏接、漏点炮或违章作业产生拒爆。 物质原因：爆破器材质量差，如导火索断火、透水、喷火强度不够、断路、电阻差太大等；网路连接错误；爆破工作面有水、油污浸染爆破器材，使其变质；起爆器材被岩块砸坏
爆破震动	炸药在岩土等介质中爆炸时必然有一部分能量转换为地震波，并从爆源向周围介质迅速传播，导致地表和建（构）筑物产生震动。在传播过程中，虽然其震动强度随着离爆源距离的增加而减弱，但在一定范围内，可能给附近非爆破目标的建（构）筑物造成不同程度上的破坏，这种现象称为爆破地震效应
爆破飞石	爆破时，在高速爆轰气体作用下，脱离主爆堆而飞得较远的碎石被称为爆破飞石。飞石产生的原因有很多，包括对被爆介质的性能和机构特点了解不够；爆破参数选择不当，如眼位设计及钻眼的方向不当、炮眼的布置不当；施工质量未达到要求；定向或坍塌落地时的弹射等
爆破冲击波	炸药爆破时，无论介质是空气还是岩石，都将有冲击波从爆炸中心传播开来。由于冲击波具有较高的压力和较大的流速，所以不但可以引起爆破点附近一定范围内建筑物的破坏，而且会造成人畜的伤亡
炮烟中毒	炮烟是爆破产生的大量有毒气体的总称。如果地下采场局部通风系统不完善，炮烟无法在短时间内排出，作业人员在炮烟没有排出的情况下就急于作业，易发生炮烟中毒事故
窒息	井下爆破特别是独头巷道掘进爆破会产生大量的有毒有害气体，如一氧化碳（CO）、氮氧化合物（NO、NO_2）、氨气（NH_3）等，这些气体如果没有及时稀释冲淡、排出，会对区域内的作业人员健康造成损坏，或引起中毒、窒息死亡

第三节　爆破危害防治措施

考点　爆破危害防治措施

项目	具体内容
早爆	早爆防治措施： （1）降低爆破工作面的杂散电流

续表

项目	具体内容
早爆	(2)同一电爆网路中选用同厂、同批、同品种的电雷管。 (3)确保炸药、电雷管和装配起爆药卷不会被岩块或硬质器材撞击,存放地点应安全可靠。 (4)杂散电流较大的爆破工作面可以采用电磁雷管。 (5)加强井下机电设备的管理。 (6)电爆网设计尽量使电雷管分组均匀,使各组电流强度基本一致
拒爆	拒爆防治措施: (1)正确选用发炮器。爆破作业必须选用防爆型的发炮器,其额定功率必须满足一次放炮总个数的要求。同时,对放炮器强化实行统一管理,做到统一收发,统一检测维修,定期更换电池,保持完好的工作状态,安全可靠。 (2)加强雷管检测。雷管在出库发放前,必须使用专用的电雷管检测仪逐个进行电阻检查,并且按照电雷管电阻值的大小编组,将阻值一样或相近的编在同一个电爆网路中,实测的总电阻与计算值之差应小于10%。 (3)优选爆破材料。特别是应使用合格的电雷管,禁止不同厂家生产的不同品种和不同性能参数的电雷管混用,禁止使用过期失效或变质的雷管、炸药,定期抽查检测雷管的起爆能力。 (4)计算爆破网路的准爆电流,注重电爆网路的连接质量。电爆网路的连接要符合设计要求,防止联接错误,保持网路清洁;储存时间较长的雷管需要去除线头的氧化物、绝缘物等。 (5)炮孔有水时,应将孔中的水吹出来,用防水袋装炸药。装药前要认真清除炮孔内岩粉
爆破震动	爆破震动灾害防治措施: (1)选择合理的爆破时差。为了使爆破产生的地震波之间不产生叠加,应提前设置合适的爆破时差。 (2)限制一次爆破的最大用药量。当降低起爆药量时,可以使质点的振动速度降低,达到减震的效果。 (3)采用微差起爆。通过布置适当的起爆顺序,采用跳段起爆,多次分批起爆,将首先破坏被爆岩石的拱形结构,使其具有自坍趋势,达到减少装药量的目的。 (4)采用预裂爆破。预裂爆破可以有效地减小爆破引起的震动。 (5)使用低威力、低爆速的炸药
爆破飞石	爆破飞石的防治措施: (1)熟悉被爆体的力学性能和结构特点。进行爆破设计之前要能够真正了解被爆体的力学性能和结构特点,然后依此为据,特别要注重试爆结果,修改和完善爆破设计,严禁将药包放置在松散软弱夹层、裂隙破碎带或混凝土的接茬面上

续表

项目	具体内容
爆破飞石	(2)选用最佳的最小抵抗线的位置和方向。爆破设计中应避免抵抗线过小并使最新抵抗线的方向背向保护设施方向,群药包爆破的同时还需均匀布置炮眼,合理选定炮眼密集系数。 (3)在浅眼爆破时,尽量少用或不用导爆索起爆系统。 (4)选择合理的起爆顺序和最佳的延期时间,以尽量减少爆破飞石。 (5)加强覆盖防护和遮挡。覆盖防护能有效地防治飞石的产生;遮盖是指在爆源和被保护对象之间设置一层或多层能够阻挡飞石的遮挡物。另外,覆盖和遮挡还能很有效地阻挡爆破冲击波。 (6)做好堵塞工作,严防堵塞物中夹杂碎石。 (7)在结构物落地处铺设软垫层。软垫层材料可以是土砂、废旧胶带等能够吸收飞石落地时的冲击能量的物质。软垫层的另一重要作用是降低爆破震动强度
爆破冲击波	(1)尽量避免使用裸露药包或导爆索露天爆破,必须使用时,覆盖砂土。 (2)采用微差爆破技术,利用爆破产生的冲击波相互干扰,达到削减冲击波能量的效果。 (3)设置合理的堵塞质量。 (4)设置阻波屏障。通过巷道分岔、转弯或扩大断面面积加速空气冲击波的衰减。设置障碍,如阻波墙、木垛、柔性帘等使空气冲击波衰减
炮烟中毒	1. 预防炮烟中毒的措施 (1)建立有效的通风系统。 局扇通风系统应布置合理,可采用的通风方式有压入式通风、抽出式通风、混合式通风3种方式。 压入式局部通风:风筒口与工作面的距离应小于10 m;局扇吸入口在贯穿风巷道上风侧,且距独头巷道口应大于10 m;局扇从贯穿风流巷道中吸取的风流不得超过该巷道风量的70%。 抽出式局部通风:风筒口与工作面的距离应小于5 m;局扇吸入口在贯穿风巷道下风侧,且距独头巷道口应大于10 m;局扇从贯穿风流巷道中吸取的风流不得超过该巷道风量的70%。 混合式局部通风:压入风筒口与工作面的距离应小于10 m;抽出式局扇出风口在贯穿风巷道下风侧,且距独头巷道口大于10 m;抽出风筒入风口与压入风筒进风口距离应大于10 m,且与压入风筒出风口距离应大于5 m;局扇从贯穿风流巷道中吸取的风流不得超过该巷道风量的70%。 掘进工作面和通风不良的采场,应安装局部通风设备。局扇应有完善的保护装置。 风筒应吊挂平直、牢固,接头严密,避免车碰和炮崩,并应经常维护以减少漏风,降低阻力。 (2)每次爆破后,首先要开动通风设备进行通风,待烟排除后方可组织生产作业

续表

项目	具体内容
炮烟中毒	(3)为作业班组配置便携式气体检测报警仪,人员进入采掘面工作前,用携带的气体检测报警仪进行检测,一旦发现仪器报警立即撤离。 2. 炮烟中毒现场应急处置措施 (1)发现有人炮烟中毒时,现场人员应立即利用局扇设备,加大对现场的通风排烟,稀释有害气体浓度。 (2)抢救人员绝不可盲目施救,必须佩戴空气呼吸器或防毒面具,方可进入事故现场进行抢救。 (3)现场无防护用具时,应立即向上级求援。 (4)人员进入前,现场安全人员应用有毒有害测试仪进行现场检测,有害气体超标的要进行通风,达标后,人员方可进入。 (5)对现场有毒有害气体进行连续监测,有害气体不达标,未佩带防护用具人员严禁进入事故现场和危险区域。 (6)若中毒者还没有停止呼吸或呼吸虽已停止但心脏还在跳动,抢救人员应先清除中毒者口腔、鼻腔内的杂物,使呼吸道保持畅通以后,立即进行人工呼吸。若心脏跳动已停止,应迅速进行心脏胸外按压,同时进行人工呼吸。 (7)在救护过程中,将妨碍伤者呼吸的东西除去,将衣领及腰带打开,并使其保暖,对伤情严重者则就地使用苏生器进行急救
窒息	(1)建立并完善矿井通风系统,改善矿井风流风质,开展矿井通风检测工作。 (2)加强局部通风管理,防止中毒和窒息事故的发生。 (3)矿山企业应开展全员事故应急救援培训。编制具有可操作性的事故应急预案,落实应急救援工作制度

案例分析

(一)

A企业为矿山企业,地下金属矿山采用竖井、斜井、斜坡道联合开拓方式和下行分层胶结充填采矿方法。

司机甲和司机乙开始在井下1150工作面进行铲装作业。9时,甲使用的铲装车出现故障,无法正常作业,于是来到休息室休息。10时30分,乙完成自己的铲装工作量后也来到休息室。甲见乙来到休息室,便借用了乙的铲装车进行作业。11时甲发现铲装车的监控系统显示排气管温度已达到170 ℃,便停止铲装作业,将车开到斜坡道岔口处熄火降温。11时10分,甲再次启动乙的铲装车时,发现发动机下方着火。甲取下车载灭火器灭火,火未灭掉,于是去叫休息中的乙,并和乙一起在休息室拿了两个大容量灭火器进行灭火,但由于已引燃井下临时加油罐中的柴油,火焰蔓延,无法扑灭。

11 时 30 分,甲将火情报告给在附近的工区值班员丙,丙向调度室做了电话报告,调度员丁接到丙的火情报告后进行了记录,但未向主管领导报告,也未向消防部门报警。丙向调度室报告火情后,与甲各拿一个灭火器赶往着火现场灭火,甲、乙、丙看到火势猛烈、冒出阵阵浓烟,并感觉呼吸困难,遂于 12 时返回地面。

由于未能及时控制火势,造成铲装车下风侧巷道和工作面的作业人员 17 人死亡、2 人重伤,直接经济损失 9 421 万元。

事故调查确认该起事故的过程为:铲装车发动机长时间工作,排气管温度过高;铲装车油管泄漏,渗漏的柴油因高温烘烤在发动机周围形成可燃气体,重新启动时产生的火花点燃可燃气体,引燃临时加油罐内的柴油,燃烧产生大量的有毒有害气体,造成人员中毒或窒息。

问题:

1. 该起事故的责任单位是(　　)。

A. A 企业

B. 甲所在班组

C. 调度室

D. 铲装车维修班

E. 1150 工作面所在工区值班室

2. 根据《生产安全事故报告和调查处理条例》,该起事故等级为(　　)。

A. 轻微事故　　B. 一般事故

C. 较大事故　　D. 重大事故

E. 特别重大事故

3. 导致该起事故发生的直接原因是(　　)。

A. 甲的铲装车出现故障

B. 甲使用乙的铲装车

C. 甲将乙的铲装车开到斜坡道岔口处熄火降温

D. 乙的铲装车油管漏油,甲再次启动时引燃发动机周围的可燃气体

E. 丁未向主管领导报告,也未向消防部门报警

4. 该起事故中,造成人员伤亡的燃烧产物有(　　)。

A. CO　　B. N_2　　C. CO_2　　D. H_2O

E. NH_3

5. 根据《安全生产法》及配套法规,关于 A 企业安全生产管理机构设置和人员配置的要求,下列说法正确的有(　　)。

A. 应设置安全生产管理机构或配备专职安全生产管理人员

B. 可以委托第三方中介机构负责 A 企业的安全生产管理

C. 安全生产管理人员应取得相应资格

D. 可以委托取得相应资格的注册安全工程师负责 A 企业的安全生产管理

E. A 企业安全生产管理人员必须经过相应的培训

6. 为防止此类事故再次发生，A 企业应采取的预防措施包括(　　)。

A. 改变开拓方式

B. 改变采矿方法

C. 进行全员安全教育培训

D. 针对此类事故经组织应急演练

E. 排查治理铲装车的火灾隐患

(二)

某矿区掘进施工，放炮后(永久支护距离进尺 1.9 m 处)前串前探梁，在未铺网的情况下，开始使用 2 部风钻打锚杆眼，付善贵站在左帮靠近迎头施工右帮锚杆眼时，左肩窝一矸石掉落，砸在其左小腿部，造成左小腿开放性骨折。安全规定，打锚杆前必须首先“敲帮问顶”将活矸危岩处理掉，施工人员要在可靠支护的保护下进行作业，确保作业安全。此事故造成经济损失约 10 万元。

问题：

1. 根据以上材料分析事故发生的原因。

2. 根据以上材料提出针对此次事故的防治措施。

参考答案及解析

(一)

1. A　【解析】《安全生产法》规定，生产经营单位的主要负责人是本单位安全生产第一责任人，对本单位的安全生产工作全面负责。其他负责人对职责范围内的安全生产工作负责。事故责任主体是指对发生生产安全事故负有责任的单位或者个人。事故责任主体包括发生生产安全事故的生产经营单位的责任人员和对发生生产安全事故负有监管职责的有关人民政府及其有关部门的责任人员。

2. D　【解析】重大事故是指造成 10 人以上 30 人以下死亡，或者 50 人以上 100 人以下重伤。或者 5 000 万元以上 1 亿元以下直接经济损失的事故。

3. D　【解析】事故的直接原因有：(1)机械、物质或环境的不安全状态；(2)人的不安全行为。本案例中事故发生的直接原因是乙的铲装车油管泄漏，渗漏的柴油因高温烘烤在发动机周围形成可燃气体，重新启动时产生的火花点燃可燃气体，引燃临时加油罐内的柴油。

4. AC　【解析】本案例中由于加油罐内的柴油燃烧产生大量的有毒有害气体，造成人员中毒或窒息。柴油燃烧产物中有 CO、CO_2 能引起人员中毒或窒息，AC 选项正确。

5. ACE　【解析】《安全生产法》规定，矿山、金属冶炼、建筑施工、运输单位和危险物品的生产、经营、储存、装卸单位，应当设置安全生产管理机构或者配备专职安全生产管理人员。危险物品的生产、经营、储存、装卸单位以及矿山、金属冶炼、建筑施工、运输单位的主要负责人和安全生产管理人员，应当由主管的负有安全生产监督管理职责的部门对其安全生产知识和管理能力考核合格。考核不得收费。

6. CDE 【解析】AB 选项属于企业经营方面。

(二)

1. 事故发生原因:

(1)付善贵在打眼前,没有对巷道顶板的稳固情况进行检查,不能及时发现安全隐患。

(2)付善贵在打眼前,没有采取使用临时支护措施,并未观察好退路,造成左肩窝一矸石掉落时躲闪不及。

(3)职工互保联保意识差,没有提醒付善贵注意安全并及时制止其违章行为。

(4)工区对职工安全管理、安全教育、技术管理培训力度不够,职工安全意识薄弱,自保、互保意识差,麻痹大意,图省事,轻安全。

(5)付善贵在未铺网的情况下,为图省事,没有对顶板进行"敲帮问顶",没能及时地找到顶帮的悬矸危岩,左肩窝一矸石掉落,砸在其左小腿部,造成左小腿开放性骨折,是造成此次事故的直接原因。

2. 防治措施:

(1)各单位要进一步明确和落实各级安全生产责任制,强化关键工序和重点隐患的双重预警,并加强特殊作业人员的安全管理。

(2)各单位要深刻接受这次事故教训,加大现场安全管理力度,强化现场精品工程意识。

(3)各级管理人员要冷静下来,深刻反省自己的工作,真正找出自己工作中的不足之处,在今后的工作中要以身作则,靠前指挥,坚决杜绝安全事故的发生,确保矿井安全生产。

第八章　矿井火灾防治技术

知识框架

- 矿井火灾防治技术
  - 矿井火灾防治相关技术和标准
    - 矿井火灾防治露天部分
    - 矿井火灾防治地下部分
  - 矿井火灾危害分析
    - 矿井火灾危害
    - 灼烫危害
    - 中毒和窒息危害
    - 矿井火灾事故的主要原因
  - 矿井火灾危害相关防治措施
    - 火灾危害防治措施
    - 灼烫危害防治措施
    - 中毒和窒息危害防治措施

考点精讲

第一节　矿井火灾防治相关技术和标准

考点1　矿井火灾防治露天部分

项目	具体内容
矿山露天部分火灾防治相关技术和标准	（1）矿山的建（构）筑物和重要设备，应按国家发布的有关防火规定，以及当地消防部门的要求，建立消防隔离设施，设置消防设备和器材。消防通道上不应堆放杂物。 （2）重要采掘设备，应配备灭火器材。设备加注燃油时，不应吸烟或采用明火照明。不应在采掘设备上存放汽油和其他易燃易爆材料，不应用汽油擦洗设备。 易燃易爆器材，不应放在电缆接头、轨道接头或接地极附近。 废弃的油、棉纱、布头、纸和油毡等易燃品，应妥善管理。 （3）应结合生活供水管设计地面消防水管系统，水池容积和管道规格应考虑两者的需要。 （4）矿山企业应规定专门的火灾信号，并应做到发生火灾时，能通知作业地点的所有人员及时撤离危险区。安装在人员集中地点的信号，应声光兼备

续表

项目	具体内容
矿山露天部分火灾防治相关技术和标准	任何人员发现火灾，应立即报告调度室组织灭火，并迅速采取一切可能的方法直接扑灭初期火灾。 （5）木材场、防护用品仓库、炸药库、氢和乙炔瓶库、石油液化气站和油库等场所，应建立防火制度，采取防火措施，备足消防器材

考点2　矿井火灾防治地下部分

项目	具体内容
一般规定	（1）地面防火，应遵守露天部分的规定。 （2）应结合湿式作业供水管道，设计井下消防水管系统。 （3）井下消防供水水池容积应不小于200 m^3。管道规格应考虑生产用水和消防用水的需要。用木材支护的竖井、斜井及其井架和井口房、主要运输巷道、井底车场硐室，应设置消防水管。生产供水管兼作消防水管时，应每隔50～100 m设支管和供水接头。 （4）木材场、有自燃发火危险的排土堆、炉渣场，应布置在距离进风口常年最小频率风向上风侧80 m以外。 （5）主要进风巷道、进风井筒及其井架和井口建筑物，主要扇风机房和压入式辅助扇风机房，风硐及暖风道，井下电机室、机修室、变压器室、变电所、电机车库、炸药库和油库等，均应用非可燃性材料建筑，室内应有醒目的防火标志和防火注意事项，并配备相应的灭火器材。 （6）井下各种油类，应单独存放于安全地点。装油的铁桶应有严密的封盖。应采用输油泵或唧管输油，尽量减少漏油。储存动力油的硐室应有独立回风道，其储油量应不超过3昼夜的需用量。 （7）井下柴油设备或油压设备，出现漏油应及时处理。 （8）不得用火炉或明火直接加热井下空气，或用明火烘烤井口冻结的管道。 井下不得使用电炉和灯泡防潮、烘烤和采暖。 （9）井下输电线路和直接回馈线路通过木制井框、井架和易燃材料的部位，应采取有效地防止漏电或短路的措施。 （10）在井下进行动火作业，应制定经主管矿长批准的防火措施。在井筒内进行焊接时，应派专人监护，焊接完毕应严格检查清理。在木结构井筒内焊接时，应在作业部位的下方设置收集火星、焊渣的设施，并派专人喷水淋湿和及时扑灭火星。 （11）矿井发生火灾时，主扇是否继续运转或反风，应根据矿井火灾应急预案和当时的具体情况，由主管矿长决定
防自燃发火	有自燃发火危险的矿井，至少应每月对井下空气成分、温度、湿度和水的pH测定1次，以掌握内因火灾的特点和发火规律。 有自燃发火危险的大中型矿山企业宜装备现代化的坑内环境监测系统，实行连续自动监测与报警

续表

项目	具体内容
防自燃发火	有沼气渗出的矿山企业,应加强沼气的监测,下井人员应携带自救器。 开采有自燃发火危险的矿床,应采取以下防火措施: (1)主要运输巷道和总回风道,应布置在无自燃发火危险的围岩中,并采取预防性灌浆或者其他有效地防止自燃发火的措施。 (2)正确选择采矿方法,合理划分矿块,并采用后退式回采顺序。根据采取防火措施后矿床最短的发火期,确定采区开采期限。充填法采矿时,应采用惰性充填材料。采用其他采矿方法时,应确保在矿岩发火之前完成回采与放矿工作,以免矿岩自燃。 (3)采用黄泥灌浆灭火时,钻孔网度、泥浆浓度和灌浆系数(指浆中固体体积占采空区体积的百分比),应在设计中规定。 (4)尽可能提高矿石回收率,坑内不留或少留碎块矿石,工作面不应留存坑木等易燃物。 (5)及时充填需要充填的采空区。 (6)严密封闭采空区的所有透气部位。 (7)防止上部中段的水泄漏到采矿场,并防止水管在采场漏水
火区管理	(1)对已封闭的火区,应建立火区检查记录档案,绘制火区位置关系图。这些资料应永久保存。 (2)永久性防火墙应编号,并标记在火区位置关系图和通风系统图上。矿山企业应定期或不定期测定火区内的空气成分、温度、湿度和水的 pH,检测、分析结果应记录存档,若发现封闭不严或有其他缺陷以及火区内有异常变化,应及时处理和报告。 (3)封闭火区的启封和恢复开采,应根据测定结果确认封闭火区内的火已熄灭,并制定安全措施,报主管矿长批准,方可进行。火区面积不大时,可采用一次性启封,先打开回风侧,无异常现象再打开进风侧;火区面积较大时,应设多道调节门,分段启封,逐步推进。 (4)启封火区的风流,应直接引入回风流,回风流经过的巷道中的人员应事先撤出。恢复火区通风时,应监测回风流中有害气体的浓度,发现有复燃征兆,应立即停止通风,重新封闭。 (5)火区启封后 3 天内,应由矿山救护队每班进行检查测定气体成分、温度、湿度和水的 pH,证明一切情况良好,方可转入生产。 (6)在活动性火区附近(下部和同一中段)进行回采时,应留防火矿柱,其设计和安全措施应经主管矿长批准

第二节　矿井火灾危害分析

考点1　矿井火灾危害

项目	具体内容
矿井火灾	矿井火灾又叫矿内火灾或井下火灾，是指发生在矿山井下巷道、工作面、硐室、采空区等地点的火灾。能够波及和威胁井下安全的地面火灾，也属矿井火灾。矿井火灾一旦发生，轻则影响安全生产，重则烧毁资源和物资设备，造成人员伤亡甚至引发爆炸。 矿井火灾的危害性主要表现在： (1)人员伤亡。 (2)矿井生产紧张。 (3)巨大的经济损失。 (4)污染环境

考点2　灼烫危害

项目	具体内容
灼烫	灼烫是由火焰、高温物体或气体造成的烫伤事故，严重的可能会危及生命安全。灼烫伤造成局部组织损伤，轻者损伤皮肤、肿胀、水泡、疼痛；重者皮肤烧焦，甚至血管、神经、肌腱等同时受损，呼吸道也可烧伤，烧伤引起的剧痛和皮肤渗出等因素导致休克，晚期出现感染、败血症等并发症而危及生命

考点3　中毒和窒息危害

项目	具体内容
中毒和窒息	火灾能产生大量有毒有害气体，如一氧化碳、二氧化硫、硫化氢等，这些气体随高温火烟一起流入井下各作业场所，造成人员中毒和窒息

考点4　矿井火灾事故的主要原因

项目	具体内容
矿井火灾发生的三要素	1. 热源 具有一定温度和足够热量的热源才能引起火灾。 2. 可燃物 坑木、各类机电设备、各种油料、炸药等都具有可燃性

续表

项目	具体内容
矿井火灾发生的三要素	3.空气 燃烧就是剧烈的氧化现象
外因火灾	外因火灾产生的主要原因： (1)存在明火。井下工作人员吸烟、携带火种(如火柴、打火机)等下井、电气设备性能不良、管理不善，引起电火花。 (2)瓦斯、煤尘爆炸引起火灾。 (3)机械摩擦及物体碰撞产生火花引燃可燃物，引起火灾。 (4)地面火引入井下引起火灾。 外因火灾的处置措施： (1)依照矿井火灾处置方案，将人员撤离危险区，并组织现场人员，利用一切工具及时灭火。 (2)防止风流的自然反向和有毒有害气体蔓延的措施
内因火灾	内因火灾产生的主要原因： (1)有易自燃的煤炭存在。 (2)有含氧量较高的空气流过。 (3)风速适当，煤氧化生成的热量能不断积聚。 内因火灾的处置措施： (1)直接灭火法是指用灭火器在火源附近直接进行灭火，是一种积极的方法。一般可以采用水或者其他化学灭火剂、泡沫剂、惰性气体等。 (2)隔绝灭火法是在用黄土、灰浆等材料堵塞巷道、壁上的裂缝，阻止空气进入火源，使火区因没有空气的进入而熄灭。 (3)联合灭火法是指先用密闭墙将火区密闭后，再向火区注入泥浆或其他灭火材料。 (4)均压法灭火的实质是设置调压装置或调整通风系统，以降低漏风通道两端的风压差，减少漏风量，使火区缺氧而达到灭火的目的

第三节　矿井火灾危害相关防治措施

考点1　火灾危害防治措施

项目	具体内容
火灾防治措施	防治火灾措施： (1)必须建立完善的通风系统。主力扇风机能使矿井风流反转，所安装的扇风机符合设计要求；具备有效的通风网络，要求能将新鲜的、不受污染的风流送到各个工作面，并将受污染的风流有序地排到地面；合理地设置严密的风墙、可靠的风门等

续表

项目	具体内容
火灾防治措施	(2)综合预防措施:按消防要求设置灭火器材,有足够的可靠的消防用水;使用阻燃电器设备,经常检查,及时更新,防止短路;加强职工教育,熟悉井下通道,了解逃生路线;禁止使用明火(抽烟、烤火等);焊接作业有审批和安全措施;制定井下火灾应急预案。 (3)发生火灾后的应对措施:工人就地灭火;从逃生路线逃离;组织救护人员从新风道进入,佩带救护器;用灭火器和水灭火

考点2　灼烫危害防治措施

项目	具体内容
灼烫危害防治措施	发生灼烫伤亡事故后,现场人员除做好自身防护措施以外还应将有关系统或设备隔离。及时将烫伤人员脱离危险区域,同时汇报灼烫伤亡事件给应急指挥领导小组,应急指挥领导小组接到通知后,迅速赶到事故现场,组织处理事故及抢救

考点3　中毒和窒息危害防治措施

项目	具体内容
中毒和窒息危害防治措施	发生中毒与窒息事故后,施救人员穿戴好劳动防护用品(呼吸器、安全绳等),系好安全带,方可进入有限空间施救;用安全带系好被抢救者两腿根部及上体,妥善提升使患者脱离危险区域,施救人员与外面监护人保持联络;向上级报告,并拨打急救电话,送医院救治

案例分析

(一)

李生文矿一平巷盲竖井的罐笼在提升矿石时发生卡罐故障,罐底被撞开,罐笼内约1 t的矿石掉落井底,罐笼被卡在离井口2~3 m的位置不能上下移动。

当班的绞车工张善贵随即上井向值班矿长元月平和维修工陈红亮报告,陈红亮和元月平先后下井进行检查和修理工作,其间,陈红亮在没有采取任何防护措施的情况下,3次使用电焊对罐笼角、井筒护架进行切割和焊接作业,至8时左右结束,元月平和陈红亮先后上井返回地面。

当日上午8时10分左右,张善贵在绞车房发现提升罐笼的钢丝绳晃动,前往井口观察,发现盲竖井内起火,随即关掉绞车房内向下送电的闸刀开关并上井向元月平和陈红亮汇报。张善贵随后与陈红亮一起下井。到达一平巷时烟雾已经很大,他们只能前行几十米,此处离事故盲井还有500多m,能见度不足1 m。他们遂返回地面向元月平汇报。

9时30分左右,元月平给生产矿长元玉柱打电话报告,9时50分左右元玉柱到达井口,打119报警,消防中队10时30分左右到达井口,但没有条件对井下火灾实施扑灭,建议打110报警请矿山救护队。110于10时37分接警,通知市安全监管局。市安全监管局已于10时35分接到岭南矿的电话报告,随即派副局长赶赴现场并报告了沙河市领导。

市政府接到事故报告后,组织公安、安全监管、国土资源、冶金、卫生、财政等部门组成抢险处理指挥部,紧急调集附近几个国营大矿和市煤矿救护队、医疗卫生队伍和风机、电缆等抢险物资,全力抢救井下被困矿工;同时,调集省内8名矿山通风专家,共同制订抢险救灾实施方案。省人民政府和原国家安全监管局有关领导相继赶到事故现场组织抢救工作。事故抢险指挥部共调集附近3省11个单位22个救护队的241名救护队员参加井下被困矿工的搜救工作,共抢救出52人,死亡70人。

问题:

1. 事故发生的直接原因。

2. 根据此次事故提出防范措施和建议。

(二)

7月9日零点班接班后,9号车司机赵某下井与维修工修理9号车,凌晨1时多,经试车仍不能正常运行。赵某因无活可干便步行到1150计量室,遇见12号车司机王某在拉完9车矿石之后因感冒头晕在计量室休息。王某得知赵某的车未修好,便将12号车借给赵某,这时约是凌晨2时。当赵某拉完第7车矿石后,看到车上温度表已达到170℃,便驾车到E水平的斜坡道岔口处熄火降温不到10分钟,大约凌晨4时40分再次启动后,发现发动机右后脚下面着火,就取下车上的灭火器灭火,没有灭掉,就跑到5号车范某处,两个各拿了一个灭火器灭火(有一个灭火器是空的),但火还是灭不掉。赵某又跑到一工区找灭火器,一工区值班员许某说"灭火器是空的"。5时20分,许某在帮助灭火过程中,向矿调度室调度员夏某作了电话汇报。赵某随后找了两个水桶,与13号车司机刘永宏、5号车司机范玉江提水去灭火,因火势很大,用水灭火也不起作用。赵某又跑到1118维修硐室内找灭火器未找到,赵某就让硐室内的岳某向计量室打电话(但未打通),尔后赵某又返回现场,试图让铲运机铲断水管用水灭火,但因铲运机司机不在而未成。这时赵某看到巷道内烟很浓,并感到头痛无力,便摸着巷道走到了1150中段休息片刻后,乘罐车出井,约7时到地面,再没有向有关部门报告情况。

卡车着火时,1118中段作业点共有施工人员59名。7月9日5时30分,C公司六队值班长孔某在1118中段5号溜井焊钢模时,发现有烟从溜井上面下来,就跑到6号道,待一会儿6号道也进来烟后,即组织人员往2号道有通风井的地方跑。当时有人提出硬冲F斜坡道,他就制止他们不要去,但仍有好多人不听制止跑往F斜坡道,造成17人死亡,2人重伤。其余40人相继撤离到通风井处而脱险。

在事故中死亡的17人中,A公司第二工程处10人,B公司4人,C公司2人,D公司1人。

经调查确认,这是一起由于12号运矿卡车油管接口存在渗漏现象,发动机工作时间长,排气管温度过高，经长时间高温烘烤，渗漏的油在启动机周围形成可燃气体，再启动时，因磁力开关触点或启动机搭线产生火花点燃可燃气体，燃烧中油箱油管内压力增大，形成断裂，油料泄漏，遇明火燃烧后产生大量的有毒有害气体（包括CO、SO_2、NO_2、NO、CO_2、橡胶微细颗粒等），致使17人中毒窒息死亡、2人重伤的火灾事故。主要原因是：

1. 井下运输安全管理不严，车辆检查维修质量达不到安全要求，埋下火灾隐患。9号车司机赵某与12号车司机王某违反规定私自换车，使12号车辆长时间连续工作，造成发动机周围温度过高，而且该车检查、维修质量差，油管接口渗油，因而埋下了火灾隐患。司机操作不当引发火灾，不立即报警延误灭火时机。司机赵某发现卡车显示达到170 ℃的警戒温度后，未按停车不熄火、用叶轮扇风冷却的规定操作，而是停车熄火，在温度没有降到安全界限的情况下再次启动，因电火花点燃可燃气体，形成火灾。起火后，赵某没有立即报告，在数次试图灭火不成的情况下又离开现场出井，也没有向任何部门报告，延误了灭火的时机。

2. 施工现场安全管理不到位，火灾发生时人员撤离无人指挥。

3. 未按规定制定和实施矿井灾害预防和应急计划，防火安全措施不落实。现已查明，1998年以后矿井没有依法制订和实施过灾害预防和应急计划，防灭火安全措施达不到要求，井下巷道安全标志设置不符合规定。火灾发生时，矿调度室没有立即向公司调度报告，对火灾的扑救和人员的撤离缺乏有效的指挥和调度，井下通信联络不畅通，多处灭火器材不能使用，事故地点附近无消防栓和其他消防设施，地面消防车因外部尺寸过大进不了井筒，待拆卸了梯子后才入井灭火。

4. 外包工程施工队，未依法对从业人员进行安全培训。在该矿承包工程的四个施工队安全管理松懈，没有严格按照矿山安全法规规定的时间和内容对从业人员进行安全培训，从业人员安全素质低，缺乏应急和安全撤离等应有的知识，部分作业人员因选择了错误的避灾路线而伤亡。

5. 该公司领导对贯彻执行党和国家的安全生产方针和矿山安全法规重视不够，对事故隐患的整改和查处力度不强，安全生产管理不严，也是造成这起事故的一个原因。

问题：

1. 编制应急预案时应考虑的因素是什么？

2. 应急预案的编制程序是什么？

3. 演练的类型有哪些？

4. 应急演练的参与人员有哪些？

参考答案及解析

（一）

1. 李生文矿维修工在盲井的井筒内违章使用电焊，焊割下的高温金属残渣掉落在井壁上，引燃井下可燃物，引发井下火灾。

2.(1)地方各级人民政府应加强对矿山安全生产的监督管理。要认真贯彻执行党和国家有关安全生产的法律法规和各项政策,完善安全生产责任体系,健全安全生产监管机构。

(2)要加强矿产资源开发秩序的管理,提高矿产资源开发利用监管水平。加大规范矿业权审批职责的力度,坚决防止生产经营过程中以包代管、包而不管,违法租赁或转让采矿权等问题的发生。

(3)在安全生产许可制度的实施过程中,相关部门要严格审核企业安全生产条件,尤其是井下开采矿山的安全出口和井下通风系统。

(4)要督促企业加强从业人员特别是特种作业人员的培训工作,按照国家有关规定做好考核和持证上岗的监管工作。

(5)矿山建设项目应依法履行安全设施设计审查和竣工验收工作,要从项目建设的源头上加强监管,确保企业本质安全。

(二)

1.编制重大事故应急预案时应充分考虑下列因素:

(1)重大危险普查的结果,包括重大危险源的数量、种类及分布情况,重大事故隐患情况等。

(2)本地区的地质、气象、水文等不利的自然条件(如地震、洪水、台风等)及其影响。

(3)本地区以及国家和上级机构已制定的应急预案的情况。

(4)本地区以往灾难事故的发生情况。

(5)功能区布置及相互影响情况。

(6)周边重大危险可能带来的影响。

(7)国家及地方相关法律法规的要求。

2.应急预案的编制应包括下面6个过程:

(1)成立由各有关部门组成的预案编制小组,指定负责人。

(2)资料收集。

(3)危险分析。辨识可能发生的重大事故风险,并进行影响范围和后果分析(即危险识别、脆弱性分析和风险分析)。

(4)应急能力评估。分析应急资源需求,评估现有的应急能力。

(5)应急预案编制。根据危险分析和应急能力评估的结果,确定最佳的应急策略。

(6)应急预案的评审与发布。预案编制后应组织开展预案的评审工作,包括内部评审和外部评审,以确保应急预案的科学性、合理性以及与实际情况的符合性。预案经评审完善后,由主要负责人签署发布,并按规定报送上级有关部门备案。

3.演练的类型有桌面演练、功能演练和全面演练等。

4.应急演练的参与人员包括参演人员、控制人员、模拟人员、评价人员和观摩人员。

第九章　提升与运输危害防治技术

知识框架

- 提升与运输危害防治技术
  - 提升与运输危害防治相关技术和标准
    - 铁路运输
    - 道路运输
    - 带式输送机运输
    - 架空索道运输
    - 有轨运输
    - 斜井提升
    - 竖井提升
    - 钢丝绳和连接装置
    - 钢丝绳的检查与报废
    - 提升装置
  - 提升与运输危害分析
  - 提升与运输危害防治措施
    - 提升与运输危害防治措施
    - 运输作业规定
    - 金属非金属矿山竖井提升系统防坠器安全性能检测检验规范

考点精讲

第一节　提升与运输危害防治相关技术和标准

考点1　铁路运输

项目	具体内容
铁路运输	铁路运输线路应符合下列规定： (1)线路坡度不大于45‰；曲线段坡度不大于3‰。 (2)平面连接曲线长度不小于30 m

续表

项目	具体内容
铁路运输	(3)线路的平曲线段轨距应加宽:半径小于300 m时,加宽10 mm;不小于300 m时,加宽5 mm。 (4)轨距加宽段与正常段之间的连接线长度不小于30 m,坡度不大于3‰。 (5)竖曲线半径不小于3 000 m,连接线长度不小于200 m。 (6)道床边坡坡度不大于1:1.75。 (7)路肩宽度不小于1 m。 固定线路的曲线段应符合下列规定: (1)准轨铁路曲线半径:不小于120 m。 (2)窄轨铁路曲线半径:600 mm轨距时,不小于30 m;轨距大于600 mm时,不小于60 m。 (3)在曲线内侧设护轨。 矿山铁路应按规定设置避让线、安全线和故障车辆停车线。 窄轨铁路接触线距轨面的高度,应符合下列规定: (1)地下型电机车架线应遵守相关的规定。 (2)露天型电机车架线高度不低于3.0 m,并符合设备安全要求。 (3)接触线与公路交叉处的架线高度根据公路交通安全要求确定。 下列地段应设双侧护轨: (1)桥梁范围内。 (2)路堤道口铺砌的范围内。 (3)准轨线路中心到桥墩距离小于3 m的桥下线路。 铁路道口应符合下列规定: (1)人流和车流密度较大的铁路与道路的交叉口应实行立体交叉。 (2)站场内不应设平交道口。 (3)平交道口应设自动道口信号装置并设专人看守。 大桥及跨线桥跨越铁路电网的相应部位应设安全栅网;跨线桥两侧应设防止矿石坠落的防护网。 装、卸车线应保证车辆不能自由滑行。线路尽头应设安全车挡与警示标志。 准轨列车制动距离不大于300 m;窄轨列车制动距离不大于150 m。 同一线路上不应有两列或者两列以上列车同时调车;不应采用自溜方式调车。 列车运行时,人员不应攀登机车或车辆;电机车升起受电弓后,人员不应登上车顶或进入侧走台。 铁路起重机作业时,应采取措施防止起重机意外移动

考点2　道路运输

项目	具体内容
道路运输	不应用自卸汽车运载易燃、易爆物品。 自卸汽车装载应遵守如下规定： (1)停在铲装设备回转范围0.5 m以外。 (2)驾驶员不离开驾驶室，不将身体任何部位伸出驾驶室外。 (3)不在装载时检查、维护车辆。 双车道的路面宽度，应保证会车安全。主要运输道路的急弯、陡坡、危险地段应设置警示标志。 运输道路的高陡路基路段，或者弯道、坡度较大的填方地段，远离山体一侧应设置高度不小于车轮轮胎直径1/2的护栏、挡车墙等安全设施及醒目的警示标志。 道路与铁路交叉的道口交角应不小于45°；交叉道口应设置警示牌。 汽车运行应遵守下列规定： (1)驾驶室外禁止乘人。 (2)运行时不升降车斗。 (3)不采用溜车方式发动车辆。 (4)不空挡滑行。 (5)不弯道超车。 (6)下坡车速不超过25 km/h。 (7)不在主运输道路和坡道上停车。 (8)不在供电线路下停车。 (9)拖挂车辆行驶时采取可靠的安全措施，并有专人指挥。 (10)通过道口之前驾驶员减速瞭望，确认安全后再通过。 (11)不超载运行。 现场检修车辆时，应采取可靠的安全措施。 夜间装卸车应有良好的照明条件。 雾霾或烟尘影响能见度时，应开启警示灯，靠右侧减速行驶，前后车间距应不小于30 m，视距不足30 m时，应靠右停车。冰雪或多雨季节，道路湿滑时，应有防滑措施并减速行驶，前后车距应不小于40 m。拖挂其他车辆时，应采取有效的安全措施，并有专人指挥

考点3　带式输送机运输

项目	具体内容
带式输送机运输	使用带式输送机应遵守下列规定： (1)物料不应从输送带上向下滚落。 (2)带式输送机倾角：向上不大于15°，向下不大于12°，大倾角带式输送机除外。 (3)任何人员均不应搭乘非载人带式输送机

续表

项目	具体内容
带式输送机运输	(4)在跨越输送机的地点设置带有安全栏杆的跨越桥。 (5)清除附着在输送带、滚筒和托辊上的物料，应停车进行。 (6)不在运行的输送带下清理物料。 (7)输送机运转时不进行注油、检查和修理等工作。 (8)维修或者更换备件时，应停车、切断电源，并由专人监护，不准许送电。 钢丝绳芯输送带静载荷安全系数不小于7；棉织物芯输送带静载荷安全系数不小于8；其他织物芯输送带静载荷安全系数不小于10。 各种输送带的动载荷安全系数不小于3。 带式输送机应设如下安全保护装置： (1)装料点和卸料点的空仓、满仓等的保护和报警装置，并与输送机联锁。 (2)输送带清扫装置。 (3)防止输送带撕裂、断带、跑偏等的保护装置。 (4)防止过速、过载、打滑、大块冲击等的保护装置。 (5)线路上的信号、电气联锁和紧急停车装置。 (6)可靠的制动装置。 (7)上行带式输送机防逆转装置。 带式输送机传动装置、拉紧装置周围应设安全围栏；输送机转载处应设防护罩和溜槽堵塞保护装置与报警装置。 采用带式输送机运输应遵守下列规定： (1)无通廊的带式输送机两侧均应设置宽度不小于1.0 m的人行道。 (2)有通廊的带式输送机两侧应设人行道，经常行人侧的人行道宽度不小于1.0 m，另一侧不小于0.6 m。 (3)多条带式输送机并列布置时，相邻输送机之间应设置宽度不小于1.0 m的人行道。 平硐或者斜井内的带式输送机应采用阻燃型输送带

考点4　架空索道运输

项目	具体内容
架空索道运输	(1)索道线路经过厂区居民区、铁路、道路时，应有安全防护措施。 (2)索道线路与电力、通讯架空线路交叉时，应采取保护措施 (3)遇有八级或八级以上大风时，应停止索道运转和线路上的一切作业。 (4)离地高度小于2.5 m的牵引索和站内设备的运转部分设置安全罩或防护网。高出地面0.6 m以上的站房，应在站口设置安全栅栏。 (5)驱动机应同时设置工作制动和紧急制动两套装置，其中任一套装置出现故障，均应停止运行

续表

项目	具体内容
架空索道运输	(6)索道各站都应设有专用的电话和音响信号装置,其中任一种出现故障,均应停止运行

考点 5 有轨运输

项目	具体内容
有轨运输	采用电机车运输的矿井,由井底车场或平硐口到作业地点所经平巷长度超过 1 500 m 时,应设专用人车运送人员。 专用人车应有坚固的金属顶棚和确保人员安全的车辆结构,车辆的顶棚、车厢和车架应有良好的连接,通过钢轨实现电气接地。 专用人车运送人员应遵守下列规定: (1)人员上、下车地点应有良好的照明和声光信号装置。 (2)人员上、下车时,其他车辆不应进入乘车区域。 (3)不应超员。 (4)列车行驶前应挂好安全门链。 (5)列车行驶速度不超过 3 m/s; (6)架线式电机车的滑触线应设分段开关,人员上、下车时应切断电源。 (7)不应用人车运送具有爆炸性、易燃性、腐蚀性等危险特性的物品。 (8)除了处理事故外,不应附挂材料车。 乘车人员应遵守下列规定: (1)服从司机指挥。 (2)在人车车厢内乘坐。 (3)携带的工具和零件不应露出车外。 (4)不应扒车、跳车。 (5)列车停稳前,不应上、下车或将头部和身体探出车外。 车辆的连接装置不得自行脱钩,车辆两端的碰头或缓冲器的伸出长度不小于 100 mm。 停放在轨道上的车辆有可能自滑时,应采取有效措施制动。 在运输巷道内,人员应沿人行道行走;不应在轨道上或者两条轨道之间停留;不应横跨列车。 运输线路曲线半径应符合下列规定: (1)行驶速度不大于 1.5 m/s 时,不小于车辆最大轴距的 7 倍。 (2)行驶速度大于 1.5 m/s 时,不小于车辆最大轴距的 10 倍。 (3)线路转弯大于 90°时,不小于车辆最大轴距的 10 倍。 (4)采用 6 m^3 以上大型车辆运输时,不小于车辆固定轴距的 20 倍。 (5)采用无人驾驶电机车运输时,不小于车辆固定轴距的 20 倍。 有轨运输线路曲线段轨道应加宽,外轨应设超高,满足车辆稳定运行通过的要求

续表

<table>
<tr><th>项目</th><th>具体内容</th></tr>
<tr><td>有轨运输</td><td>维修线路时,应在维修地点前后各 80 m 以外设置警示标志,维修结束后撤除。
禁止使用内燃机车;有发生气体爆炸或自然发火危险的,严禁使用非防爆型电机车。
电机车司机应遵守下列规定:
(1)每班应检查电机车的闸、灯、警铃;任何一项不正常,均不应使用。
(2)驾驶车辆运行时不应将头或身体探出车外。
(3)离开机车前应将机车制动并切断电动机电源。
电机车运行应遵守下列规定:
(1)列车制动距离不超过 80 m;10 t 以下机车牵引运输时,不超过 40 m;运送人员时,不超过 20 m。
(2)列车正常行车时机车应在列车的前端牵引。
(3)双机牵引列车允许 1 台机车在前端牵引,1 台机车在后端推动。
(4)电机车司机视线受阻时应减速行驶并发出警告信号。
(5)任何人发现列车运行前方有障碍物或者危险时,应发出紧急停车信号。
(6)不应采用无连接方式顶车。
(7)顶车速度不大于 0.5 m/s,并应有专人在行驶前方观察监护。
架线式电机车的滑触线架设高度应符合下列规定:
(1)主要运输巷道:线路电压低于 500 V 时,不低于 1.8 m;线路电压高于 500 V 时,不低于 2.0 m。
(2)井下调车场、轨道与人行道交叉点:线路电压低于 500 V 时,不低于 2.0 m;线路电压高于 500 V 时,不低于 2.2 m。
(3)井底车场,不低于 2.2 m;
(4)地表架线高度不低于 2.4 m。
电机车滑触线架设应符合下列规定:
(1)滑触线悬挂点的间距:在直线段内不超过 5 m,在曲线段内不超过 3 m。
(2)滑触线线夹两侧的横拉线应用瓷瓶绝缘,线夹与瓷瓶的距离不超过 0.2 m,线夹与巷道顶板或支架横梁间的距离不小于 0.2 m。
(3)滑触线与管线外缘的距离不小于 0.2 m。
(4)滑触线与金属管线交叉处应用绝缘物隔开。
电机车滑触线应设分段开关,分段距离不超过 500 m。每一条支线也应设分段开关。上下班时间,距井筒 50 m 以内的滑触线应切断电源。
架线式电机车工作中断时间超过一个班时,应切断非工作区域内的电机车线路电源。维修电机车线路时应先切断电源,并将线路接地。
同时运行数量多于 2 列车的主要运输水平应设有轨运输信号系统。
无人驾驶电机车运输应遵守下列规定:
(1)设置通信系统</td></tr>
</table>

续表

项目	具体内容
有轨运输	(2)设置报警系统。 (3)设置视频监视系统。 (4)设置装卸矿控制系统。 (5)设置具备信集闭、自动控制和人工控制功能的电机车运行控制系统。 (6)设置地面或者井下集中控制室。 (7)电机车运行时不应有人员进入作业区域

考点6　斜井提升

项目	具体内容
斜井提升	斜井人车应符合下列要求： (1)有坚固的顶棚，并装有可靠的断绳保险器。 (2)列车每节车厢的断绳保险器应相互联结，并能在断绳时起作用。 (3)断绳保险器应具有自动和手动功能。 (4)各节车厢之间除连接装置外还应附挂保险链并定期进行检查；不合格者立即更换。 (5)在用斜井人车的断绳保险器，每日进行1次手动落闸试验；每月进行1次静止松绳落闸试验；实验结果应记录存档。 斜井提升应遵守下列规定： (1)严禁人员在提升轨道上行走。 (2)多水平提升时，各水平发出的信号应有区别。 (3)收发信号的地点应悬挂明显的信号编码牌。 斜井升降人员时应遵守下列规定： (1)不应采用人货混合串车提升。 (2)每节车厢均能向提升机司机发出紧急停车信号。 (3)随车安全员应乘坐在能操纵断绳保险器的第一节车内。 (4)乘车人员应听从随车安全员指挥，按指定地点上、下车；人员应乘坐在人车车厢内；上车后应关好车门，挂好车链。 (5)斜井人车停运时，应停放在专用存车线路上，并采取安全措施防止人车坠落或者下滑。 斜井提升速度应符合下列规定： (1)串车提升：斜井长度不大于300 m时，不大于3.5 m/s；斜井长度大于300 m时，不大于5 m/s。 (2)箕斗提升：斜井长度不大于300 m时，不大于5 m/s；斜井长度大于300 m时，不大于7 m/s。 加速或者减速过程中不应出现松绳现象。提升人员的加速度或减速度不超过0.5 m/s^2；提升物料的加速度或减速度不超过0.75 m/s^2

续表

项目	具体内容
斜井提升	倾角大于10°的斜井，应有轨道防滑措施。 斜井串车提升系统应设常闭式防跑车装置。 斜井各水平车场应设阻车器或挡车栏；下部车场还应设躲避硐室。 斜井串车提升时，矿车的连接装置应符合有关的规定，连接钩、环和连接杆的安全系数不小于6

考点7 竖井提升

项目	具体内容
竖井提升	提升容器和平衡锤在竖井中运行时应有罐道导向。缠绕式提升系统应采用木罐道或者钢丝绳罐道，摩擦式提升系统应采用型钢罐道、木罐道或者钢丝绳罐道。 提升容器的导向槽或者滑动罐耳与罐道之间的间隙应符合下列规定： (1)采用木罐道的，每侧不超过10 mm。 (2)采用型钢罐道的：采用滚轮罐耳时，导向槽每侧间隙10 mm～15 mm；不用滚轮罐耳时，导向槽每侧间隙不超过5 mm。 (3)采用钢丝绳罐道的，导向器内径比罐道绳直径大2 mm～5 mm。 罐道磨损达到下列程度，应该更换： (1)木罐道一侧磨损超过15 mm。 (2)型钢罐道一侧磨损超过型钢壁厚的50%。 (3)罐道钢丝绳在一个捻距内的表面钢丝断丝超过15%。 (4)罐道钢丝绳的表面钢丝磨损超过50%。 导向槽或者导向器磨损达到下列程度，应该更换： (1)导向槽一侧磨损超过8 mm。 (2)型钢罐道和容器导向槽一侧总磨损量达到10 mm。 (3)钢丝绳罐道导向器磨损超过8 mm。 钢丝绳罐道应采用密封钢丝绳，罐道绳的刚性系数不小于500 N/m；每个提升容器的罐道绳张紧力应相差5%～10%，内侧张紧力大，外侧张紧力小。 罐道钢丝绳采用重锤拉紧时，井上应设钢丝绳固定装置，井下应设钢丝绳导向装置；拉紧重锤的最低位置到井底最高水面的距离不小于1.5 m。 罐道钢丝绳采用液压拉紧时，应在井上设置罐道绳拉紧力调节装置。 罐道钢丝绳应有20 m以上备用长度。每3个月应对罐道钢丝绳固定装置和拉紧装置进行1次检查，及时串动和转动钢丝绳。检查和处理情况应记录存档。 采用多绳摩擦式提升时，粉矿仓应设在尾绳之下，粉矿顶面距离尾绳最低位置应不小于5 m。罐道钢丝绳穿过粉矿仓的，应用隔离套筒保护钢丝绳。 罐道钢丝绳直径不小于28 mm，防撞钢丝绳直径不小于40 mm

续表

<table>
<tr><th>项目</th><th>具体内容</th></tr>
<tr><td>竖井提升</td><td>缠绕式提升系统应符合下列规定：
(1)卷筒到天轮的钢丝绳最大偏角不超过1°30″。
(2)天轮绳槽剖面中心线应与天轮轴中心线垂直；天轮不应有变形和活动现象。
(3)采用钢丝绳罐道时，提升钢丝绳应采用不旋转钢丝绳。
(4)双卷筒提升机的提升钢丝绳规格应相同。
摩擦式提升系统应符合下列规定：
(1)首绳应为同一生产批次的钢丝绳。
(2)采用扭转钢丝绳作首绳时应按左右捻相间的顺序悬挂。
(3)首绳悬挂前应去除表面油脂；腐蚀性严重的矿井，应在钢丝绳表面涂增摩脂。
(4)圆尾绳挂绳前应消除旋转力矩。
(5)井底应设尾绳隔离装置。
提升竖井的井塔或者井架内和竖井井底应设置过卷段，过卷段高度应符合下列规定：
(1)提升速度大于6 m/s时，不小于最高提升速度下运行1 s的距离或者10 m。
(2)提升速度为3 m/s~6 m/s时，不小于6 m。
(3)提升速度小于3 m/s时，不小于4 m。
(4)凿井期间用吊桶提升时，不小于4 m。
过卷段终端应设置过卷挡梁；发生过卷事故后过卷挡梁应能正常使用。
竖井提升系统应符合下列规定：
(1)过卷段应设过卷缓冲装置或者楔形罐道，使过卷容器能够平稳地在过卷段内停住。
(2)深度大于800 m的竖井应设过卷缓冲装置，使过卷容器在缓冲装置内平稳停住，并不再反向下滑或反弹。
(3)楔形罐道的楔形部分的斜度为1%；包括较宽部分的直线段在内的长度不小于过卷段高度的2/3；摩擦式提升系统的下行容器应比上行容器提前接触楔形罐道，提前距离不小于1 m。
提升人员的罐笼提升系统应在井架或者井塔的过卷段内设置罐笼防坠装置，使罐笼下坠高度不超过0.5 m。
垂直深度超过50 m的竖井用作人员主要出入口时，应采用罐笼或矿用电梯升降人员。
提升人员的罐笼提升系统应符合下列规定：
(1)井口和井下各中段马头门应设安全门。
(2)自动安全门应与提升机连锁。
(3)手动安全门应由信号工负责开闭。
(4)同一层罐笼不应同时升降人员和物料。
(5)负责运输爆破器材的人员应跟罐监护，并通知信号工和提升机司机</td></tr>
</table>

续表

项目	具体内容
竖井提升	(6)乘罐人员应在距井筒 5 m 以外候罐,并听从信号工指挥。 主要提升矿、废石的罐笼提升系统应符合下列规定: (1)井口和井下各中段马头门应设自动安全门,并与提升机连锁。 (2)井口和井下各中段马头门应设摇台。 (3)采用钢丝绳罐道时,井下各中段应设稳罐装置。 (4)摇台和稳罐装置应与提升机闭锁。 使用矿用电梯应遵守下列规定: (1)机房通道应设照明,通道门应向外开,门外应设警示标志。 (2)电梯井井筒应设梯子间。 (3)与电梯井连接的中段马头门铺设轨道时应设阻车器。 (4)井筒底部应设排水设施和通达最低服务水平的梯子。 (5)电梯机房硐室应无渗水,井底不应积水。 (6)曳引电动机、控制柜应接地,接地电阻不大于 2Ω。 矿用电梯应符合下列规定: (1)控制柜应采用密封结构,柜内相对湿度不大于 80%。 (2)电气设备外壳防护等级不低于 IP55;开关、按钮及井底电气设备外壳防护等级不低于 IP67。 (3)曳引电动机的绝缘等级不低于 F 级。 (4)钢丝绳和金属零件应满足防腐蚀要求。 (5)轿厢内应设紧急报警装置;轿厢顶不应漏水。 出现下列情况之一,应对矿用电梯进行检验: (1)安装、改造或者重大维修完成后。 (2)由于安全性能导致停用,再次使用前。 (3)停止使用 3 个月以上,再次使用前。 (4)距上次检验满 1 年。 电梯钢丝绳出现下列情况之一时应报废: (1)笼状畸变、绳芯挤出、扭结、部分压扁、弯折或严重锈蚀。 (2)一个捻距内单股的断丝数大于 4 根。 (3)钢丝绳直径小于公称直径的 90%。 升降人员的竖井井口和提升机室应悬挂下列布告牌: (1)每班上下井时间表。 (2)信号标志。 (3)每层罐笼允许乘人数。 (4)其他有关升降人员的注意事项。 无隔离设施的混合井升降人员时,箕斗提升系统应停止运行

续表

项目	具体内容
竖井提升	箕斗提升系统应在箕斗装载地点、卸载地点设置信号装置;信号应与提升机启动有闭锁关系。 罐笼提升信号系统应符合下列规定: (1)应在井口和井下各中段马头门设信号装置。 (2)不同地点发出的信号应有区别。 (3)跟罐信号工使用的信号装置应便于跟罐信号工从罐内发信号。 (4)井口信号工或跟罐信号工可直接向提升机司机发信号。 (5)中段信号工经过井口信号工同意可以向提升机司机发信号;紧急情况下可直接向提升机司机发出紧急停车信号。 竖井提升系统应按照下列要求进行检查,发现问题立即处理,并将检查和处理结果记录存档: (1)提升系统的钢丝绳、悬挂装置、提升容器、防坠器等,每天由专人检查1次,每月由矿机电部门组织检查1次。 (2)提升机的卷筒或摩擦轮、制动装置、调绳装置、传动装置、电动机和控制设备以及各种保护装置和闭锁装置等,每天由专人检查1次,每月由矿机电部门组织检查1次。 (3)提升容器的防坠器、连接装置、保险链、罐门、导向槽、罐体、罐内阻车器等,每天由专人检查1次,每月由矿机电部门组织检查1次。 (4)天轮、导向轮、过卷缓冲装置、罐道、尾绳隔离装置、安全门、摇台、阻车器、装卸矿设施等,每月由专人检查1次。 (5)新安装或大修后的单绳罐笼防坠器应进行脱钩试验,合格后方可使用;在用防坠器每半年进行1次不脱钩试验;每年进行1次脱钩试验;防坠器的抓捕器断面减少20%或者导向套衬瓦一侧磨损超过3 mm时应更换。 井架和多绳提升机井塔,每年检查1次;木质井架每半年检查1次。发现问题应及时处理。检查和处理结果应记录存档

考点8　钢丝绳和连接装置

项目	具体内容
钢丝绳和连接装置	矿井提升设施应采用适合矿山使用的钢丝绳。 缠绕式提升钢丝绳悬挂时的安全系数应符合下列规定: (1)专作升降人员用的,不小于9.0。 (2)升降人员和物料用的,升降人员时不小于9.0,升降物料时不小于7.5。 (3)用作应急提升人员的,不小于7.5。 (4)专作升降物料用的,不小于6.5。 摩擦式提升钢丝绳悬挂时的安全系数应符合下列规定: (1)专作升降人员用的,不小于8.0

续表

项目	具体内容
钢丝绳和连接装	(2)升降人员和物料用的,升降人员时不小于8.0,升降物料时不小于7.5。 (3)专作升降物料用的,不小于7.0。 (4)平衡尾绳,不小于7.0。 罐道钢丝绳和防撞钢丝绳安全系数不小于6.0。 制动钢丝绳安全系数不小于3.0。 凿井用的钢丝绳安全系数应符合下列规定: (1)悬挂吊盘、水泵、排水管用的,不小于6.0。 (2)悬挂风筒、压缩空气管、混凝土输送管、电缆及拉紧装置用的,不小于5.0。 连接装置的安全系数应符合下列规定: (1)升降人员的,不小于13。 (2)专用于升降物料的,不小于10。 (3)悬挂吊盘、安全梯、水泵、抓岩机的,不小于10。 (4)悬挂风管、水管、风筒、注浆管的,不小于8。 (5)吊桶提梁和连接装置,不小于13

考点9 钢丝绳的检查与报废

项目	具体内容
钢丝绳的检查与报废	提升钢丝绳、平衡钢丝绳、罐道钢丝绳、制动钢丝绳使用前均应进行检验,并有经过相关责任人员签字的检验报告。经过检验的钢丝绳贮存期不超过6个月,超过6个月应重新检验。 钢丝绳的钢丝有变黑、锈皮、点蚀麻坑等损伤时,不应用作升降人员。 摩擦式提升系统在用钢丝绳与摩擦衬垫应按下列要求进行检查: (1)日常检查。 ①钢丝绳的断丝、磨损情况:当班作业人员每日检查1次;提升管理部门每周组织检查1次;矿山管理部门每月组织检查1次;检查时钢丝绳速度不大于0.3 m/s。 ②首绳张力:提升管理部门每周组织检查1次,如各绳张力反弹波时间差超过10%,应调绳。 ③摩擦衬垫绳槽直径:提升管理部门每周组织检查1次,各绳槽直径差应不大于0.8 mm;包括车削量在内的衬垫厚度减小量达到衬垫厚度的2/3,应更换衬垫。 (2)定期检验。 首绳和圆尾绳自悬挂时起1年内至少应进行1次检验,以后每6个月至少检验1次,达到报废标准立即更换。 钢丝绳定期检验应由有专业资质的检验、检测机构进行,并应提供检验报告。 所有检查和处理结果均应记录存档

续表

项目	具体内容
	在用的缠绕式提升钢丝绳应按下列要求进行检验： (1)断丝和磨损情况日常检查。 ①作业人员每日检查1次。 ②提升管理部门每周组织检查1次。 ③矿山管理部门每月组织检查1次。 ④检查时钢丝绳速度不大于0.3 m/s。 ⑤钢丝绳在运行中由于卡罐或突然停车等受到猛烈拉力时，应立即停止运转并进行检查。 (2)定期检验。 ①升降人员或升降人员和物料用的，自悬挂时起每6个月检验1次；有腐蚀气体的矿山，3个月检验1次。 ②专门升降物料用的，自悬挂时起1年内进行第1次检验，以后每6个月检验1次。 ③悬挂吊盘等用的，自悬挂时起每年检验1次。 钢丝绳定期检验应由有专业资质的检验、检测机构进行，并应提供检验报告。 达到报废标准的钢丝绳应立即更换。 所有检查和处理结果均应记录存档。
钢丝绳的检查与报废	钢丝绳一个捻距内的断丝断面积与钢丝总断面积之比达到下列数值时，应更换： (1)升降人员的钢丝绳，5%。 (2)专为升降物料用的提升钢丝绳、平衡钢丝绳、防坠器的制动钢丝绳，10%。 (3)罐道钢丝绳，15%。 (4)倾角30°以下的斜井提升钢丝绳，10%。 钢丝绳直径减小量达到下列数值时，应更换： (1)提升钢丝绳或制动钢丝绳，10%。 (2)罐道钢丝绳，15%。 (3)密封钢丝绳外层钢丝厚度磨损量达到50%。 在用的提升钢丝绳，定期检验时安全系数小于下列数值的，应更换： (1)专作升降人员用的，7.0。 (2)升降人员和物料用的，升降人员时7.0或升降物料时6.0。 (3)专作升降物料的，5.0。 (4)悬挂吊盘等用的，5.0。 多绳摩擦提升机的首绳，检验时或者使用中有一根不合格的，应全部更换。 出现下列情况之一者，应更换钢丝绳： (1)钢丝绳产生严重扭曲或变形。 (2)钢丝绳局部伸长超过0.5%。 (3)断丝数突然增加或伸长突然加快。 (4)钢丝绳严重锈蚀、点蚀，或外层钢丝松弛

考点 10　提升装置

项目	具体内容
提升装置	缠绕式提升机的卷筒和天轮的直径与钢丝绳直径之比,应符合下列规定: (1)用作竖井、斜井和凿井提升的,不小于60。 (2)用作排土场提升或运输的,不小于50。 (3)悬挂吊盘、吊泵、管道用绞车的,不小于20。 (4)凿井时提升物料的绞车卷筒,不小于20。 摩擦式提升机的摩擦轮、天轮和导向轮的最小直径与钢丝绳直径之比,应符合下列规定: (1)塔式提升机的摩擦轮直径:有导向轮时不小于100,无导向轮时不小于80。 (2)落地式提升机的摩擦轮和天轮直径:不小于100。 (3)塔式提升机的导向轮直径:不小于80。 缠绕式提升机卷筒缠绕钢丝绳的层数应符合下列规定: (1)卷筒表面带有平行折线绳槽和层间过渡装置的:升降人员时不超过3层;专用于升降物料时不超过4层。 (2)卷筒表面带有螺旋绳槽和层间过渡装置的:升降人员时不超过2层;专用于升降物料时不超过3层。 (3)卷筒表面无绳槽的:升降人员时缠绕1层;专用于升降物料时不超过2层。 (4)应急提升人员的不超过3层。 (5)凿井期间提升人员的不超过3层。 移动式提升装置、专为提升物料用的辅助提升装置、凿井期间专用于升降物料的提升机卷筒可多层缠绕。 缠绕式提升机的卷筒应符合下列规定: (1)卷筒边缘应高出最外一层钢丝绳,高出部分应大于钢丝绳直径的2.5倍。 (2)卷筒内应设固定钢丝绳的专用装置,不应将钢丝绳固定在卷筒轴上。 (3)卷筒上的绳孔不应有锋利的边缘和毛刺,折弯处不应形成锐角。 缠绕式提升应遵守下列规定: (1)定期试验用的补充绳应缠绕在卷筒上或保留在卷筒内。 (2)卷筒上保留的钢丝绳不少于三圈。 (3)每季度应将钢丝绳的位置串动1/4绳圈。 (4)多层缠绕卷筒,应每周检查钢丝绳由下层转至上层的过渡段部分,并统计其断丝数,检查结果应记录存档。 (5)双筒提升机调绳应在无负荷情况下进行。 天轮的轮缘应高于绳槽内的钢丝绳,高出部分大于钢丝绳直径的1.5倍。衬垫磨损深度达到钢丝绳直径的1倍,或侧面磨损量达到钢丝绳直径的1/2时,应立即更换。 凿井期间吊桶升降人员的最高速度:有导向绳时不超过罐笼提升最高速度的1/3;无导向绳时不超过1 m/s

续表

项目	具体内容
提升装置	吊桶升降物料的最高速度:有导向绳时不超过罐笼提升最高速度的 2/3;无导向绳时,应不超过 2 m/s。 竖井升降人员时,加速度和减速度应不超过 0.75 m/;升降物料时,加速度和减速度应不超过 1.0 m/。 提升装置的机电控制系统应采用双 PLC 控制系统,实现位置和速度的冗余保护,并具有下列保护功能: (1)限速保护。 (2)主电动机的短路及断电保护。 (3)过卷保护。 (4)过速保护。 (5)过负荷及无电压保护。 (6)闸瓦磨损保护。 (7)润滑系统油压过高、过低或制动油温过高的保护。 (8)直流电动机失励磁保护。 (9)测速回路断电保护。 提升装置的机电控制系统应符合下列要求: (1)使用电气制动的,当制动电流消失时应实现安全制动。 (2)深度指示器故障时,应实现安全制动。 (3)制动油压过高、制动油泵电动机断电、制动闸瓦异常时,应实现安全制动。 (4)提升容器到达预定减速点时提升机应自动减速。 (5)提升机与信号系统之间应实现闭锁,无工作执行信号不能开车。 (6)未经提升管理部门批准不得解除闭锁和安全制动。 提升系统应设下列保护和联锁: (1)控制电源的失压保护。 (2)主电动机回路接地保护。 (3)制动状态下主电动机的过电流保护。 (4)辅机控制系统采用交流不停电电源装置(UPS)供电时的电源失电保护。 (5)高压换向器(或全部电气设备)的隔墙(或围栅)门与断路器之间的联锁。 (6)安全制动时不能接通电动机电源的联锁。 (7)工作制动时电动机不能加速的联锁。 (8)高压换向器的电闭锁。 (9)控制屏加速接触器主触头的失灵闭锁。 (10)缠绕式提升机应设松绳保护联锁。 (11)采用电气制动时,高压换向器与直流接触器间应有电弧闭锁。 (12)主电动机冷却故障或者温升超过额定值的联锁。 (13)可控硅整流装置冷却故障的联锁

续表

项目	具体内容
提升装置	(14)尾绳工作不正常的联锁。 (15)装卸载装置运行不到位的联锁。 (16)装矿设施不正常及超载过限的联锁。 (17)深度指示器调零装置失灵、摩擦式提升机位置同步未完成的联锁。 (18)摇台工作状态的联锁。 (19)井口及各中段安全门未关闭的联锁。 提升机制动系统应符合下列要求: (1)能用自动和手动两种方式实现安全制动。 (2)制动时提升机电机自动断电。 缠绕式提升机应有定车装置。 安全制动空行程时间不超过0.3 s。 竖井和倾角不小于30°的斜井提升系统的安全制动减速度应符合下列要求: (1)满载下放时不小于1.5 m/s^2。 (2)满载提升时不大于5 m/s^2。 倾角小于30°的斜井提升系统的安全制动减速度应符合下列要求: (1)满载下放时不小于0.75 m/s^2; (2)满载提升时不应使提升钢丝绳产生松弛现象。 提升机最大制动力矩和提升系统最大静张力差产生的旋转力矩的比值应符合下列要求: (1)正常生产提升:不小于3。 (2)凿井期间升降物料:不小于2。 (3)双卷筒提升机空载条件下调绳:不小于1.2。 多绳摩擦提升系统设有导向轮时,摩擦轮的钢丝绳围包角应不大于200°。 多绳摩擦提升系统的钢丝绳静防滑安全系数应大于1.75;动防滑安全系数应大于1.25;重载侧和空载侧的静张力比应小于1.5。 提升人员的提升机应由人工控制启动。每班升降人员之前,应空车运行一个循环,检查提升机的运行情况,并将检查结果记录存档。连续运转时,可不受此限。 发生故障时司机应立即向调度报告,并应记录停车时间、故障原因、修复时间和所采取的措施。事故及处理记录应由相关人员签字确认后存档。 矿山应保存下列技术资料: (1)提升机使用说明书。 (2)制动装置的结构图和制动系统图。 (3)电气系统图和控制原理图。 (4)提升系统图。 (5)设备运转记录。 (6)检验和更换钢丝绳的记录

续表

项目	具体内容
提升装置	(7)大、中、小修记录。 (8)岗位责任制和操作规程。 (9)司机班中检查和交接班记录。 (10)提升系统的检查和检验记录。 提升机室内应悬挂提升系统图、制动系统图、电气控制原理图、提升系统的技术特征、岗位责任制和操作规程等

第二节 提升与运输危害分析

考点 提升与运输危害分析

项目	具体内容
罐笼与电梯井的断绳坠落	罐笼与电梯井的断绳坠落的原因和危害有：罐笼、电梯井由于提升钢绳的磨损、老化、提升超载以及钢绳本身的质量等因素造成钢绳的断裂；也可由于动力供应中断、连锁制动装置失灵和其他机械方面的原因造成钢绳的损坏或滑脱。罐笼提升钢绳断裂或滑脱、罐笼、电梯井坠落，可造成重大人员伤亡和财产损失。斜井提升时矿车装载过满，造成车内矿石（或废石）滚落，可造成人员伤亡
过卷或过放冲击	过卷或过放冲击的原因和危害有：立井提升过程中当提升容器接近终点时，如不及时减速停车，则上行容器可能超过其正常停车位置而发生过卷事故；下行容器可能超过其正常停车位置而发生过放事故。事故的原因大致有： (1)提升机控制失灵，包括控制回路障碍、保护功能失效或保护装置失灵、深度指示器失灵等。 (2)重载下放过程中，因提升设备失去控制而造成事故。 (3)制动装置失灵
斜井（斜坡）跑车	斜井跑车是指在斜井提升或下放车辆时，矿车失控沿着斜井坠下的事故。发生斜井跑车时，失控的车辆危及人身安全。可能撞坏支架而引起冒顶片帮，可能撞坏斜井中敷设的电缆、风水管路、铁道和提升容器等设施而导致矿井停产，如果矿井空气中含有可燃性气体或物质，跑车撞击或撞坏电气设施产生的火花可能引起爆炸，损失更加严重

续表

项目	具体内容
带式输送机运输的机械伤害	在使用带式输送机时，如果操作不当，例如输送机倾角过大，将会导致输送无法进行，甚至导致安全事故的发生
其他运输车辆的伤害	如飞车事故。在坡道上停车，如果司机离开，一旦因为制动方式不正确或车辆的制动系统故障而发生溜车，车辆将处于无人控制的状态，易造成飞车事故

第三节　提升与运输危害防治措施

考点1　提升与运输危害防治措施

项目	具体内容
罐笼与电梯井的断绳坠落危害防治措施	(1)罐笼顶部应设置可拆卸的安全棚(保护伞)和栏杆。 (2)罐笼的悬挂装置和防坠器，应由取得国家有关部门颁发的安全装置生产许可证的单位制作。 (3)罐笼门应采用钢或铝合金制作。 (4)载矿车的罐笼，罐体内必须设置可靠的阻车器。 (5)同一层罐笼不允许同时升降人员和物料。 (6)专作升降人员的或作升降人员又作升降物料用的单绳提升笼罐，必须装设防坠器
过卷或过放冲击危害防治措施	配备性能可靠的缓冲装置，确保提升容器运行到预定停车点时，卷扬机能自动停电，并实现安全制动，防止过卷。必须装设深度指示器失效保护装置，当深度指示器失效时，能自动断电并使保险闸发生作用。对易发生故障的部位加强巡检，发现异常应及时停车处理。深度指示器应定期进行维护检查，检查各传动点、键及传动轴是否完好，发现问题及时处理。在过卷高度或过放距离内，安设性能可靠的缓冲装置，当发生意外的绞车过卷或过放时，能把过卷或过放的提升容器速度降下来，不至于伤人和造成更大的损失
斜井(斜坡)跑车危害防治措施	在坡道的入口设置阻车器；正确选择矿车连接装置并确保连接牢固；斜井提升过程中严禁人员在斜井中行走；严禁人员违章乘坐矿车；乘车人员应学会正确利用防跑车装置；推车工不可以在两车道中间行走
带式输送机运输的机械伤害防治措施	(1)带式输送机的机头传动部分、机尾滚筒、液力偶合器等处都要装设保护罩或保护栏杆。需要跨越输送带的通道应装设过桥梯，巷道照明充足。 (2)司机开车前，要检查输送带上和机头机尾附近，确察无人后，才能发出开车信号。启动时，先点动试车，确无问题再正式开车。 (3)司机的衣着要利索，袖口、裤角、衣襟要扎紧，长发必须盘在安全帽内。运行中，向托辊注油或处理故障时要特别小心，严禁直接用手去拨弄托辊

续表

项目	具体内容
带式输送机运输的机械伤害防治措施	(4)输送机运行当中,严禁用铁锹或其他工具刮除粘在滚筒上的煤泥,或用工具拨正跑偏的皮带,不然,最容易发生伤人事故。 (5)严禁乘坐输送带。输送带停止运转,如未切断电源和挂上"有人工作,禁止开车"的警示牌,禁止检修,也不得在输送带上逗留。 (6)安装输送机的巷道,两侧要有足够的宽度,输送机距支柱或碹墙的距离不得小于0.5 m,行人侧不得小于0.8 m。 (7)为防止火灾的发生,必须使用阻燃输送带,液力偶合器介质必须使用非燃性介质,并要求装设烟雾、温度保护装置和自动洒水装置。 (8)要保证输送机的安装质量,司机要加强对输送机的维修检查,遵守操作规程
其他运输车辆的伤害防治措施	在坡道上停车,要关闭发动机,用手刹制动,必要时用木车挡等将车轮挡牢;在能够自溜的线路上运行时,要严格控制行车速度,以免高速制动时,制动装置失效,导致矿车失去控制,造成飞车事故

考点2 运输作业规定

项目	具体内容
铁路运输作业	铁路运输作业,应遵守下列规定: (1)列车运行速度应满足在准轨铁路300 m、窄轨铁路150 m的制动距离内停车的要求。 (2)同一调车线路上禁止两端同时进行调车,采取溜放方式调车时,有相应的安全制动措施。 (3)故障排除和停车信号撤除前,列车不应在故障线路区域运行
道路运输作业	道路运输作业,应遵守下列规定: (1)严禁超载运输 (2)不应用自卸汽车运载易燃、易爆物品。 (3)装车时,不应检查、维护车辆,驾驶员不应离开驾驶室,不应将头和手臂伸出驾驶室外。 (4)车辆在急弯、陡坡、危险地段应限速行驶。 (5)不应采用溜车方式发动车辆,下坡行驶时不应空挡滑行。 (6)在坡道上停车时,司机不应离开,应停车制动并采取安全措施。在大雾、暴风雨(雪)等恶劣天气条件下,应严格控制行车速度,并保持车距
带式输送机输送作业	带式输送机运输作业,应遵守下列规定: (1)任何人员均不应乘坐非乘人带式输送机。 (2)禁止运送规定物料以外的其他物料,包括设备和过长的材料。 (3)输送机运转时,不应注油、检查和修理
架空索道运输作业	架空索道运输作业遇有八级或八级以上大风时,应停止索道运转和线路上的一切作业

考点3　金属非金属矿山竖井提升系统防坠器安全性能检测检验规范

项目	具体内容
防坠器与提升容器	(1)防坠器:这里的防坠器特指竖井单绳提升系统中,提升钢丝绳或连接装置断裂时,能使提升容器平稳的支撑在罐道或制动绳上的保护装置。 (2)提升容器:矿井提升用罐笼、箕斗、吊桶和吊罐等可乘人容器的总称
检验项目及技术要求	1. 试验前检查要求 (1)新安装的防坠器应具有金属非金属矿山矿用产品安全标志。 (2)对于制动绳防坠器,使用企业应确保缓冲器、制动绳张紧装置、连接器完整,其螺纹连接件和锁紧件应齐全、紧固,并有防松措施;缓冲器末端缓冲的余留长度应为制动距离的2倍以上,缓冲绳的端部必须用合金浇成锥体形,且合金浇注处的钢丝无抽出现象;制动绳应处于张紧状态,且无妨碍制动绳运动的障碍。 (3)防坠器的各个连接和抓捕机构不应存在永久变形,不应存在偏斜相咬现象,抓捕器的运动零件间不应落入杂物。 (4)防坠器的各个连接和传动部件,应动作灵活,轴销齐全;对于抓捕机构为非滚动型滑楔的制动绳防坠器,连杆行程与连杆最大行程之比应小于3/4;对于抓捕机构为滚动型滑楔的制动绳防坠器,滚动楔子外露长度应为(220±5) mm;制动绳防坠器导向套的磨损应在极限范围之内。 2. 静负荷试验技术要求 (1)静负荷试验时,被检验防坠器应能稳定地制动住提升容器。 (2)静负荷试验时,对于木罐道防坠器和钢罐道防坠器,抓捕器下滑距离应小于200 mm;对于制动绳防坠器,抓捕器下滑距离应小于40 mm。 (3)对于制动绳防坠器,静负荷试验时,缓冲绳在缓冲器中不得有拉动现象。 3. 脱钩试验技术要求 (1)脱钩试验时,被检验的防坠器应能稳定地制动住提升容器。 (2)两组抓捕机构制动时的动作时间差,用提升容器通过的距离来表示,不得超过0.50 m。 (3)防坠器动作空行程时间不应大于0.25 s。 (4)对于木罐道防坠器和钢罐道防坠器,防坠器下滑距离不应超过400 mm,提升容器相对于井架的下落高度应小于600 mm;对于制动绳防坠器,防坠器相对于制动钢丝绳下滑距离不应超过150 mm,提升容器相对于井架的下落高度应小于400 mm。 (5)对于制动绳防坠器,实际最大载重试验时,缓冲绳必须由缓冲器中拉出,缓冲钢丝绳拉出的长度不应大于400 mm。 (6)防坠器制动过程中的负加速度应符合以下要求: ①在最小终端载荷(空载)时,最大允许负加速度不大于50.0 m/s^2,制动过程持续时间不应超过0.25 s。 ②在最大终端载荷(实际最大载重)时,制动绳防坠器的负加速度不应小于10.0 m/s^2,当最大终端载荷同最小终端载荷的比值大于3.0或提升容器装有尾绳时,制动绳防坠器的负加速度不应小于5.0 m/s^2;木罐道防坠器和钢罐道防坠器的负加速度不应小于5.0 m/s^2

续表

项目	具体内容
试验方法	1. 检查要求检验方法 (1)对于新安装使用的防坠器,使用单位应提供制造企业生产该防坠器的金属非金属矿山矿用产品安全标志有效证明。 (2)检验前,防坠器使用单位应对井架、缓冲绳、连接器、罐道、制动绳、悬挂装置、传动机构、抓捕机构、驱动弹簧及制动绳张紧装置等进行详细检查;更换磨损超过极限的零部件(包括制动钢丝绳和缓冲钢丝绳)。 (3)检查制动绳防坠器的缓冲器、制动绳张紧装置、连接器及相关部件,应满足上述相关要求,即对于制动绳防坠器,使用企业应确保缓冲器、制动绳张紧装置、连接器完整,其螺纹连接件和锁紧件应齐全、紧固,并有防松措施;缓冲器末端缓冲的余留长度应为制动距离的2倍以上,缓冲绳的端部必须用合金浇成锥体形,且合金浇注处的钢丝无抽出现象;制动绳应处于张紧状态,且无妨碍制动绳运动的障碍。防坠器的各个连接和抓捕机构不应存在永久变形,不应存在偏斜相咬现象,抓捕器的运动零件间不应落入杂物。 (4)将提升容器停放在井口封盖物上,放松提升钢丝绳,防坠器的各个连接和传动部件应符合上述相关要求,重复三次。 2. 静负荷试验方法 (1)应在按上述要求检验合格后方能进行静负荷试验。 (2)将提升容器停放在井口封盖物上(井口封盖物强度应足以支撑提升容器突然下坠),放松提升钢丝绳,使防坠器动作,采取有效措施,将防坠器处于动作状态下的提升容器提起,上提高度为0.6~0.7 m,然后轻轻下放,当提升容器停稳后,检查防坠器是否能稳定的制动住提升容器,测量防坠器和罐笼下滑的距离;共上提三次,每次提升高度应大于前一次,以避免在同一位置抓捕罐道(或制动绳),检验结果应符合上述要求,即静负荷试验时,被检验防坠器应能稳定地制动住提升容器。静负荷试验时,对于木罐道防坠器和钢罐道防坠器,抓捕器下滑距离应小于200 mm;对于制动绳防坠器,抓捕器下滑距离应小于40 mm。 (3)对于制动绳防坠器,检查缓冲绳在缓冲器中的状况,应符对于制动绳防坠器,静负荷试验时,缓冲绳在缓冲器中不得有拉动现象的要求,否则应对缓冲器进行调整,并重新按要求进行试验。 (4)静负荷试验后,应检查防坠器的零、部件是否损坏或产生永久变形,否则应对相应的零部件进行更换,并重新进行试验。 3. 脱钩试验方法 (1)脱钩试验应在静负荷试验合格后进行。提升容器空载和实际最大载重条件下各进行一次脱钩试验,先进行空载条件下的脱钩试验,当空载条件下脱钩试验合格后,方可进行实际最大载重条件下的脱钩试验。空载脱钩试验后,应对井架、缓冲绳、罐道、制动绳、悬挂装置、传动机构、抓捕机构、驱动弹簧、连接装置及制动绳张紧装置等进行检查和恢复

续表

项目	具体内容
试验方法	(2)试验时,井口封盖物的强度应足以支撑提升容器突然下坠。在连接装置与主拉杆之间连上脱钩器,将提升容器提升至井口封盖物上方约1.5 m处,待提升容器稳定后,下放提升容器,打开脱钩器,测量各数据。 (3)测量抓捕点之间垂直方向的距离参数,其最大值应符合两组抓捕机构制动时的动作时间差,用提升容器通过的距离来表示,不得超过0.50 m的要求,检验仪器应使用分辨率不低于1 mm、精确度不超过±1 mm的长度测量器具。 (4)防坠器空行程时间用分辨率不低于0.01 s的专用检验设备检验,也可通过测量空行程距离计算得出,检验结果应符合防坠器动作空行程时间不应大于0.25 s的要求;测量空行程距离的检验仪器应使用分辨率不低于1 mm、精确度不超过±1 mm的长度测量器具 (5)检验防坠器的下滑距离及提升容器相对井架的下落高度,其检验结果应符合防坠器相关的要求;测量制动绳防坠器的缓冲绳由缓冲器中拉出的长度,检验结果应符合上述相关的要求;检验仪器应使用分辨率不低于1 mm、精确度不超过±1 mm的长度测量器具。 (6)防坠器制动过程中的负加速度用分辨率不低于0.1 m/s^2,精确度不低于2.0%的专用检验设备检验,也可通过进行零速脱钩试验,测量提升容器对木(钢)罐道或制动钢丝绳的相对降落高度、缓冲距离等,计算得出防坠器制动过程中的负加速度和制动持续时间,检验结果应符合上述相关要求。 (7)脱钩试验后,应检查防坠器的零、部件是否损坏或产生永久变形,并恢复至正常运行状态
检验和判定规则	(1)应由认定的安全生产检测检验机构检验和判定。 (2)按上述"静负荷试验技术要求"和"脱钩试验技术要求"中规定的检验项目进行检验,检验项目全部合格时,检验结果判定为:合格
检验周期	安装使用的防坠器的定期检验周期为一年。 有下列情况之一时,应按上述要求进行检验: (1)新安装、大修后投入使用前。 (2)闲置时间超过一年,重新投入使用前。 (3)经过重大自然灾害可能使井架或罐道结构件强度、刚度、稳定性受到损坏的提升机系统使用前

案例分析

(一)

【案例1】某矿副井提升人员时,由于深度指示器传动伞齿轮轴断裂,深度指示器、减速警铃、超速保护、限速保护同时失效。司机精力不集中,没有及时发现,以致全速过卷,上罐过卷6.2 m,下罐蹲罐。该井井底虽有5.8 m的过放距离,罐内人员仍有22人受伤。

【案例2】某矿副井一个老师傅带一名未取得上岗证的学徒工值班。中途师傅离去,恰在此时,井底发出提升信号,徒弟起动了绞车。该绞车在安装调试时未把限速继电器接入保护回路,绞车的防过卷保护虽然接入了保护回路,但它的机械触点完全失效,处于无过卷保护状态。绞车起动后速度越来越快,徒弟在不知所措的情况下没有采取紧急制动或切断电源。绞车高速运行将罐笼提升到顶端,并借助惯性冲向井架的横梁,撞坏水泥横梁,拉断提升钢丝绳后坠罐,罐内4人全部死亡。

问题:

请分析以上事故的原因和防治措施。

(二)

某矿运输工区钉道队王某,在780平硐运输大巷4 500 m处与同组人员共同更换一副DX638－4－1216型道岔,完成工作任务后独自一人向外走,当有车路过时,扒乘在平板车上,平板车落道后将其甩下后撞伤致死。

问题:

1. 请根据以上材料分析该起事故原因。

2. 总结该起事故教训及防范措施。

参考答案及解析

(一)

从以上案例可知,提升机的过卷、蹲罐及过放事故的主要原因在于司机疏忽,深度指示器发生故障,保护装置和制动装置失灵等。

1. 提升机司机疏忽造成过卷和蹲罐、过放事故。

提升机司机精力不集中,不严格按照提升机操作规程操作,不严格执行提升机监护制度是造成这类事故的重要原因。预防的措施有:

(1)加强培训,提高司机的技术操作水平和处理故障的应变能力。培训中要特别加强案例教学,从事故中吸取教训,并学会针对各种特殊情况的应对措施。

(2)提升机司机必须经过培训,考核合格取得资格证后持证上岗。无证者坚决不能操作,学徒工实习操作期间,必须由有丰富经验的司机作指导。

(3)提升人员时,严格执行监护制。一人操作一人监护。

(4)严格执行劳动纪律。在操作中必须聚精会神,不得睡觉或打瞌睡,不许喧哗、嬉笑、打闹。不许无关人员进入绞车房。不许做与工作无关的事。

(5)合理配备司机,要创造条件使司机休息好。不许加班开车,不使司机过于疲劳。对女司机要考虑其生理特点,适当安排她们的休息时间。

2. 深度指示器失效造成过卷和蹲罐、过放事故。

深度指示器离合器未合好、断销、断传动轴等都会导致深度指示器失效。深度指示器失效后,提升机司机不但看不到提升容器在井筒中的真实位置,而且提升机不能按设定的行程进行减速和限速、过速保护，必然会造成严重的过卷事故。预防这类事故的主要措施有：

(1)装设深度指示器失效保护装置，当深度指示器失效时，能自动断电并使保险闸发生作用。

(2)对易发生故障的部位加强巡检，发现异常应及时停车处理。

(3)深度指示器应定期进行维护检查，检查各传动点、键及传动轴是否完好，发现问题及时处理。

(4)离合器打开后，在完成调整维修后应注意复位。合上时应合好，并进行检查，确认合好后再投入运行，刚投入运行时还要检查其工作是否正常。

3. 保护装置失效造成过卷和蹲罐、过放事故。

自动减速装置失灵或没有装设自动减速装置，无限速保护装置或限速保护装置失灵，无过卷保护装置或过卷保护装置失灵都易造成过卷和蹲罐、过放事故。预防的措施有：

(1)装设过卷保护装置、过速保护装置和限速保护装置。这些保护装置必须经常保持在完好的状态。此外，增设后备保护系统可为提升系统的安全运行增加一道保护屏障。目前，国内研制出的多种型号的后备综合保护系统，其主要功能包括：过卷显示和自动停车；通过减速点显示和自动减速；限速显示和自动停车；深度指示器传动失效报警和自动停车；超速显示和自动停车等。当提升机有保护失灵时，后备保护可起到保护作用。

(2)装设自动减速装置。当提升容器到达减速点时，自动进行减速，以防全速过卷。这对用甩车法的斜井串车提升系统尤为重要，因为甩车法提升，速度限制器很难发挥作用。

4. 制动失灵。

制动器失灵的主要原因有：盘式闸的闸瓦间隙过大，闸盘与制动器间有油；块闸的制动缸出现故障，拉杆断裂、制动重锤被架起等。预防的措施有：

(1)盘式闸的闸盘及闸瓦间不得有油污，液压站的各种液压阀必须定期检查和清扫，保持灵敏，液压油应定期更换。

(2)闸瓦间隙要满足相关规定。闸的调整需要专门的工具和检测方法，需要专业维修人员或技术人员来完成。因此，提升机司机不得擅自调整制动闸。

(3)块闸的各传动杠杆铰接点，必须保证灵活，并保证适当间隙，不得过于松垮。主要杆件应定期探伤，发现问题，及时解决。

(4)调整滚筒位置和修理制动装置时，应使用定车装置，斜井提升时如不使用定车装置必须把绳端载荷甩掉。调整和修理制动装置后，必须按程序通过试验，确认合格后，方可进行全速满载运行试验，或投入正式使用。

矿井提升机防止过卷、蹲罐及过放事故除有针对性地采取以上预防措施以外，还应在过卷高度或过放距离内，安设性能可靠的缓冲装置，当发生意外的绞车过卷或过放时，能把过卷或过放的提升容器速度降下来，不至于伤人和造成更大的损失。

同时，在过放距离内不得积水和堆积杂物，使之起到应有的作用。

(二)

1. 事故原因：

(1)运行中的大型材料车落道，致使违章扒车人员掉到车下，落道的材料车将其撞伤后致死，是事故发生的直接原因。

(2)作业人员违章进入封闭大巷行走,安全管理不到位,是造成事故的主要原因。

(3)现场劳动组织混乱,安全管理不到位,是造成事故的又一主要原因。

(4)对作业人员的安全教育不够,作业人员组织纪律性不强,安全意识差,是事故发生的重要原因。

2. 事故教训及防范措施:

(1)规范个人操作行为,强化现场管理。本起事故暴露出个人违章行为仍然是安全管理的重点。

(2)严格落实封闭大巷管理规定,严厉查处"扒、蹬、跳"等违章行为。

(3)强化教育和培训工作,增强安全防范意识,提高人员素质,杜绝违章指挥和违章作业。

第十章　矿山边坡灾害防治技术

知识框架

- 矿山边坡灾害防治技术
  - 边坡灾害防治相关技术和标准
    - 采场边坡灾害的预防
    - 联合开采的原则
  - 边坡灾害分析
    - 边坡滑坡
    - 边坡滚石
    - 边坡泥石流
  - 边坡灾害防治措施
    - 各种边坡灾害防治措施
    - 边坡管理相关技术和标准
    - 小型露天采石场作业现场安全管理

考点精讲

第一节　边坡灾害防治相关技术和标准

考点 1　采场边坡灾害的预防

项目	具体内容
采场边坡灾害的预防	露天边坡应符合设计要求，保证边坡整体的安全稳定。 邻近最终边坡作业应遵守下列规定： (1)采用控制爆破减震。 (2)保持台阶的安全坡面角，不应超挖坡底。 遇有下列情况时，应采取有效的安全措施： (1)岩层内倾于采场，且设计边坡角大于岩层倾角。 (2)有多组节理、裂隙空间组合结构面内倾于采场。 (3)有较大软弱结构面切割边坡。 (4)构成不稳定的潜在滑坡体的边坡。 边坡浮石清除完毕之前不应在边坡底部作业；人员和设备不应在边坡底部停留。 矿山应建立健全边坡安全管理和检查制度。每 5 年至少进行 1 次边坡稳定性分析

续表

项目	具体内容
采场边坡灾害的预防	露天采场工作边坡应每季度检查1次，运输或者行人的非工作边坡每半年检查1次；边坡出现滑坡或者坍塌迹象时，应立即停止受影响区域的生产作业，撤出相关人员和设备，采取安全措施；高度超过200 m的露天边坡应进行在线监测，对承受水压的边坡应进行水压监测。 矿山应制定针对边坡滑塌事故的应急预案

考点2　联合开采的原则

项目	具体内容
联合开采的原则	露天与地下同时开采时，应合理安排露天与地下各采区的回采顺序，避免相互影响。 露天与井下同时爆破对安全有影响时，不应同时爆破。爆破前应通知对方撤出危险区域内的人员

第二节　边坡灾害分析

考点1　边坡滑坡

项目	具体内容
边坡滑坡	边坡滑坡是指由于边坡上的岩体因河水冲刷、地震及人工场坡等因素在重力的作用下沿着一定的软弱面或软弱带整体下滑的自然现象。滑坡前缘出现横向及纵向裂缝，前缘土体出现隆起现象；滑体后缘裂缝急剧加宽加长，新裂缝不断产生，滑坡体后部快速下座，四周岩土体出现松动和小型塌滑现象；滑带岩土体因摩擦错动出现声响，并从裂缝中冒出气或水；在滑坡前缘坡角处，有堵塞的泉水复活或泉水、井水突然干涸；动物出现惊恐异常现象；滑坡体上的观测点明显位移；滑坡前缘出现鼓丘；房屋倾斜、开裂和出现醉汉林、马刀树等

考点2　边坡滚石

项目	具体内容
边坡滚石	在诸多工程地质灾害事故中，滚石灾害仅次于滑坡、泥石流。滚石危害相对滑坡、泥石流而言，威胁的程度低、灾害损失小、影响范围小，而且往往因其偶发性而不被人们重视。近几年，随着国家经济的快速发展，基础工程的建设不断增多，尤其是道路建设的增多，边坡滚石危害越来越突出。因此，对滚石灾害的研究和防治也越来越被人们所重视

考点3　边坡泥石流

项目	具体内容
边坡泥石流	泥石流是山区特有的一种自然现象。它是由于降水而形成的一种带大量泥沙、石块等固体物质的特殊洪流。泥石流具有参差不齐、形成多级阶地等特点

第三节　边坡灾害防治措施

考点1　各种边坡灾害防治措施

项目	具体内容
边坡滑坡以及泥石流	认真分析滑坡和泥石流可能发生或发展的主要原因，可以设置排水沟，以防止地面水流入滑坡地段，必要时应采取防渗措施，在地下水影响较大的情况下，根据地质条件设置地下水排水工程；根据滑坡推力的大小、方向及作用点，可选用重力式抗滑挡墙、阻滑桩及其他抗滑结构，抗滑挡墙的基底及阻滑桩的桩端应埋置于滑动面以下的稳定土（岩）层中，必要时，应验算墙顶以上的土（岩）体从墙顶滑出的可能性。 植物防护措施有：种草、铺草皮、植树
边坡滚石	（1）加固法：坡面喷锚、支撑或嵌补、危岩拴系、排水、控制爆破等。 （2）清除法：清除个别危岩、削坡等 （3）绕避法：线路改道、修建隧道，搬迁建筑等。 （4）截石沟、拦石网、挡石墙、拦石棚栏、明硐或防滚石棚等。 （5）疏导沟、疏导槽等。 （6）巡视、警告牌、滚石运动检测、电棚栏、雷达和激光监测等

考点2　边坡管理相关技术和标准

项目	具体内容
边坡管理	（1）大、中型矿山或边坡潜在危害性大的矿山，应建立健全并制作边坡管理和检查制度，并对边坡应进行定点定期观测。技术管理部门应及时整理边坡观测资料，指导采场安全生产。 （2）处理和检查的工作人员应佩戴安全带。 （3）采场或排土场出现滑坡征兆时，应停止危险区作业，撤离人员，禁止人员和车辆通行，并及时处理。对重点边坡部位和有潜在滑坡的地段，应综合或分别采用挡墙、削坡、减载抗滑柱、杆锚、锚索和护坡进行局部加固。 （4）应采取措施防止地表水渗入边坡岩体的软弱结构面或直接冲刷边坡。边坡岩体存在含水层并影响边坡稳定时，应采取疏干降水措施

考点3 小型露天采石场作业现场安全管理

项目	具体内容
作业环境	1. 开采环境 (1)采石场边界应设可靠的围栏或醒目的警示标志。 (2)采石场边界上2 m范围内,无可能危及人员安全的植物和不稳固的矿岩等。 (3)确保采石场边界上覆的松散岩土层处于稳定状态。 2. 采场 (1)采场应有安全可靠的人行通道。 (2)边坡上的浮石应及时清理干净。 (3)采场内的所有电力线路,应按相关的要求敷设整齐,无乱搭乱接现象。 (4)采场道路和爆堆应经常洒水降尘。 3. 照明 (1)夜间工作时,所有作业点及危险点均应有足够的照明。 (2)照明使用电压为220 V,行灯或移动式照明灯具的电压不高于36 V。 4. 安全标志 (1)企业应建立安全标志管理制度。 (2)安全标志应符合相关的要求
作业过程	1. 一般要求 (1)进入作业现场之前,应按规定佩戴个体防护用品。 (2)作业前应首先检查作业场所和设备、设施的安全状况,发现异常及时处理。 (3)按照操作规程的要求进行作业。 2. 穿孔作业 (1)孔网参数应符合设计要求,严禁打残眼。 (2)穿孔作业应采用湿式作业或采取其他有效防尘措施。 (3)钻机作业时,非操作人员不应在其周围可能危及人身安全的区域内滞留。 (4)钻机与台阶接近坡底线的电铲不应同时进行。 3. 爆破作业 (1)有严格的爆破器材管理制度。 (2)爆破作业应按批准的爆破设计书或爆破说明书进行。 (3)爆破工作开始前,应确定危险区的边界,并设置明显的标志和岗哨,爆破前应有明确的警戒信号。 (4)在爆破危险区域内有两个以上的单位(作业组)进行爆破作业时,应统一指挥。 (5)爆破后,爆破员应按规定的等待时间进入爆破地点,检查有无危石、盲炮等现象,如果有应及时进行处理,只有确认爆破地点安全后,经当班爆破班长同意,才准许人员进入爆破地点。 (6)每次爆破后,爆破员应认真填写爆破记录

续表

项目	具体内容
作业过程	4. 铲装作业 (1)挖掘机作业和行走时,应做到: ①发现悬浮岩块或崩塌征兆、盲炮等情况,立即停止作业,并将设备移至安全地带。 ②悬臂和铲斗下面及工作面附近无人停留。 ③铲斗不应从车辆驾驶室上方通过。 (2)人工装运作业,应有专人监视坡面,防止滚石伤人。 5. 运输作业 (1)严禁超载运输。 (2)不应用自卸汽车运载易燃、易爆物品。 (3)车辆在急弯、陡坡、危险地段应限速行驶。 (4)不应采用溜车方式发动车辆,下坡行驶时不应空挡滑行。 (5)在坡道上停车时,司机不应离开,应使用停车制动并采取安全措施。 (6)在大雾、暴风雨(雪)等恶劣天气条件下,应严格控制行车速度,并保持适当的车距。 6. 边坡检查 (1)每次爆破后,应对坡面进行安全检查,发现有滑坡体、浮石或可能塌落的伞檐体时应采取可靠的处理措施。 (2)处理和检查的工作人员应佩戴安全带。 (3)暴雨过后,应先对边坡进行仔细检查,确认安全后,方可开展其他作业。 (4)寒冷地区解冻时,应加强边坡检查
劳动防护用具	(1)应给员工发放符合要求的劳动防护用品,并提供穿戴、使用的培训。 (2)确保劳动防护用品正确地使用与维护
职业卫生管理	(1)企业应建立职业卫生管理制度。 (2)企业应对生产过程中存在的职业危害因素进行分析。 (3)了解企业及周边地区可能的传染疾病并加以控制。 (4)企业应建立员工职业卫生监护档案并保密

案例分析

(一)

2016 年初某海岛渔港后方的山体边坡发生崩塌坠石,坠石停留于坡脚与斜坡上,坠石长为 1 ~6 m 不等,厚度 0.5 ~1 m,总方量 30 m^3 中的 10 m^3 坠落至坡脚,造成坡脚相邻的住宅楼外墙倒塌和人员伤亡。根据现场情况,边坡整体处于稳定状态,但不能满足长期(永久)稳定条件的要求,且目前边坡仍存在坠石的隐患,需进行加固治理。考虑到边坡整体治理施工工期较长，为避免再次坠石危及坡前建筑及人员的安全，在对边坡进行系统加固治理前，现有边坡采取应急治理措施。

边坡崩塌坠石地质灾害的成因与特征：

1. 地形地貌条件。边坡区地貌属构造剥蚀丘陵，山丘走向东北，丘项最大高程64.6 m，坡前为采石形成的平地，距坡顶最大高差近60 m，距坡缘最大高差近50 m。崩塌坠石边坡由人工采石开挖形成，边坡长50 m，总体倾向北西，边坡下部坡度较缓，上部为陡坡，局部呈向内倾的负坡，坡面上同部有危石分布。坡前平地建筑物密布，为2～7层，建筑边界与坡脚距离为1.0～4.0 m。该边坡位于丘陵西北坡，基岩出露情况良好，植被不发育。

2. 气象、水文条件。该边坡位于亚热带南缘海洋型季风气候区，各季温和，夏季凉爽，常年温暖湿润。年平均气温15.8 ℃，极端最低气温－7 ℃，极端最高气温36.7 ℃，年平均降水量921～948 mm。在发生坠石的前7～10 d连续阴雨，且温度较低（最低至零下），早晚出现冰冻现象。场地附近无大的地表水系、水库等分布。坡面条件良好，水流汇集于坡麓后流入市政雨水管道。

3. 地质环境条件。该边坡范围地层单一，主要分布燕山晚期侵入岩体，岩性为钾长花岗岩，呈灰白、波肉红色，中粒花岗结构，主要矿物成分为钾长石40%～60%，斜长石10%～15%，石英25%～30%。块状构造，岩石坚硬，节理裂隙较发育。钾长花岗岩构成了山体和边坡，岩石以中风化为主，边坡上部相对风化较强，强风化层厚度一般小于1.5 m。中等—微风化花岗岩 *Rc* 平均值一般为100 MPa左右，标准值一般为65 MPa左右，属坚硬岩类，边坡范围仅零星分布第四级残坡积土，可塑状，岩性不均匀，一般厚度0.5～1.5 m。此外，部分坡面残留有人工采石弃渣，厚1～3 m，局部地段厚度较大，弃渣的石块直径一般为0.5～1 m，最大达3～6 m。

本区所处的大地构造位置为华南褶皱系浙东南褶皱带、粤沿海燕山期火山活动带北段。工程场地区域位于浙东沿海中生代火山岩带的北段，区域性断裂对该区无直接影响，构造形迹主要为节理。

问题：

请根据以上材料为此边坡灾害防治提供建议。

（二）

某矿分区回风立井施工的市建工程第二项目部71队零点班，当班出工14人。跟班副队长任某对当班人员做了具体分工并安排当班任务：放炮、出矸、平底、脱模、打混凝土。

凌晨1时50分井下放炮后，跟班副队长任某、当班安监员（兼瓦检工）岳某等6人开始下井扫盘，处理井帮危岩，处理完毕后凌晨2点35分开始出矸、平底。

凌晨到4时30分左右时已出矸平底13罐。由于抓岩机有一片叶片插销脱落，班长吴某（死者）、安全员王某（伤者）、张某、周某四人蹲在靠风筒帮位置开始安装插销及抓岩机叶片。约5时，一块2.2 m×2.2 m×0.6 m的大块矸石从距底板1.2 m高处片帮落下，将正在安装抓岩机叶片插销的吴某、张某、王某压在石头下。在一旁的周某立即联系跟班副队长任某、技术员陈某等人组织抢救。先将王某救出升井送往医院，随后抢救吴某。由于压在吴某身上的矸石较大、较重，技术员陈某安排人员用液压千斤支起矸石救出吴某，立即升井送往医院，经抢救无效死亡。

问题：

1. 根据以上材料分析事故发生的原因。

2. 请写出此次事故为我们带来的教训。

3. 针对此次事故提出防治措施。

参考答案及解析

（一）

1. 拆除坡脚处简易建（构）筑物和影响施工的障碍及危险物等，形成便于施工的空间和出渣通道。对临近坡脚的建筑物墙体垒砌砂包保护体。

2. 消除山体悬空与易落的危岩，消除应急处理施工期间的安全隐患。

3 利用坡 30 m 左右的水平距离，设置落石平台；清理斜坡上的倒石堆及采石残留弃渣，形成两道落石平台，在平台上铺做 50 cm 厚的袋装砂，使平台起到缓冲消能和滞留坠石的作用。所铺设的砂包可在平台和滑坡结束后，用作坡脚墙体保护体的砂包。

4. 坡脚采取拦挡措施：根据岩体结构面特征在坡脚向上 20 m 位置设置一道柔性被动拦石防护网，防护网钢柱采用钢筋混凝土基础，基础应嵌入风化花岗岩，防护网分别设置上拉铺杆、中间加固拉锚杆和侧拉锚杆进行加固。

（二）

1. 事故原因：

（1）放炮后作业人员对井壁检查不细，更帮不彻底，没有发现存在的高层的岩石和片帮隐患，空帮作业没有及时采取措施，发生片帮伤人，是造成事故的直接原因。

（2）作业规程中没有明确临时支护的形式，现场空帮作业、各级技术管理把关不严是造成事故的主要原因。

（3）现场安全管理、监督检查，以及员工的互保联保不到位是造成事故的一个重要原因。

（4）公司各级分管领导管理、监督检查、安全教育均不到位，工程监理和项目法人单位没有严格履行安全监管责任，也是造成事故的一个重要原因。

2. 事故教训：

这起事故告诉我们，小隐患如溃坝的蚁穴，大隐患如吃人的猛虎。小隐患处理不好就可能酿成大祸，大隐患发现不了可能会殃及员工生命。作为现场施工领导、安监人员，一定要把发现隐患、处理隐患作为重要职责，严密现场监控，防患于未然，为员工创造一个安全的施工环境。

3.防范措施:

(1)公司矿建施工作业地点全部停产整顿,自查隐患,完善作业规程及安全技术措施。

(2)科学决策立井施工工艺,明确立井施工过程中的临时支护的形式,完善安全技术措施。

(3)加强各级的安全宣传教育及对职工的安全知识和正规操作的再培训,提高职工的安全自保互保意识。

第十一章　排土场(废石场)灾害防治技术

知识框架

- 排土场(废石场)灾害防治技术
  - 排土场(废石场)灾害防治相关技术和标准
    - 排土场及排土作业相关规定
    - 排土场防洪
  - 排土场(废石场)危害分析
  - 排土场灾害防治措施
    - 滚石灾害防治措施
    - 滑坡灾害防治措施
    - 坍塌灾害防治措施
    - 泥石流灾害防治措施

考点精讲

第一节　排土场(废石场)灾害防治相关技术和标准

考点1　排土场及排土作业相关规定

项目	具体内容
排土场及排土作业相关规定	排土场不应受洪水威胁或者由于上游汇水造成滑坡、塌方、泥石流等灾害。 排土场不应给采矿场、工业场地、居民区、铁路、公路和其他设施造成安全隐患。 排土场不应影响露天矿山边坡稳定,不应产生滚石、滑塌等危害。 排土场建设前应进行工程地质、水文地质勘查,并按照排土场稳定性要求处理地基。 排土场应设拦挡设施,堆置高度大于120 m的沟谷型排土场应在底部设置挡石坝。 内部排土场不应影响矿山正常开采和边坡稳定,排土场坡脚与开采作业点之间应留设安全距离,必要时设置滚石或泥石流拦挡设施。 矿山企业应设专职人员负责排土场的安全管理工作。 排土作业应按经过批准的安全设施设计进行

续表

项目	具体内容
	排土作业区应符合下列要求： (1)有良好的照明。 (2)配备通信工具。 (3)设置醒目的安全警示标志。 汽车排土应遵守下列规定： (1)排土平台应平整,排土线应整体均衡推进。 (2)在排土卸载平台边缘设置安全车挡,车挡高度不小于车轮轮胎直径的1/2,顶宽不小于车轮轮胎直径的1/4,底宽不小于车轮轮胎直径的3/4。 (3)由经过培训考核合格的人员指挥。 (4)进入作业区内的人员、车辆服从指挥;非作业人员未经允许不得进入排土作业区;无关人员不得进入。 (5)汽车与排土工作面距离小于200 m时,车速不大于16 km/h;与坡顶线距离小于50 m时,车速不大于8 km/h。 (6)重车卸载时的倒车速度不大于5 km/h。 (7)能见度小于30 m时停止排土作业。
排土场及排土作业相关规定	铁路列车排土应遵守下列规定： (1)路基面向排土场内侧形成反坡。 (2)准轨铁路平曲线半径不小于200 m,并设置外轨超高保证安全。 (3)窄轨铁路平曲线半径:600 mm轨距时,不小于50 m;大于600 mm轨距时,不小于100 m。 (4)线路尽头前的一个列车长度内,形成2.5‰~5‰的上升坡度。 (5)卸车线路中心线至台阶坡顶线的距离:准轨线路不小于2 m;窄轨线路不小于1 m。 (6)卸载线端部设置车挡和带有夜光的拦挡警示牌。 (7)排土作业点设置清晰的带有夜光的停车标志。 (8)列车进入排土线后由专人指挥运行;列车以推送方式进入卸车线,从列车尾部向机车方向依次卸车。 (9)准轨列车运行速度不大于10 km/h;窄轨列车运行速度不大于8 km/h;接近路端时,不大于5 km/h。 (10)排土人员发出卸车完毕信号后,列车方可驶出排土线。 排土场应进行下列安全检查： (1)排土场台阶高度、排土线长度。 (2)排土场的反坡坡度,每100 m检查剖面不少于2个。 (3)排土场边缘的汽车车挡尺寸。 (4)铁路排土的线路坡度和曲线半径。 (5)排土机排土时履带与台阶坡顶线之间的距离

续表

项目	具体内容
排土场及排土作业相关规定	(6)截排水系统、拦挡坝的完好情况及淤储空间情况。 发现拦挡坝淤储空间不足,排土场出现不均匀沉降、裂缝、隆起时,应查明情况、分析原因并及时处理。 矿山企业应建立排土场边坡稳定监测制度,边坡高度超过 200 m 的,应设边坡稳定监测系统,防止发生泥石流和滑坡

考点 2　排土场防洪

项目	具体内容
排土场防洪	排土场防洪应遵守下列规定: (1)山坡排土场周围应修筑可靠的截、排水设施。 (2)山坡排土场内的平台应设置 2% ~5% 的反坡,并在靠近山坡处修筑排水沟。 (3)排土场范围内有出水点的,应在排土之前进行处理。 (4)疏浚排土场外截洪沟和排土场内的排水沟,确保排洪设施可以正常工作。 (5)及时了解和掌握水情以及气象预报情况,保证排土场、下游泥石流拦挡坝和通信、供电、照明线路的安全。 (6)洪水过后立即对排土场和排洪设施进行检查,发现问题立即处理

第二节　排土场(废石场)危害分析

考点　排土场(废石场)危害分析

项目	具体内容
滚石	滚石,是指个别块石因某种原因从边坡和陡崖表面失稳后经过下落、回弹、跳跃、滚动或滑动等运动方式中的一种或几种的组合沿着坡面向下快速运动,最后在较平缓的地带或障碍物附近静止下来的一个动力学过程。当滚石运动范围内有人类活动或人类构筑的设施并引起一定的损失时,就构成了滚石灾害。滚石对交通线路、建筑设施和人身安全都存在极大的危害
滑坡	滑坡是斜坡岩土体,在重力的作用下,沿着贯通的剪切破坏面所发生的滑移现象。排土场滑坡是排土场灾害中最为普遍、发生频率最高的一种,按其产生机制可分为排土场沿基底接触面滑坡、排土场沿基岩软弱层滑坡和排土场内部滑坡

续表

项目	具体内容
坍塌	坍塌是指裂缝分割的岩土体因底部空虚或局部滑移失去稳定，突然脱离母体向下倾倒、翻滚，大小不等、零乱无序的岩块(土块)呈锥状堆积在坡脚的堆积物，称崩积物。排土场坍塌的类型可分为散落性坍塌、滑动性坍塌和流动性坍塌。 排土场坍塌产生的原因： (1)建设初期设计、建设考虑不周。 (2)生产中排土不科学，没有严格按设计要求组织排土作业。 (3)排水设施不健全。大气降雨和地表水对排土场的浸润作用，是造成坍塌的另一重要原因 (4)人为因素。盗采乱挖现象严重。在靠近排土场的坡底和两侧进行采石、取土、开矿都会影响排土场的稳定性，也可能引起排土场坍塌。 (5)其他人力不可抗拒的因素。如地震、海啸以及大暴雨等
泥石流	泥石流是大量松散堆积物在水和重力作用下形成强大流体，大规模下移的现象。泥石流的形成必须同时具备以下3个条件： (1)松散物来源条件：筑路开挖、坑道掘进排弃的废石和排土场内堆置的大量松散岩土体为泥石流的发生提供了丰富的固体物料来源。 (2)地形地貌条件：排土场多建于山坡或山谷，地形起伏大，以及其自身较大的堆置纵坡高度和较陡的坡度，山坡具有较大的沟床纵坡。 (3)水源条件：水既是泥石流的重要组成部分，又是泥石流的激发条件和搬运介质(动力来源)。集中的降雨，较大的汇水面积可以为泥石流的形成提供充足的动力水源

第三节　排土场灾害防治措施

考点1　滚石灾害防治措施

项目	具体内容
滚石灾害防治措施	1.加固法 利用一种或多种手段将危岩体或个别危石变得稳定，从而避免滚石的发生。加固法的具体措施主要包括坡面固网、锚喷、嵌补、危岩拴系等。 (1)铺面固网：铺设坡面固网就是将护网铺设在需要防护的坡面上，并通过锚杆和支撑绳加以固定。它利用坡面与护网之间的摩擦力以及锚杆提供的锚固力对坡面上潜在滚石进行加固，从而达到滚石防护的目的。 (2)锚喷：是指喷射混凝土、锚杆或锚索、钢筋网以及它们之间联合使用的统称。喷、锚、网与岩土体共同作用形成主动支护体系，可以最大限度地利用边坡岩土体的自支能力。锚喷方法不仅技术上成熟、效果好，而且具有适应性强、施工速度快等优点

续表

项目	具体内容
滚石灾害防治措施	(3)支撑或嵌补:如果危岩的悬空面积较大,可以在危岩下面设置支撑柱或支撑墙,必要时用锚杆或锚索将支撑物与稳定岩体连接起来。当凹进程度或危岩的悬空面积较小,则可以采用浆砌片石或用混凝土对凹进的空间进行嵌补。 (4)排水:为抑制滚石的发生,设置有效的排水系统。 (5)控制爆破:边坡开挖活动(包括清理危岩、削坡等)以及采石作业时都需要对岩体进行爆破。爆破震动不仅可以使坡体内的裂隙增加,而且可以降低潜在滚石的稳定性 (6)危岩拴系:当个别危石尺寸较大且难以清除时,可以使用钢丝绳或钢绳网等将其拴系或锚固于稳定的基岩上,钢丝绳的直径、根数以及锚入岩石的深度可以根据危石的支撑状态、下滑力、倾覆力矩等情况进行估算。 2. 拦截法 如果滚石的物源区范围较大,潜在滚石数量较多或者斜坡条件复杂甚至无法接近时,在中途对滚石进行拦截也是种有效的防护措施。滚石的拦截措施主要包括截石沟、拦石网、挡石墙、拦石栅栏、明洞或防滚石棚等。 (1)截石沟:当滚石的物源区与防护区域之间的坡面上有平台或缓坡时,可以在平台或缓坡的合适位置开挖截石沟来拦截滚石。坡面或坡脚处沿边坡走向方向的自然沟稍加修改也可用于滚石的拦截。为防止高速运动的滚石从截石沟内弹跳至防护区域而造成滚石灾害,可在截石沟内设置一些缓冲材料,如碎石、碎屑、土等。 (2)拦石网:拦石网能够通过自身的位移、变形、振动等方式有效地消散滚石冲击该系统时所携带的能量。目前,应用较为广泛的拦石网主要由金属网片、支撑网片用的钢绳和钢柱、将钢柱和坡体连接在一起的铰支、连接钢柱上端和上方坡体的拉锚绳、必要时在拉锚绳上设置的缓冲器件等组成。 (3)挡石墙:挡石墙具有拦截滚石和堆存滚石的作用。挡石墙可以截获直径达1.5~2 m以滑动或滚动方式运动的滚石,同时还可以存储一定数量的滚石,减少其清理次数。为了最大限度地发挥挡石墙拦截滚石的作用以及便于施工和运输,挡石墙一般修建于坡脚靠近防护区域处。可用于拦截滚石的挡石墙有多种,如钢筋混凝土挡墙、石笼挡墙、浆砌石挡墙等。 (4)拦石栅栏:拦石栅栏因具有设计简单、施工方便等优点而成为我国铁路系统防护滚石的主要手段之一。拦石栅栏一般由浆砌片石或混凝土作基础,用木材或钢材(如废旧钢轨、型钢等)作立柱和横杆。按其材料不同,拦石栅栏可分为金属栅栏(如钢轨栅栏)和木栅栏。钢轨栅栏克服了挡石墙工量大、工程费用高的缺点。 3. 疏导法 滚石物源集中且滚石发生频率较高的边坡,在适当条件下可以采用疏导法。疏导法主要采取特定的工程措施(如疏导槽、疏导沟等)来限制滚石的运动范围或运行轨迹,将滚石疏导至安全区域。 4. 设立警示标志 排土场滚石区应设置醒目的安全警示标志。警告车辆和有关人员,以避免滚石灾害的发生

考点2　滑坡灾害防治措施

项目	具体内容
滑坡灾害防治措施	滑坡的防治措施可以分为以下几个方面： 1. 改变边坡的几何形态 (1)在滑坡抗滑区增加物质，反压护道或填土。 (2)减缓斜坡坡度等。 (3)合理安排排土顺序和设置排土高度。 2. 架设支挡结构 (1)架设重力式挡土墙、框架式挡土墙、笼式挡土墙等。 (2)架设被动式桩、墩和沉井。 (3)聚合物或金属的条或片的加筋挡土结构。 (4)岩石边坡的固定网等。 3. 排水 (1)把地表水排到滑坡区外。 (2)真空排水、虹吸排水、电渗排水。 (3)粗粒材料的支撑盲沟排水。 (4)地下水平孔群或垂直孔群排水。 (5)用泵抽水或自流排水的垂直孔群排水。 (6)在上游区域或周边区域设置截排洪沟

考点3　坍塌灾害防治措施

项目	具体内容
坍塌灾害防治措施	作业前，必须对工作面进行检查，清除危岩和其他危险物体。避免土量大的废石集中排弃在一个时间段，一个地方，也要控制排土的强度，间歇性排土。作业中，应加强观察边坡，当发现边坡上有裂隙可能坍塌或有大块浮石以及伞檐悬在上部时，必须及时上报，迅速处理。处理要有可靠的安全措施，受其威胁的人员和设备应撤至安全地点。如未处理，不得在浮石危险区进行其他任何作业和停留，并设有醒目的警示标志。应派有经验的专人负责边坡管理工作，定期对边帮进行检查、清扫，对危岩进行处理，及时消除事故隐患。对有潜在坍塌危险的边坡，应建立观测预报制度，设立专门的观测点，对边坡的变化情况进行定期观测

考点4　泥石流灾害防治措施

项目	具体内容
泥石流灾害防治	(1)有大量松散物质排放的陡坡场地，或具有丰富水源的排土场，宜采取坡脚防护或拦碴工程，防止水土流失

续表

项目	具体内容
泥石流灾害防治	(2)合理控制排岩顺序,将排土场分为若干分区,分别排弃不同构造性质的岩土,避免形成软弱结构层。 (3)积极处理排土场基底,自然地形坡度大于1:5的坡位应做成台阶状,也可在基底进行爆破,形成凹凸不平的抗滑面增加稳定性。 (4)坡面要进行防渗处理,并结合地表绿化固土。 (5)植树造林,避免水土流失

案例分析

(一)

自青龙桥至上李坪的村级公路修通后,附近村民由于建房需要,开始在此处公路沿线开采石料。随着经济发展,周围农民改善住房条件的逐渐增多,加之集镇建设石料需求量增大,此处逐渐形成一个沿公路长200多米的石料场。至12月21日,该地段共有李永共、邓国念、黄治炳、邓家龙、黄子玉、张世清、黄治碧等7人(分为6个采矿点)在该地段开山采石,其中只有黄治碧办理了采矿许可证,其余均未办理任何证照。近年来,野下关镇政府和有关部门在非煤矿山专项整治过程中,针对采石场"洞式开采""掏采"等安全隐患,对采石场的各业主先后下发了《责令停止非法开采行为通知书》《停采通知书》,但收效不大。

某日,余昌宜(该处为余的自留山)找到与张世清合伙采石的黄志新,到张世清家商量在余昌宜的自留山采石的租金事宜,余昌宜提出年租金1 000元提高到2 000元,并要求张世清与黄志新优惠供应500车石头,每车只给5元。但没有达成协议。

在张世清采石地段,去年停产后残留几十车泥石混杂的块石。一天,余昌宜请了黄家春一家三人上车,约定每车给6元上车费,请了向慧磺来拉石头,约定每车运费8元,为自家办的砂砖厂拉石头。17时左右,该地段上面垮了几个石头,还伴随着泥土,余昌宜便喊"快跑"紧接着上面发生大面积垮塌,将余昌宜、黄家春、张安新、黄义推下公路坡下,向慧磺急于想将停在滑坡下的拖拉机开走未果,被大面积泥土当场压埋,黄家春、黄义经抢救无效遇难,余昌宜、张安新受伤。州、县、镇领导和有关部门人员赶到现场后,组织了大量机械和人员进行施救,清除了大量崩塌的石方,于2月26日下午5时,将已经死亡的向慧磺的尸体从石堆中挖出。27日中午,死者的善后事宜处理结束,伤者得到有效救治。此次事故共造成三人死亡,2人受伤。

问题:

请结合材料分析事故发生的原因。

(二)

安装工在某工作面材料巷施工,中班正常安装面溜及后路运输。根据现场情况副区长王某安排15人后路运输，其中第三部单提绞车由绞车司机王某负责开车，上把勾职工刘某负责把勾，下把勾王某、张某两人负责把勾。

18点30分左右，下把勾职工王某将17#空平板车连好后，就准备向外出车。下把勾张某负责把勾信号发出后，绞车开启。绞车开启后，由于速度较快，瞬间平板车掉道，掉道后碰到一旁的把勾工王某，从而造成此起事故。

问题：

1. 根据以上材料分析该起事故发生的原因。

2. 你能从该起事故中吸取什么教训。

3. 提出针对该起事故的防治措施。

参考答案及解析

(一)

山体被长期大面积掏采，采石切脚形成临空面，诱发大面积山体滑坡。此采石地段长期管理混乱，矿山无证非法开采，有关部门管理不严、制止不力，对非煤矿山专项整治措施不落实，对已关闭的非法采石场监管不到位。

(二)

1. 事故原因：

(1)下把勾职工王某站位不当、没有到安全的地段躲闪，恰巧绞车刚启动的同时平板车掉道，王某站位不当、躲闪不及是造成此次事故的直接原因。

(2)绞车司机王某开车经验不足，绞车启动后瞬间加速太快造成平板车掉道。平板车本身在弯道处，还没有到直道，给提升安全带来不利因素。

(3)副区长王某安排工作时，没有布置相应的安全措施，且没有在现场统一协调指挥，安全管理有漏洞。

2. 教训：

切实消灭不安全的隐患，真正做到不安全不生产，迅速开展安全生产教育活动，加大现场安全管理力度，强化现场精品工程意识。

3. 防治措施：

(1)各单位要组织职工重新学习安全技术措施，并结合此次事故教训，举一反三，深刻反思，开展好警示教育。

(2)各单位要进一步明确和落实各级安全生产责任制，强化关键工序和重点隐患的双重预警，并加强特殊作业人员的安全管理。

(3)各级管理人员要冷静下来，深刻反省自己的工作，真正找出自己工作中的不足之处，在今后的工作中要以身作则，靠前指挥，坚决杜绝安全事故的发生，确保矿井安全生产。

第十二章 尾矿库灾害防治技术

知识框架

- 尾矿库灾害防治技术
  - 尾矿库灾害防治相关技术和标准
    - 尾矿库安全监督管理
    - 尾矿库安全度的分类
    - 应急与管理
    - 水位控制与防汛
  - 尾矿库灾害分析
    - 坝坡失稳
    - 地震液化
    - 渗透破坏
    - 洪水漫顶
    - 尾矿库安全检查与检测
  - 尾矿库灾害防治措施
    - 坝坡失稳防治措施
    - 地震液化防治措施
    - 渗透破坏防治措施
    - 洪水漫顶防治措施
    - 尾矿库作业现场安全管理
    - 尾矿库变化管理

考点精讲

第一节　尾矿库灾害防治相关技术和标准

考点1　尾矿库安全监督管理

项目	具体内容
一般规定	尾矿库是指筑坝拦截谷口或围地构成的用以贮存金属与非金属矿山进行矿石选别后排出尾矿的场所。 尾矿库生产经营单位应当建立健全尾矿库安全生产责任制，建立健全安全生产规章制度和安全技术操作规程，对尾矿库实施有效的安全管理。 生产经营单位应当保证尾矿库具备安全生产条件所必需的资金投入，建立相应的安全管理机构或者配备相应的安全管理人员、专业技术人员。 生产经营单位主要负责人和安全管理人员应当依照有关规定经培训考核合格并取得安全资格证书。 直接从事尾矿库放矿、筑坝、巡坝、排洪和排渗设施操作的作业人员必须取得特种作业操作证书，方可上岗作业
尾矿库建设	尾矿库建设项目初步设计应当包括安全设施设计，对尾矿库库址及尾矿坝稳定性、尾矿库防洪能力、排洪设施和安全观测设施的可靠性进行充分论证。 尾矿库库址应当由设计单位根据库容、坝高、库区地形条件、水文地质、气象、下游居民区和重要工业构筑物等情况，经科学论证后，合理确定。 尾矿库建设项目应当进行安全设施设计并经安全生产监督管理部门审查批准后方可施工。无安全设施设计或者安全设施设计未经审查批准的，不得施工。严禁未经设计并审查批准擅自加高尾矿库坝体
尾矿库勘察	(1)企业应建立尾矿库勘察管理制度，确保按照法律法规要求进行勘察，并对勘察质量进行有效控制。 (2)企业应妥善保存地形测量、工程地质及水文地质勘察等有关资料
尾矿库设计	(1)企业应建立设计管理制度，对设计质量进行有效控制。 (2)尾矿库建设项目应当进行安全设施设计并经审查合格，方可施工。无安全设施设计或者安全设施设计未通过审查，不得施工。 (3)施工中需要对设计进行局部修改的，应当经原设计单位同意；对涉及尾矿库库址、等别、排洪方式、尾矿坝坝型等重大设计变更的，应当报原审批部门批准。 (4)企业应妥善保存设计文件和图纸

续表

项目	具体内容
安全设施施工及验收	(1)企业应制定安全设施施工管理制度,对安全设施施工质量进行有效控制。 (2)尾矿库初期坝、副坝、排洪设施、观测设施等安全设施的施工及验收,应按《尾矿设施施工及验收规程》和其他有关规程进行。 (3)隐蔽工程必须经分段验收合格后,方可进行下一阶段施工。 (4)施工过程中应严格填写施工、监理记录。 (5)尾矿库建设项目安全设施设计审查与竣工验收,应符合有关法律、法规的规定。 (6)企业应妥善保存施工及竣工验收、监理、安全预评价及验收安全评价、审批等文件、图纸和资料
尾矿库运行	对生产运行的尾矿库,未经技术论证和安全生产监督管理部门的批准,任何单位和个人不得对下列事项进行变更:筑坝方式;排放方式;尾矿物化特性;坝型、坝外坡坡比、最终堆积标高和最终坝轴线的位置;坝体防渗、排渗及反滤层的设置;排洪系统的形式、布置及尺寸;设计以外的尾矿、废料或者废水进库等。 尾矿库应当每3年至少进行1次安全现状评价,安全现状评价应当符合国家标准或者行业标准的要求。尾矿库安全现状评价工作应当有能够进行尾矿坝稳定性验算、尾矿库水文计算、构筑物计算的专业技术人员参加。上游式尾矿坝堆积至1/2至2/3最终设计坝高时,应当对坝体进行1次全面勘察,并进行稳定性专项评价。 尾矿库经安全现状评价或者专家论证被确定为危库、险库和病库的,生产经营单位应当分别采取下列措施: (1)确定为危库的应当立即停产,进行抢险,并向尾矿库所在地县级人民政府、安全生产监督管理部门和上级主管单位报告。 (2)确定为险库的,应当立即停产,在限定的时间内消除险情,并向尾矿库所在地县级人民政府、安全生产监督管理部门和上级主管单位报告。 (3)确定为病库的,应当在限定的时间内按照正常库标准进行整治,消除事故隐患。 生产经营单位应当建立健全防汛责任制,实施24 h监测监控和值班值守,并针对可能发生的垮坝、漫顶、排洪设施损毁等生产安全事故和影响尾矿库运行的洪水、泥石流、山体滑坡、地震等重大险情制定并及时修订应急救援预案,配备必要的应急救援器材、设备,放置在便于应急时使用的地方。 应急预案应当按照规定报相应的安全生产监督管理部门备案,并每年至少进行一次演练。 尾矿库出现下列重大险情之一的生产经营单位应当按照安全监管权限和职责立即报告当地县级安全生产监督管理部门和人民政府,并启动应急预案,进行抢险: (1)坝体出现严重的管涌、流土等现象的。 (2)坝体出现严重裂缝、坍塌和滑动迹象的。 (3)库内水位超过限制的最高洪水位的

续表

项目	具体内容
尾矿库运行	(4)在用排水井倒塌或者排水管(洞)坍塌堵塞的。 (5)其他危及尾矿库安全的重大险情。 尾矿库发生坝体坍塌、洪水漫顶等事故时,生产经营单位应当立即启动应急预案,进行抢险,防止事故扩大,避免和减少人员伤亡及财产损失,并立即报告当地县级安全生产监督管理部门和人民政府。 未经生产经营单位进行技术论证并同意,以及尾矿库建设项目安全设施设计原审批部门批准,任何单位和个人不得在库区从事爆破、采砂、地下采矿等危害尾矿库安全的作业
尾矿库的闭库和回采	(1)尾矿库运行到设计最终标高或者不再进行排尾作业的,应当在1年内完成闭库。特殊情况不能按期完成闭库的,应当报经相应的安全生产监督管理部门同意后方可延期,但延长期限不得超过6个月。库容小于10万 m^3 且总坝高低于10 m的小型尾矿库闭库程序,由省级安全生产监督管理部门根据本地实际制定。 (2)尾矿库运行到设计最终标高的前12个月内,生产经营单位应当进行闭库前的安全现状评价和闭库设计,闭库设计应当包括安全设施设计。闭库安全设施设计应当经有关安全生产监督管理部门审查批准。 (3)尾矿库闭库工程安全设施验收,应当具备下列条件: ①尾矿库已停止使用。 ②尾矿库闭库工程安全设施设计已经有关安全生产监督管理部门审查批准。 ③有完备的闭库工程安全设施施工记录、竣工报告、竣工图和施工监理报告等。 ④法律、行政法规和国家标准、行业标准规定的其他条件。 (4)生产经营单位组织尾矿库闭库工程安全设施验收,应当审查下列内容及资料: ①尾矿库库址所在行政区域位置、占地面积及尾矿库下游村庄、居民等情况。 ②尾矿库建设和运行时间以及在建设和运行中曾经出现过的重大问题及其处理措施。 ③尾矿库主要技术参数,包括初期坝结构、筑坝材料、堆坝方式、坝高、总库容、尾矿坝外坡坡比、尾矿粒度、尾矿堆积量、防洪排水型式等。 ④闭库工程安全设施设计及审批文件。 ⑤闭库工程安全设施设计的主要工程措施和闭库工程施工概况。 ⑥闭库工程安全验收评价报告。 ⑦闭库工程安全设施竣工报告及竣工图。 ⑧施工监理报告。 ⑨其他相关资料。 (5)尾矿库闭库工作及闭库后的安全管理由原生产经营单位负责。对解散或者关闭破产的生产经营单位,其已关闭或者废弃的尾矿库的管理工作,由生产经营单位出资人或其上级主管单位负责;无上级主管单位或者出资人不明确的,由安全生产监督管理部门提请县级以上人民政府指定管理单位

续表

项目	具体内容
尾矿库的闭库和回采	(6)尾矿回采再利用工程应当进行回采勘察、安全预评价和回采设计，回采设计应当包括安全设施设计，并编制安全专篇。回采安全设施设计应当报安全生产监督管理部门审查批准。生产经营单位应当按照回采设计实施尾矿回采，并在尾矿回采期间进行日常安全管理和检查，防止尾矿回采作业对尾矿坝安全造成影响。尾矿全部回采后不再进行排尾作业的，生产经营单位应当及时报安全生产监督管理部门履行尾矿库注销手续。具体办法由省级安全生产监督管理部门制定

考点2 尾矿库安全度的分类

项目	具体内容
尾矿库安全度的分类	根据尾矿库防洪能力和尾矿坝坝体稳定性，尾矿库安全度分为危库、险库、病库、正常库四级。 1. 危库 尾矿库属于下列工况之一的为危库 (1)尾矿库调洪库容严重不足，在设计洪水位时，安全超高和最小干滩长度均不满足设计要求，将可能出现洪水漫顶。 (2)排洪系统严重堵塞或坍塌，不能排洪或排洪能力急剧降低。 (3)排水井显著倾斜，有倒塌的迹象。 (4)坝体出现贯穿性横向裂缝，且出现较大范围管涌、流土变形，坝体出现深层滑动迹象。 (5)经验算，坝体抗滑稳定最小安全系数小于规范规定值的0.95，规范规定值见表1-12-1。 2. 险库 尾矿库属于下列工况之一的为险库： (1)尾矿库调洪库容不足，在设计洪水位时，安全超高和最小干滩长度均不满足设计要求。 (2)排洪系统部分堵塞或坍塌，排洪能力有所降低，达不到设计要求。 (3)排水井倾斜。 (4)坝体出现浅层滑动迹象。 (5)经验算，坝体抗滑稳定最小安全系数小于规范规定值的0.98，规范规定值见表1-12-1。 (6)坝体出现大面积纵向裂，且出现较大范围渗透水高位出逸，出现大面积沼泽化。 (7)其他危及尾矿库安全运行的情况。 3. 病库 尾矿库属于下列工况之一的为病库： (1)尾矿库调洪库容不足，在设计洪水位时不能同时满足设计规定的安全超高和最小干滩长度的要求

续表

项目	具体内容
尾矿库安全度的分类	(2)排洪设施出现不影响安全使用的裂缝、腐蚀或磨损。 (3)经验算,坝体抗滑稳定最小安全系数小于规范规定值,规范规定值见表1-12-1。但部分标高上堆积边坡过陡,可能出现局部失稳。 (4)浸润线位置局部较高,有渗透水出逸,坝面局部出现沼泽化。 (5)坝面局部出现纵向或横向裂缝。 (6)坝面未按设计设置排水沟,冲蚀严重,形成较多或较大的冲沟。 (7)坝端无截水沟,山坡雨水冲刷坝肩。 (8)堆积坝外坡未按设计覆土、植被。 (9)其他不影响尾矿库基本安全生产条件的非正常情况。 4. 正常库 尾矿库同时满足下列工况的为正常库: (1)尾矿库在设计洪水位时能同时满足设计规定的安全超高和最小干滩长度的要求。 (2)排洪系统各构筑物符合设计要求,工况正常。 (3)尾矿坝的轮廓尺寸符合设计要求,稳定安全系数满足设计要求。 (4)坝体渗流控制满足要求,运行工况正常

表1-12-1　坝坡抗滑稳定的最小安全系数

计算方法	运行条件	坝的级别			
		1	2	3	4、5
简化毕肖普法	正常运行	1.50	1.35	1.30	1.25
	洪水运行	1.30	1.25	1.20	1.15
	特殊运行	1.20	1.15	1.15	1.10
瑞典圆弧法	正常运行	1.30	1.25	1.20	1.15
	洪水运行	1.20	1.15	1.10	1.05
	特殊运行	1.10	1.05	1.05	1.05

考点3　应急与管理

项目	具体内容
应急准备	1. 认定紧急情况 (1)企业应根据危险源辨识和风险评价结果,并考虑法律法规与其他要求,以及以往事故、事件和紧急状况的经验,认定潜在的紧急情况。 (2)认定紧急情况时,应特别关注以下内容:

续表

项目	具体内容
应急准备	①自然灾害导致的溃坝事故,如洪水、泥石流、地震等。 ②周围环境导致的溃坝事故,如外来尾矿、废水,周围采矿作业,库内采、选尾矿等。 ③工艺和设施导致的溃坝事故,如水位超过警戒线,排洪设施损毁、排洪系统堵塞、坝体深层滑动等。 2. 应急准备管理 (1)企业应指定专人管理应急工作,并根据应急演练中的风险和企业内外部事故、事件的应急经验,及时完善应急准备工作。 (2)定期评审与企业应急有关的外部应急部门,如消防、医疗部门。 (3)企业应评审可能造成企业紧急情况的外部机构及其影响,如危险货物的供应商及其危险物品的类型、数量、位置的信息等
应急计划	企业应针对认定的紧急情况编制应急计划,并明确有关人员的职责及履职方法。 编制应急计划时应考虑以下内容
应急计划	(1)危险源辨识和风险评价结果。 (2)安全法律法规与其他要求。 (3)以往事故、事件和紧急状况的经验。 (4)企业现有的应急能力和应具备的应急能力。 (5)专业应急部门可以支援的应急能力。 (6)政府在应急管理中的作用等。 应急计划的内容应包括: (1)接警与通知。 (2)指挥与控制。 (3)警报与紧急公告。 (4)应急资源。 (5)通信。 (6)事态监测与评估。 (7)警戒与治安。 (8)人员疏散。 (9)医疗与卫生。 (10)应急人员安全。 (11)搜索与援救。 (12)泄漏物控制。 (13)现场恢复。 企业应定期评审并更新应急计划,确保有最新的版本

续表

项目	具体内容
应急响应	企业应根据事故或紧急情况确定启动应急计划,并按事先规定的响应级别实施应急响应。 企业应确保足够的应急能力支持
应急保障	企业应建立完善的应急组织机构,并规定职责及作用。设立应急控制指挥中心时,应确保其具备必需的能力。 企业应根据认定的紧急情况,建立应急响应队伍,包括: (1)医疗救护。 (2)搜索与救援。 (3)安全保卫。 (4)通信。 (5)抢修。 企业应根据认定的紧急情况配备必要装备,包括: (1)通信设备 (2)急救用品。 (3)紧急备用电源、设备及物资。 (4)摄影设备。 (5)应急人员的识别标识。 (6)急救防护用品。 企业应急装备的配置应考虑外部可以支援的应急能力。 企业应针对可能发生的紧急情况,识别外部应急资源。对于已识别的、可以利用的外部应急资源,应建立正式的相互支援协议
应急评审与改进	1. 应急评审 (1)企业应定期评审和更新应急计划,确保所需的应急能力。 (2)评审的依据包括: ①紧急情况响应和应急演练的结果。 ②外部应急经验。 ③设备、设施或流程的变化情况。 (3)修订后的应急计划应及时发放给有关人员,并对其提供必要的培训。 (4)基于安全考虑,应急计划应适度保密。 2. 培训、训练及演习 (1)企业应进行应急培训、训练和演习。 (2)培训和训练应针对应急队伍和全体员工进行。 (3)演习应根据认定的紧急情况,按计划进行。演习方式包括桌面演习、功能演习和全面演习

考点4　水位控制与防汛

项目	具体内容
水位控制	企业应制定尾矿库水位控制安全操作规程和安全管理制度。 尾矿库内水位的控制，应遵守下列规定： (1)按设计要求控制库内水位。 (2)在满足回水水质和水量要求前提下，尽量降低库内水位。 (3)当尾矿库实际情况与设计不符时，汛前应进行调洪演算。 (4)当回水与尾矿库安全对滩长和超高的要求有矛盾时，应优先保证尾矿库安全。 (5)水边线应与坝轴线基本保持平行。 排出库内蓄水或大幅度降低库内水位时，应注意控制流量，非紧急情况不宜骤降。 岩溶或裂隙发育地区的尾矿库，应控制库内水深，防止落水洞漏水事故

续表

项目	具体内容
防汛	(1)企业应制定尾矿库防汛措施和排洪设施安全管理制度。 (2)应确保尾矿库防洪能力满足相关的要求。 (3)汛期前应对排洪设施进行检查、维修和疏浚，确保排洪设施畅通。库内应设置清晰醒目的水位观测标尺，标明正常运行水位和警戒水位。 (4)采用子坝挡水，应经技术论证。 (5)洪水过后应对坝体和排洪构筑物进行检查与清理，发现问题及时修复，并采取措施降低库水位。 (6)尾矿库排水构筑物停用后，应严格按设计要求及时封堵，并确保施工质量。严禁在排水井井筒顶部封堵

第二节　尾矿库灾害分析

考点1　坝坡失稳

项目	具体内容
坝坡失稳	尾矿库的稳定性包括坝体的稳定性和天然边坡的稳定性。由于坝体和岩土体的物质组成不同，它们有着不同的结构，工程地质、水文地质及力学特性差异显著，使得力学性能很不相同，它们的变形机制和破坏模式的差别也十分显著。自然边坡的破坏方式可分为崩塌、滑坡和滑塌等几种类型，尾矿坝坝坡除会发生滑坡和滑塌破坏外，还可能发生塌陷、渗漏及管涌溃堤、渗流冲刷造成尾矿堆石坝破坏等事故

考点2　地震液化

项目	具体内容
地震液化	构成坝体的尾矿在地震作用下，动力抗剪强度完全丧失，变成黏滞液体，称为地震液化。地震液化会导致坝体失稳破坏，根据遭受地震破坏的尾矿坝情况分析，尾矿坝的破坏是尾矿的液化引起的，尾矿坝的破坏形式表现为流滑。影响砂土液化最主要的因素有：土颗粒粒径、砂土密度、上覆土层厚度、地震强度和持续时间、与震源之间的距离及地下水位等。砂土有效粒径愈小，不均匀系数愈小，透水性愈小，孔隙比愈大，受力体积愈大，受力愈猛，则砂土液化可能性愈大

考点3　渗透破坏

项目	具体内容
渗透破坏	尾矿坝的稳定问题不同于一般的边坡稳定问题，在渗流作用下的尾矿强度指标明显降低。随着堆积坝标高的增加以及库容的增加，坝体浸润线也抬高，且浸润范围增大，坝体的安全系数减小，溃坝的可能性增加

考点4　洪水漫顶

项目	具体内容
洪水漫顶	洪水漫过坝顶时，由水流产生的剪应力和对颗粒的拉拽力作用造成溃坝事故。洪水漫顶事故的原因包括：设计、施工的防洪标准、设施不符合现行尾矿设施设计施工规范，导致的洪水漫顶、溃坝事故；洪水超过尾矿库设计标准导致的漫顶、溃坝事故；对气候地质、地形等发生变化而引起的尾矿库最小安全超高和最小干滩长度等发生的不利变化，没有及时采取正确的应对方法所导致的事故；疏于日常管理，对库区、坝体、排洪设施等出现的事故隐患未能采取及时处理措施，导致的洪水漫顶、溃坝；缺乏抗洪准备和防汛应急措施，对洪水可能造成的破坏没有应急预案而造成的事故

考点5　尾矿库安全检查与检测

项目	具体内容
一般要求	(1)企业应制定尾矿库安全检查制度，确保所进行的安全检查覆盖所有作业场所、活动、设备、设施、人员和管理。 (2)企业应建立完善的安全检查信息收集、传递、处理和反馈渠道。 (3)企业应对所有执行安全检查人员进行培训，使其熟练掌握各类安全检查方法和技巧。 (4)企业应定期对安全检查的效果进行评审，并根据变化的情况，及时更新检查内容和方法。 (5)所有安全检查均应记录存档，并可获取。 (6)检查结果应作为安全考评的依据

续表

项目	具体内容
日常巡检和定期观测	企业应对尾矿库实施日常巡检和定期观测。 日常巡检和定期观测的内容应包括： (1)识别并纠正尾矿工不当的行为。 (2)输送、排放设备、设施的状况。 (3)尾矿坝有无不良的状况。 (4)坝体是否有沉降。 (5)排渗设施有无不良的状况 (6)浸润线的高低。 (7)排洪设施有无不良的状况。 (8)周围地质环境是否变化。 (9)周边是否有乱采滥挖现象。 (10)有无外来尾矿影响。 (11)有无放牧和开垦现象。 (12)纠正和预防行动的效力
尾矿库安全检查与检测	1. 防洪安全检查的内容 (1)检查尾矿库设计的防洪标准是否符合规定。 (2)测定尾矿库干滩长度、平均坡度和滩顶高程。 (3)检查尾矿库在最高洪水时坝的安全超高和最小干滩长度是否满足要求。 (4)检查排水井、排水斜槽、排水涵管、排水隧洞、溢洪道和截洪沟等排洪构筑物有无变形、位移、损毁、淤堵，排水能力是否满足要求。 (5)监测尾矿库水位。 2. 坝体安全的检查内容 (1)外坡坡比。 (2)纵、横向裂缝。 (3)滑坡。 (4)浸润线位置。 (5)排渗设施和渗漏状况。 (6)坝面保护设施。 (7)位移。 3. 库区安全检查的内容 (1)周边山体是滑坡、塌方、泥石流和溶洞。 (2)违章爆破、采石和建筑。 (3)违章进行尾矿回采、取水。 (4)外来尾矿、废石、废水和废弃物排入。 (5)放牧和开垦

续表

项目	具体内容
尾矿库安全检查与检测	尾矿库安全监测预警信息必须立即送达尾矿库企业生产安全管理部门。当尾矿库安全监测项目处于橙色预警时，必须进行隐患检查治理；当尾矿库安全监测项目处于红色预警时，必须采取应急抢险措施
纠正与预防措施	企业应制订纠正和预防措施实施的保障制度，确保对安全标准化系统中出现的问题及时采取相应的纠正和预防措施 保障制度应明确规定以下内容： (1)依据问题的严重程度，制定纠正和预防措施的实施计划。 (2)实施纠正和预防的责任部门和责任人。 (3)及时反馈纠正和预防的实施情况及其有效性，并与员工和相关管理层进行沟通。 (4)必要时需要对纠正和预防的实施情况及其有效性进行评审的责任部门或责任人。 (5)保存及管理纠正和预防措施实施记录的要求

第三节　尾矿库灾害防治措施

考点1　坝坡失稳防治措施

项目	具体内容
坝坡失稳防治措施	(1)选择坝址时，避开位于坝脚附近的渊潭或水塘。 (2)控制尾矿坝的堆积边坡不陡于设计边坡，保证坝体的抗滑系数。 (3)坝基承载力不够的，要进行坝基处理。 (4)浸润线过高时，要加强排渗，同时降低并控制库水位，建立健全尾矿坝的排水系统

考点2　地震液化防治措施

项目	具体内容
地震液化防治措施	震前应注意库区岸坡的稳定性防止滑坡破坏尾矿设施。尾矿坝50 m内若存在活动断层，尾矿坝的防震按照同等类别提高1°。 上游建有尾矿库、排土场或水库等工程设施的尾矿库，应了解上游所建工程的稳定情况，必要时应采取防范措施避免造成更大损失。震后应对尾矿库进行检查，对被破坏的设施及时修复

考点3　渗透破坏防治措施

项目	具体内容
渗透破坏防治措施	上游式尾矿堆积坝可采取下列措施控制渗流： (1)尾矿筑坝地基设置排渗褥垫、水平排渗管(沟)及排渗井等。 (2)尾矿堆积体内设置水平排渗管(沟)或垂直排渗井等 (3)与山坡接触的尾矿堆积坡脚处设置贴坡排渗或排渗管(沟)等;适当降低库内水位,增大沉积滩长。 (4)坝前均匀放矿。 当坝面或坝肩出现集中渗流、流土、管涌、大面积沼泽化、渗水量增大或渗水变浑等异常现象时,可采取下列措施处理: (1)在渗漏水部位铺设土工布或天然反滤料,其上再以堆石料压坡。 (2)增设排渗设施,降低浸润线。 (3)用防渗材料充填加固渗漏区,隔断渗流。 (4)设置反滤层,防治渗流破坏发生

考点4　洪水漫顶防治措施

项目	具体内容
洪水漫顶防治措施	尾矿库必须设置排洪设施,并满足防洪要求。尾矿库的排洪方式,应根据地形、地质条件、洪水量、调洪能力、回水方式、操作条件与使用年限等因素,经过技术比较确定。尾矿库宜采用排水井(斜槽)——排水管(隧洞)排洪系统。有条件时也可采用溢洪道或截洪沟等排洪设施

考点5　尾矿库作业现场安全管理

项目	具体内容
作业环境	(1)夜间工作时,所有作业点及危险点均应有足够的照明。 (2)库区内的所有电力线路,应按安全规程要求敷设整齐,无乱搭乱接现象。 (3)在库区内陡峭的山坡、坝体、深水区等危险地段,应设明显的警示标志
职业卫生	(1)企业应建立职业危害控制和健康监护管理制度。 (2)企业应识别可能存在的职业危害因素,并对其实施有效监测和控制。监测和控制结果应记录存档。 (3)企业应建立员工职业卫生监护档案并保密
劳动防护用品	(1)企业应通过作业场所的职业危害因素分析,进行劳动防护用品需求的评估。 (2)企业应建立劳动防护用品采购、发放、维护和使用管理制度

考点6 尾矿库变化管理

项目	具体内容
变化管理	(1)在实施变化前,应进行危险源辨识与风险评价。 (2)企业生产工艺变化前,应经评审与批准。 (3)企业应确保变化管理所需的制度和资源。 (4)变化的相关资料应完整移交

案例分析

(一)

2016年5月18日上午10点多,当班尾矿工发现正常生产运营的尾矿库中部距坝顶20 m处,约有3.2 m左右异常泛潮及部分渗漏,当即向矿尾矿部负责人张某汇报。张某一方面向分管领导汇报,另一方面按照常规采取抢救措施,安排人员堵塞尾矿库内回水管口,打开坝底回水管的直排口。公司领导接到报告后,下令全厂立即停产,并启动库内清水泵紧急排放库内清水。大约中午11点,渗漏处开始流泥沙。15点坝体流沙范围扩大,开始塌陷。到20日0点44分,共有近100万m^3尾沙泥浆溃泄而下,沿排洪沟、河道冲入附近一条河流下游,绵延10余km,致使尾矿库彻底损毁,选厂破碎车间彻底冲垮,办公楼、选矿车间全部被淹;运输队数十辆大型推土机、挖掘机、载重汽车被冲毁或冲走;沿途排洪渠、道路、场地等被淹没;铁矿变电站被冲毁;铁矿铁路专线桥墩冲坏;淹没了附近两个县沿河的农田、林地560余亩。

2016年5月18日15点30分,当地县政府接到事故报告后,政府及有关部门负责人迅速赶赴现场,成立了现场应急抢险指挥部,正式启动了应急救援预案,由于抢险组织得当,措施果断有力,本次尾矿库溃坝事故未造成人员伤亡,最大限度地降低了经济损失。

经过认真调查,事故调查组认定这是一起责任事故。

一、直接原因

由于回水塔堵塞不严,从回水塔漏出的尾矿将排水管堵塞,库内水位通过回水塔和排水管,从已经埋没的处于尾矿堆积坝外坡下的回水塔顶渗出,从而引起尾矿的流土破坏,造成尾矿坝坝坡局部滑坡。由于压力渗水不断,滑坡面积不断扩大,造成最终垮坝。

二、间接原因

1. 设计不规范

该矿业公司矿山设计研究所编制的《矿业有限公司选矿厂尾矿库初步设计》及施工图件存在缺陷,对本公司尾矿库建设和生产形成误导。

2. 自然因素影响

2月底至3月初,包括库区在内的当地地区连降两场大雪,库区周边积雪达0.5 m以上。雪后气温较高,冰雪融化速度快,融水沿尾矿库表面向深部渗透,尾矿库坝体的强度和稳定性降低。

3. 尾矿库现场安全管理不到位

该公司对尾矿库安全生产不重视，在建设运营、日常安全管理上存在问题。一是擅自和超能力排尾。企业长期以来没有按照设计要求和尾矿库实际的授尾能力，制订年度排尾计划，超能力随意排尾。在没有建设新尾矿库的情况下，便将新增选矿的尾矿排入旧尾矿库，超过了尾矿库的实际承载能力，使其长期处于超负荷运营状态；不能确保有效的干滩长度，浸润线长期过高，坝体长期处于不稳状态。二是企业长期没有聘用尾矿库安全技术管理的专业人才，不重视对员工的安全培训教育，对尾矿存在的重大隐患不能及时预测和发现。

问题：

请根据以上材料分析尾矿库的问题提出相应的灾害防治措施。

（二）

某日晚10时左右，某钻井队在天然气矿井施工起钻过程中，因违章作业，未按规定保证泥浆灌注量和循环时间，导致钻井溢流，发生井涌；录井员未能及时发现溢流等井涌征兆，井涌迅速转为井喷。钻井队队长迅速组织采取了一系列的紧急关井措施，但由于回压阀被违规卸掉，井喷无法控制。井场设备价值数千万元，钻井队队长未敢下令点火，旋即向有关上级公司报告井喷事故，但也没有请示点火。公司应急中心主任立即率队从A市出发前往事故现场。由于喷出的天然气中富含有毒气体硫化氢，井喷半小时后钻井队人员开始撤离，并派出2名员工通知井口附近村民紧急疏散，但大多数已经熟睡的村民并没有被他们的呼喊惊醒，该2名员工也不幸中毒身亡。井喷1小时20分钟左右，钻井队队长派人回井场关闭了柴油机、泥浆泵和发电机等，对井场实施警戒，并向A市政府部门报告事故情况，A市政府立即通报事故所在县政府。而此时离事故地点1 km远的当地镇政府却仍未接到钻井队的电话通报。次日11时左右，钻井队接到上级点火指示。而之前，公司应急中心主任在途中就有人向其建议点火，到达镇上后在知道已有人员中毒伤亡的情况下也都未能做出点火决定，也没有指派专人查看现场点火时机。直到12:30左右，钻井队某队员意外发现井口停喷，气体从放喷管线喷出，才开始组织点火准备。14时左右，派人核实后，于16时左右点火成功，险情得到初步控制。第三天上午10时，数百名公安干警、武警组成的几个搜救组进入了井场附近的村庄，展开全面搜救，发现大量死亡人员。

事后，新闻媒体进行了大量的走访报道。一农妇见到慰问领导就哭道：“我家的牛死了！”某村干部叹息道，要是村里有一个高音喇叭，也不至于死那么多人啊！还有些人就是不听劝，不肯离开，有的还回去锁门，拦也拦不住！一村民心有余悸地说，他家离井场也就50 m，自己是因为和钻井队以前的一个队长比较熟，曾在闲谈时无意中听说过那气有毒，才拼命跑了出来，否则后果不堪设想。当地某政府官员说，事故一个多小时后，当地政府即组织了数十人的先遣队，派出警车、救护车鸣警笛沿公路往返行驶，用扩音器呼叫周围山上居住的群众转移。但由于正值深夜，灾区交通通信不便，现场有毒气体浓度太高，虽经多种努力,仍难保证灾区群众全部得到转移。并坦言:别说老百姓,连我们也不知这竟是一个大毒气筒。

问题:

1. 结合本案例,如何建立高风险企业与当地政府的互动应急机制?

2. 该案例在应急决策和现场应急工作的连续性方面暴露出哪些问题?举例说明?

3. 请分析该事故造成人员重大伤亡的原因。

参考答案及解析

(一)

根据以上材料可以分析出来的问题:

(1)尾矿库先天性不足的问题比较严重。在选址、设计、施工建设等方面不科学、不规范、不严格。

(2)尾矿库从业人员的业务技能和安全素质差,对生产运营中存在的问题认识不清,对搞好安全生产管理没有行之有效的办法。

(3)企业在生产运行中不按设计和技术规范要求进行作业,事故隐患随处可见。如排洪设施不完善、排洪能力不足、浸润线过高、不均匀放矿、干滩长度短、堆积边坡过陡等。

相应的防治措施如下:

(1)全面开展尾矿库安全生产大检查,扎实做好隐患排查治理工作。

(2)强化尾矿库建设项目的安全监管,从源头上严把准入关,彻底清查不经有关部门批准或违反设计要求,擅自加高增容等尾矿库扩建工程,确保尾矿库建设项目的质量安全。

(3)加强安全培训和教育工作,提高从业人员的业务技术水平。

(4)矿山企业应制定事故应急救援预案,并进行演练。

(二)

1. 对于可能发生井喷的钻井工程,应该与当地政府建立互动应急机制,具体如下:

(1)平时应通报存在的危险危害因素。

(2)建立事故紧急通报渠道。

(3)进行安全教育、安全培训、应急演习等工作。

(4)设置紧急疏散的通信设备、防护用具。

2. 该案例在应急决策方面存在的问题是:

(1)钻井队队长未敢下令点火,也没有请示点火。

(2)公司应急中心主任在知道已有人员中毒伤亡的情况下未能做出点火决定。

该案例在现场应急工作的连续性方面暴露出的问题是:

(1)钻井队向A市政府部门报告事故情况,但未向当地镇政府通报情况。

(2)钻井队派出2名员工通知井口附近村民紧急疏散,该2名员工不幸中毒身亡,使通知中断。

3. 该事故造成人员重大伤亡的原因主要是:

(1)钻井队队长未及时下令(请示)点火。公司应急中心主任也未能做出点火决定。

(2)井喷1小时20分钟左右,钻井队才向A市政府部门报告事故情况,并且没有向当地镇政府通报事故情况,延误了群众的疏散时间。

(3)灾区通讯不便,现场毒气浓度太高,转移效率低。

(4)村民缺乏安全知识教育,对钻井队存在毒气泄漏情况不了解。

第十三章　矿山机械、电气等其他危害防治技术

知识框架

- 矿山机械、电气等其他危害防治技术
  - 矿山机械、电气等其他危害防治相关技术和标准
    - 露天部分电气安全相关技术和标准
    - 地下部分电气安全相关技术和标准
  - 矿山机械、电气等其他危害分析
    - 矿山机械危害分析
    - 高处坠落分析
    - 有毒有害气体危害分析
    - 电气伤害分析
    - 物体打击危害分析
    - 其他爆炸危害分析
  - 矿山机械等其他危害防治措施
    - 矿山机械危害防治措施
    - 露天部分电气安全防治措施
    - 地下部分电气安全防治措施
    - 高处坠落防治措施
    - 中毒和窒息防治措施
    - 物体打击防治措施
    - 其他爆炸的防治措施
    - 装运危害

考点精讲

第一节　矿山机械、电气等其他危害防治相关技术和标准

考点1　露天部分电气安全相关技术和标准

项目	具体内容
露天部分电气安全	供电系统： 主变电所设置应符合下列规定： (1)设置在爆破警戒线以外。 (2)距离准轨铁路不小于40 m。 (3)远离污秽及火灾、爆炸危险环境和噪声、震动环境。 (4)避开断层、滑坡、沉陷区等不良地质地带以及受雪崩影响地带。 (5)地面标高应高于当地最高洪水位0.5 m以上。 主变电所主变压器设置应遵守以下规定： (1)矿山一级负荷的两个电源均需经主变压器变压时，应采用2台变压器。 (2)主变压器为2台及以上时，若其中1台停止运行，其余变压器应至少保证一级负荷的供电。 采矿场和排土场的手持式电气设备的电压不大于220 V。 采矿场采用双回路供电时，每回路供电能力应均能供全负荷；采用三回路供电时，每个回路的供电能力不应小于全部负荷的50%。 供配电系统中性点接地应符合下列规定： (1)向露天采场、排土场供电的6 kV～35 kV系统，不得采用中性点直接接地方式。 (2)当6 kV～35 kV系统中性点采用不接地、经消弧线圈接地或高电阻接地时，单相接地故障点的电流不应大于10 A。 (3)当6 kV～35 kV系统中性点经低电阻接地时，单相接地故障点的电流不大于200 A。 (4)低压配电系统为IT系统时应装设绝缘监视装置。 露天采场、排土场的架空供电线路上设置开关设备时，应符合下列规定： (1)环形或半环形线路的出口和联络处设置分段开关。 (2)横跨线或纵架线与环形线、半环形线或其他地面固定干线连接处设置开关。 (3)高压电气设备或移动式变电站与横跨线或纵架线连接处设置开关。 (4)移动式高压电力设备的供电线路设置具有单相接地保护的开关设备。 露天矿户外安装的电气设备应采用户外型电气设备；室外配电装置的裸露导体应有安全防护，当电气设备外绝缘体最低部位距地小于2 500 mm时，应装设固定遮栏；高压设备周围应设置围栏；露天或半露天变电所的变压器四周应设高度不低于1.8 m的固定围栏或围墙

续表

项目	具体内容
露天部分电气安全	固定式高压架空电力线路不应架设在爆破作业区和未稳定的排土区内。 移动式电气设备应使用矿用橡套软电缆

考点2　地下部分电气安全相关技术和标准

项目	具体内容
地下部分电气安全	井下采用的电压应符合下列规定： (1)高压，不超过35 kV。 (2)低压，不超过1 140 V。 (3)运输巷道、井底车场照明，不超过220 V；采掘工作面、出矿巷道、天井和天井至回采工作面之间照明，不超过36 V；行灯电压不超过36 V。 (4)手持式电气设备电压不超过127 V。 (5)电机车牵引网络电压：交流不超过380 V；直流不超过750 V。 井下变、配电所的电源及供电回路设置应符合下列规定： (1)由地面引至井下各个变、配电所的电力电缆总回路数不少于两回路；当任一回路停止供电时，其余回路应能承担该变电所的全部负荷。 (2)有一级负荷的井下变、配电所，主排水泵房变、配电所，在有爆炸危险或对人体健康有严重损害危险环境中工作的主通风机和升降人员的竖井提升机，应由双重电源供电。 (3)井下主变、配电所和具有低压一级负荷的变、配电所的配电变压器不得少于2台；1台停止运行时，其余变压器应能承担全部负荷。 (4)上述设备的控制回路和辅助设备，应有与主设备同等可靠的电源。 (5)为井下一级负荷供电的35 kV及以下除采用钢制杆塔外的地面架空线路不得共杆架设。 (6)经由地面架空线路引入井下变、配电所的供电电缆，应在架空线与电缆连接处装设避雷装置。 (7)引至采掘工作面的电源线，应装设具有明显断开点的隔离电器。从采掘工作面的人工工作点至装设隔离电器处，同一水平上的距离不宜大于50 m。 (8)矿山企业应备有地面、井下供(配)电系统图，井下变电所、电气设备布置图，电力、电话、信号、电机车等线路平面图。 有关供(配)电系统、电气设备的变动，应由矿山企业电气工程技术人员在图中做出相应的改变

第二节　矿山机械、电气等其他危害分析

考点1　矿山机械危害分析

项目	具体内容
矿山机械灾害	1. 矿山机械伤害事故的形式 由机械设备产生的危害可以对相关作业人员产生严重的伤害。矿山机械灾害事故的主要形式有：咬入、压伤、挤伤、碾伤、碰撞或撞击、夹断、剪切、割伤或擦伤、卡住或缠住、被弹出物体打伤、磨伤等。当发现有人被机械伤害的情况时，虽已及时紧急停车，但因设备的惯性作用，机械仍然可以对人员造成伤害，严重的情况可能会危及生命安全。 2. 矿山机械灾害产生的主要原因 产生矿山机械灾害的主要原因有：指挥人员违章指挥，操作人员违章操作；机械设备安全防护装置缺乏或防护装置失效等；安全管理上存在不足；场地及运输道路缺陷；意外因素影响，如在检修和正常工作时，机械突然被别人随意启动；在不安全的机械上停留、休息，导致事故发生等

考点2　高处坠落分析

项目	具体内容
高处坠落	矿山引发高处坠落伤害的主要因素：高处作业人员不系安全带；高处作业人员移动设备和搬运材料失足；维修传送设备不系安全带；危险位置不设防护栏杆；不遵守劳动纪律，酒后上岗等

考点3　有毒有害气体危害分析

项目	具体内容
有毒有害气体	金属非金属矿井有毒气体主要有：一氧化碳，氮氧化物、硫化氢、二氧化硫等
中毒和窒息	发生中毒窒息事故的主要原因是井下密闭空间里积累大量有毒有害气体，由于通风不足，有毒有害气体不能够有效稀释和排除，矿工缺乏安全常识盲目进入，或者不能及早认识到中毒窒息预兆，造成中毒和窒息事故。同时，由于认识不足，事故发生后盲目抢救，造成事故危害进一步扩大。 当井下发生或发现中毒窒息事故时，一定要冷静沉着应对，及时分析事故原因和应对措施，不可盲目逃生或抢救，必须立即采取各项急救措施，使用通风设施、防毒面具、绳索、梯子，开展自救和互救；发生着火时，不能用二氧化碳、四氯化碳等窒息性灭火器扑救；在无法保证安全施救情况下及时向上级汇报，请求专业救护机构施救

考点 4　电气伤害分析

项目	具体内容
电气伤害	电气危害的主要表现形式是电气火灾伤害和触电伤害。造成电气伤害主要有以下几种情况： (1)作业人员缺乏安全用电知识,违反电气安全操作规程。 (2)电源电压、电气设备等方面的选用与所处的环境条件不相符。 (3)使用安全性能不合格的设备、器具,缺乏必要的安全保护装置。 (4)设备使用不当,超载运行。 (5)设备和线路的安装不合格,检查、维修不善,带病运行等

考点 5　物体打击危害分析

项目	具体内容
物体打击	物体打击是指失控的物体在惯性力或重力等其他外力的作用下产生运动,打击人体而造成人身伤亡事故。物体打击会对建设施工人员的人身安全造成威胁、伤害,甚至死亡。特别是在施工周期短,人员密集、施工机具多、物料投入较多,交叉作业多时,易发生对人身的物体打击伤害

考点 6　其他爆炸危害分析

项目	具体内容
其他爆炸	矿山机械在运行过程中,因为不规范地运用的压力器皿及管道引动,引起物理性的爆炸。例如:空压机贮气罐、锅炉等存在物理爆炸危险;若出产中操作差错,设施安全附件失去效力,设施运用、管理不合适都可能导发爆炸意外

第三节　矿山机械等其他危害防治措施

考点 1　矿山机械危害防治措施

项目	具体内容
矿山机械危害防治措施	1. 铲装作业 铲装工作开始前应确认作业环境安全。 铲装设备工作前应发出警告信号,无关人员应远离设备。 铲装设备工作时其平衡装置与台阶坡底的水平距离不小于 1 m

续表

项目	具体内容
矿山机械危害防治措施	铲装设备工作应遵守下列规定： (1)悬臂和铲斗及工作面附近不应有人员停留。 (2)铲斗不应从车辆驾驶室上方通过。 (3)人员不应在司机室踏板上或有落石危险的地方停留。 (4)不应调整电铲起重臂。 多台铲装设备在同一平台上作业时，铲装设备间距应符合下列规定： (1)汽车运输：不小于设备最大工作半径的3倍，且不小于50 m。 (2)铁路运输：不小于2列车的长度。 上、下台阶同时作业时，上部台阶的铲装设备应超前下部台阶铲装设备；超前距离不小于铲装设备最大工作半径的3倍，且不小于50 m。 铲装时铲斗不应压、碰运输设备；铲斗卸载时，铲斗下沿与运输设备上沿高差不大于0.5 m；不应用铲斗处理车箱粘结物。 发现悬浮岩块或崩塌征兆时，应立即停止铲装作业，并将设备转移至安全地带。 铲装设备穿过铁路、电缆线路或者风水管路时，应采取安全防护措施保护电缆、风水管和铁路设施。 铲装设备行走应遵守下列规定： (1)应在作业平台的稳定范围内行走。 (2)上、下坡时铲斗应下放并与地面保持适当距离。 2. 推土机作业 排土机排土应遵守下列规定： (1)排土机在稳定的平盘上作业。 (2)排土机移设时，受料臂、排料臂升起并固定，且与行走方向成一直线，上坡时不转弯。 (3)排土机与排土场坡顶线的距离符合设备安全要求。 推土机作业应遵守下列规定： (1)推土机作业的工作面坡度符合设备要求。 (2)刮板不超出平台边缘。 (3)距离平台边缘小于5 m时，推土机低速运行。 (4)推土机不后退开向平台边缘。 (5)不在排土平台边缘沿平行坡顶线方向推土。 (6)人员不站在推土机上。 (7)司机不离开驾驶室。 推土机牵引其他设备时应遵守下列规定： (1)被牵引设备带有制动系统，并有人操纵。 (2)下坡时不用绳索牵引。 (3)行走速度不大于5 km/h。 (4)有专人指挥

续表

项目	具体内容
矿山机械危害防治措施	应在平整的地面上维修推土机。维修刮板时,应将其放稳在垫板上,并关闭发动机。 3. 采矿机械 采用电耙绞车出矿应遵守下列规定: (1)应有良好照明。 (2)绞车前部应设防断绳回甩的防护设施。 (3)绞车开动前司机应发出信号。 (4)电耙运行时人员不应跨越钢丝绳,耙道内及尾部不应有人。 (5)电耙停止运行时应将钢丝绳放松。 采用无轨设备运输应遵守下列规定: (1)应采用地下矿山专用无轨设备。 (2)行驶速度不超过 25 km/h。 (3)通过斜坡道运输人员时,应采用井下专用运人车,每辆车乘员数量不超过 25 人。 (4)油料运输车辆在井下的行驶速度不超过 15 km/h,与其他同向运行车辆距离不小于 100 m。 (5)自动化作业采区应设置门禁系统。 (6)按照设备要求定期进行检查和维护保养。 无轨运输系统应符合下列要求: (1)设备顶部至巷道顶板的距离不小于 0.6 m。 (2)斜坡道每 400 m 应设置一段坡度不大于 3%、长度不小于 20 m 的缓坡段。 (3)错车道应设置在缓坡段。 (4)斜坡道坡度:承载 5 人以上的运人车辆通行的,不大于 16%。承载 5 人以下的运人车辆通行的,不大于 20%。 (5)斜坡道路面应平整;主要斜坡道应有良好的混凝土、沥青或级配均匀的碎石路面。 (6)溜井卸矿口应设置格筛、防坠梁、车挡等防坠设施。车挡的高度不小于运输设备车轮轮胎直径的 1/3。 无轨设备运行应遵守下列规定: (1)不超载。 (2)不熄火下滑。 (3)避让行人。 (4)不站在铲斗内作业。 (5)不在设备的工作臂、升举的铲斗下方停留。 (6)不从设备的工作臂、升举的铲斗下方通过。 (7)车辆间距不小于 50 m。 (8)在斜坡道上停车时采取可靠的挡车措施。 (9)司机离开前停车制动并熄灭柴油发动机、切断电动设备电源。 (10)维修前柴油设备熄火,切断电动设备电源

考点2　露天部分电气安全防治措施

项目	具体内容
露天部分电气安全防治措施	1. 牵引网络 移动式直流牵引网的接触线应采用铜电车线。 接触网应装设分区绝缘器或锚段关节，并应用分区开关联络。 接触网应在下列区域单独分段： (1)装卸作业线路。 (2)检查机车线路。 (3)机车库内线路。 (4)专用线路。 (5)移动式线路。 (6)运送人员的站台线路。 (7)区间与站场之间的线路。 (8)平硐口内、外的线路。 (9)其他需要分段的线路。 装卸作业线路、检查机车的线路以及其他需要安全作业的线路，接触网的分段应采用带接地刀闸的分区开关。 窄轨铁路接触网电杆外缘与机车及车辆边缘的净距不应小于0.7 m。准轨铁路接触网电杆外缘与铁路中心线的距离不应小于表1-13-1规定的数值。 软横跨时电杆外缘与铁路中心线的距离，不小于1-13-1中规定的数值。 牵引网及受电弓带电部分与桥梁、平硐、巷道、管道等接地部分的安全净距不小于0.2 m。 有爆炸危险场所的轨道不应作回流导体。不准许用于回流的钢轨应装设两处可靠的轨道绝缘：第一绝缘点应设在分界处；第二绝缘点应设在爆炸危险场所以外；两个绝缘点的距离应大于一列车的长度。 采用电引爆爆破时不得将通向爆破区的轨道作为回流导体，并应采取在爆破期间内能断开轨道电流的安全措施。 牵引变电所直流750 V及以上的出线开关，应采用直流快速开关。 牵引变电所直流快速开关和空气断路器脱扣器的瞬时动作电流整定值应符合下列规定： (1)当采用直流快速开关时，瞬时动作电流整定值不应小于线路上经常出现的短时最大负荷电流的1.3倍，不应大于线路上最小短路电流的0.77倍。 (2)当采用空气断路器时，瞬时动作电流整定值不应小于线路上经常出现的短时最大负荷电流的1.25倍，不应大于线路上最小短路电流的0.8倍。 标准轨距铁路牵引变电所每段母线上的整流装置和直流配电装置，应设置直流接地速断保护；发生接地故障时，保护装置应立即断开该段母线上所有整流设备的电源。 2. 照明 夜间工作时，下列地点应设照明装置： (1)空气压缩机和水泵的工作地点

续表

项目	具体内容
露天部分电气安全防治措施	(2)带式输送机、斜坡提升线路以及相应的人行梯或人行道。 (3)汽车装载处、排土场、卸车线。 (4)调车站、会让站。 照明电压应符合下列规定： (1)固定式照明灯具：不高于 220 V。 (2)行灯或移动式灯具：不高于 36 V，并经安全隔离变压器供电。 (3)在金属容器内或者潮湿地点作业时，不高于 12 V。 下列场所应设置应急照明： (1)变配电所。 (2)监控室、生产调度室、通信站和网络中心。 (3)矿山救护值班室。 移动式非架空照明线路应采用橡套软电缆。 3. 防雷及接地保护 采场架空线路的下列位置应装设避雷装置： (1)采场供电线路与横跨线或纵架线的连接处。 (2)多雷地区的高压设备进线电缆与横跨线或纵架线的连接处。 (3)排土场高压设备进线电缆与架空线的连接处。 地面牵引网的下列位置应装设避雷装置： (1)馈电线与接触线连接处。 (2)机车库进口处。 (3)运输平硐硐口。 (4)线路上每个独立区段内。 地面直流牵引变电所母线上应装设直流避雷装置。750 V 及以上或多雷地区的地面牵引变电所，应在每回出线装设直流避雷装置。 电气设备接地应符合下列规定： (1)高、低压电气设备，应设保护接地。 (2)各接地线应并联。 (3)架空线路无分支的部分，应每 1 km ~ 2 km 接地 1 次。 (4)架空接地线截面积不小于 35 mm^2。接地线设在配电线路最下层导线的下方，与导线任一点的距离应不小于 0.5 m。 (5)移动式电气设备应采用矿用橡套软电缆的专用接地芯线接地。 (6)应对拖曳电缆的接地保护芯线进行电气连续性监测。 (7)牵引变电所整流装置、直流配电装置的金属外壳均应接地。在接地电流流经直流接地继电器前的全部直流接地母线、支线应与地绝缘，且不应与交流设备的接地母线、建筑物的钢筋、金属构件等有金属连接

续表

项目	具体内容
露天部分电气安全防治措施	主接地极应符合下列规定： (1)采场的主接地极不少于2组。 (2)任一组主接地极断开后，在架空接地线上任一点测得的对地电阻不大于4 Ω。 (3)移动设备与架空接地线之间的接地电阻不大于1 Ω。 (4)牵引变电所接地装置的接地电阻：直流电压1 kV及以上的不大于0.5 Ω。 (5)直流电压1 kV以下的地面牵引变电所，不大于4 Ω。 4. 运行、检查和维修 矿山应建立电气作业安全制度，规定工作票、工作许可、监护、间断、转移和终结等工作程序。 电气作业应遵守下列规定： (1)电气设备和线路的操作维修应由专职电气工作人员进行，严禁非电气专业人员从事电气作业。 (2)不应单人作业。 (3)未经许可不得操作、移动和恢复电气设备。 (4)紧急情况下可以为切断电源而操作电气设备。 (5)停电检修时，所有已切断的电源的开关把手均应加锁，并验电、放电、将线路接地，悬挂"有人作业，禁止送电"的警示牌。只有执行这项工作的人员才有权取下警示牌并送电。 (6)不应带电检修或搬动任何带电设备和电缆、电线。检修或搬动时，应先切断电源，并将导体完全放电和接地。 (7)移动设备司机离开时应切断设备电源。 (8)接地电阻应每年测定1次，测定工作应在该地区最干燥、地下水位最低的季节进行。 主变电所应符合下列规定： (1)有防雷、防火、防潮措施。 (2)有防止小动物窜入的措施。 (3)有防止电缆燃烧的措施。 (4)所有电气设备正常不带电的金属外壳应有保护接地。 (5)带电的导线、设备、变压器、油开关附近不应有易燃易爆物品。 (6)电气设备周围应有保护措施并设置警示标志。
	电气室内的各种电气设备控制装置上应注明编号和用途，并有停送电标志；电气室入口应悬挂"非工作人员禁止入内"的标志牌，高压电气设备应悬挂"高压危险"的标志牌，并应有照明。 操作电气设备应遵守下列规定： (1)非值班人员不应操作电气设备。 (2)手持式电气设备应有可靠的绝缘

续表

项目	具体内容
露天部分电气安全防治措施	(3)操作高压电气设备回路的工作人员应佩戴绝缘手套、穿电工绝缘靴或站在绝缘台、绝缘垫上。 (4)装卸高压熔断器应佩戴护目眼镜。 (5)雨天操作户外高压设备应使用带防雨罩的绝缘棒。 (6)不应使用金属梯子。 电气保护装置检验应遵守下列规定: (1)使用前应进行检验。 (2)在用设备每年至少检验1次。 (3)漏电保护装置每半年至少检验1次。 (4)线路变动、负荷调整时应进行检验。 (5)应做好检验记录并存档。 雷雨天气巡视室外高压设备应穿绝缘靴,不应使用伞具,不应靠近避雷装置。 高压变配电设备和线路的停送电作业及检修应遵守下列规定: (1)应指定专人负责停、送电作业,作业时应有专人监护。 (2)申请停、送电时,应执行工作票制度。 (3)断电作业时,应进行验电、放电,并设置三相短路接地线。供电线路的电源开关应加锁或设专人看护,并悬挂"有人作业,不准送电"的警示牌。 (4)确认所有作业完毕后再摘除接地线和警示牌。 (5)由负责人检查无误后再通知调度恢复送电。 (6)值班人员应做好停送电记录。 架空绝缘导线维护作业应遵守下列规定: (1)不应直接接触或接近架空绝缘导线。 (2)应在架空绝缘导线的分段或联络开关两侧、分支杆受电侧、电缆引下杆受电侧的适当位置设立验电接地环或其他验电接地装置。 (3)不应穿越未停电接地的绝缘导线。 (4)断开或接入绝缘导线前应采取防感应电的措施。 在供电线路上带电作业应采取可靠的安全措施,并经矿山企业主要负责人批准。 架空线下不应停放设备,不应堆置物料。 敷设橡套电缆应遵守下列规定: (1)电缆线路应避开水仓和可能出现滑坡的地段。 (2)跨台阶敷设电缆应避开有浮石、裂缝等的地段。 (3)电缆穿越铁路、公路时,应采取保护措施。 (4)高压电缆使用前应进行绝缘试验。 橡套电缆的接头应采用焊接或熔焊芯线连接,或采用矿山专用插接件连接。接头的外层采用硫化热补法、冷补胶法或者绝缘胶带等补接

续表

项目	具体内容
露天部分电气安全防治措施	移动带电电缆前,应检查、确认电缆无破损,并佩戴好绝缘防护用品。绝缘损坏的橡套电缆,经修理、试验合格后方准使用。 使用电缆应遵守下列规定: (1)高压电缆修复后,应进行绝缘试验再使用。 (2)运行的高压电缆每年雷雨季节前应进行预防性试验。 (3)电缆接头的强度、导电性能和绝缘性能应满足要求。 (4)不应带电插拔移动式高压软电缆连接器。 (5)沿地面敷设的、向移动设备供电的橡套电缆中间不应有接头;应采取措施避免电缆被移动设备损坏

表 1－13－1　准轨铁路接触网电杆外缘与铁路中心线的距离　单位:m

电杆位置	曲线半径							
	200	300	400	500	600	1 000	1 500	＞1 500
曲线外侧	2.80	2.70	2.60	2.50	2.50	2.50	2.44	2.44
曲线内侧	3.10	3.00	2.80	2.60	2.60	2.60	2.50	2.44
软横跨时	3.10	3.00						

考点 3　地下部分电气安全防治措施

项目	具体内容
地下部分电气安全防治措施	1. 电缆 井下应采用低烟、低卤或无卤的阻燃电缆。 井下电缆应符合下列要求: (1)在竖井井筒或倾角45°及以上的井巷内,固定敷设的电缆应采用交联聚乙烯绝缘粗钢丝铠装聚氯乙烯护套电力电缆或聚氯乙烯绝缘粗钢丝铠装聚氯乙烯护套电力电缆。 (2)在水平巷道或倾角小于45°的井巷内,固定敷设的高压电缆应采用交联聚乙烯绝缘钢带或细钢丝铠装聚氯乙烯护套电力电缆、聚氯乙烯绝缘钢带或细钢丝铠装聚氯乙烯护套电力电缆。 (3)移动式变电站的电源电缆应采用井下矿用监视型屏蔽橡套电缆。 (4)非固定敷设的高低压电缆、移动式和手持式电气设备应采用矿用橡套软电缆。 (5)移动式照明线路应采用橡套电缆。有可能受机械损伤的固定敷设照明电缆应采用钢带铠装电缆。 (6)硐室内应采用塑料护套钢带(或钢丝)铠装电缆。 (7)井下信号和控制用线路应采用铠装电缆

续表

项目	具体内容
	(8)矿用橡套电缆的接地芯线不应兼作其他用途。 (9)重要电源电缆、移动式电气设备的电缆及井下有爆炸危险环境的低压电缆应采用铜芯电缆。 敷设在竖井井筒内的电缆不应有接头。电缆接头应设置在中段水平巷道内。 敷设在钻孔中的电缆应紧固在钢丝绳上。钻孔应加装金属保护套管。 在水平巷道的个别地段沿底板敷设电缆时应用钢质或不燃性材料覆盖；电缆不应敷设在排水沟中。 井下电缆敷设应符合下列规定： (1)水平或倾斜巷道内悬挂的电缆，在矿车、机车掉道时或其他运输车辆运行时不应受到撞击。电缆坠落时不会落在带式输送机上或车辆正常运行的通道上。 (2)水平或倾斜巷道内的电缆悬挂点的间距不大于 3 m；竖井电缆悬挂点的间距不大于 6 m。 (3)电缆固定装置应能承受电缆重量，且不应损坏电缆的外皮；电缆上不应悬挂任何物体。 (4)不应将电缆悬挂在风、水管路上；电缆与风、水管路平行敷设时，应敷设在管路上方 300 mm 以上。
地下部分电气安全防治措施	(5)高、低压电力电缆敷设在巷道同一侧时，高压电缆应敷设在上方。 (6)高、低压电力电缆之间的净距应不小于 100 mm。高压电缆之间、低压电缆之间的净距应不小于 50 mm，并应不小于电缆外径。 (7)电力电缆与通信电缆或光缆敷设在巷道同一侧时，电力电缆应在通信电缆下方，且净距不小于 100 mm。电力电缆与通信电缆或光缆在井筒内敷设时，净距不小于 300 mm。 (8)裸露的电缆的铠装或金属外皮应作防腐蚀处理。 (9)供给一级负荷用电的两回电源线路应配置在不同层支架或不同侧的支架上，并应实行防火分隔。 2. 电气设备及保护 井下不应采用油浸式电气设备。 向井下供电的线路不得装设自动重合闸装置。 从井下变配电所引出的低压馈出线应装设带有过电流保护的断路器，且被保护线路末端的最小短路电流不应低于断路器瞬时或短延时脱扣器整定电流的 1.5 倍。 井下 3 kV ~ 35 kV 配电系统单相接地保护应符合下列规定： (1)中性点不接地、高电阻接地或消弧线圈接地时，变、配电所的高压馈出线上应装有选择性的单相接地保护；接地保护应动作于跳闸或信号。向移动变电站供电的高压馈出线，应装设有选择性的单相接地保护，保护应无时限地动作于跳闸。 (2)中性点低电阻接地时，井下各级变、配电所高压馈线均应装设二段零序电流保护；其第一段应采用动作时限不长于 0.3 s 的零序电流速断，直接向电动机、变压器和移动

续表

项目	具体内容
地下部分电气安全防治措施	变电站供电的高压馈线应采用无时限的零序电流速断;第二段应采用零序过电流保护,时限应与相间过电流保护相同。 井下低压配电IT系统应有自动切断电源的故障防护措施,并应符合下列规定: (1)当绝缘下降至整定值时,应由监测设备发出可听和(或)可见信号。 (2)有爆炸危险环境发生对外露导电部分或对地的单一接地故障时,防护装置应立即切断故障线路。 (3)无爆炸危险环境发生对外露导电部分或对地的单一接地故障时:若预期接触电压不超过36 V,可短时继续运行,并由绝缘监视装置发出可听和(或)可见的报警信号。若预期接触电压超过36 V,防护装置应立即切断故障线路;当发生第二次异相接地故障时,应由过电流保护器或剩余电流保护器切断故障回路。 3. 电气硐室 电气硐室应符合下列要求: (1)不应采用可燃性材料支护。 (2)硐室的顶板和墙壁应无渗水。 (3)中央变电所的地面应比其入口处巷道底板高出0.5 m以上。与水泵房毗邻时,应高于水泵房地面0.3 m。 (4)采区变电所及其他电气硐室的地面应比其入口处的巷道底板高出0.2 m。 (5)硐室地面应以2‰~5‰的坡度向巷道等标高较低的方向倾斜。 (6)电缆沟应无积水。 电气设备硐室应符合下列规定: (1)长度超过9 m的硐室,应在硐室的两端各设一个出口。 (2)出口应设防火门和向外开的铁栅栏门;有淹没危险时,应设防水门。 硐室内应配备消防器材。 硐室内各种电气设备的控制装置,应注明编号和用途,并有停送电标志。硐室入口应悬挂“非工作人员禁止入内”的标志牌,高压电气设备应悬挂“高压危险”的标志牌,并应有照明。无人值守的硐室应关门加锁。 4. 照明 井下所有作业地点、安全通道和通往作业地点的通道均应设照明。 下列场所应设置应急照明: (1)井下变电所。 (2)主要排水泵房。 (3)监控室、生产调度室、通信站和网络中心。 (4)提升机房。 (5)通风机房。 (6)副井井口房

续表

项目	具体内容
地下部分电气安全防治措施	(7)矿山救护值班室。 非消防工作区域继续工作应急照明连续供电时间不应少于2 h。消防应急照明和灯光疏散指示标志的备用电源的连续供电时间不应少于0.5 h。 采、掘工作面应采用移动式电气照明,移动式照明灯具应具有良好的透光和耐震性能,坚固耐用,并有金属保护网等安全措施。 照明变压器应采用专用线路供电。照明电源应从其供电变压器低压出线侧的断路器之前引出。 井下照明灯具应防水、防潮、防尘。井下爆破器材库照明应采取防爆措施。 5.保护接地 井下电气装置、设备的外露可导电部分和构架及电缆的配件、接线盒、金属外皮等应接地。 直接从地面供电的井下变、配电所的接地母线应与其附近的下列可导电部分作总等电位联结: (1)供水、排水、排泥、压缩空气、充填管路等金属物。 (2)沿井巷装设的金属结构。 下列地点应设局部接地装置: (1)采区变电所和工作面配电点。 (2)电气设备硐室。 (3)单独的高压配电装置。 (4)连接高压电力电缆的接线盒金属外壳。 井下电气设备保护接地系统应符合下列规定: (1)井下各开采水平的主接地装置和所有局部接地装置应通过接地干线相互连接,构成井下总接地网。 (2)需要接地的设备和局部接地极均应与接地干线连接。 (3)不应将两组主接地极置于同一个水仓或集水井内。 (4)移动式电气设备应采用矿用橡套电缆的接地芯线接地。 主接地极应设在井下水仓或集水井中,且应不少于两组,应采用面积不小于0.75 m^2、厚度不小于5 mm的钢板作为主接地极。 接地干线应采用截面积不小于100 mm^2、厚度不小于4 mm的扁钢,或直径不小于12 mm的圆钢。电气设备外壳与接地干线的连接线(采用电缆芯线接地的除外)、电缆接线盒两头的电缆金属连接线,应采用截面积不小于48 mm^2、厚度不小于4 mm的扁钢或直径不小于8 mm的圆钢。 局部接地极应符合下列要求: (1)局部接地极设置在排水沟或积水坑中时,应采用面积不小于0.6 m^2、厚度不小于3.5 mm的钢板,或具有同样表面积、厚度不小于3.5 mm的钢管,并应平放于水沟深处

续表

项目	具体内容
地下部分电气安全防治措施	(2)局部接地极设置在其他地点时，应采用直径不小于35 mm、长度不小于1.5 m、壁厚不小于3.5 mm的钢管，钢管上至少应有20个直径不小于5 mm的孔，并竖直埋入地下。 接地装置所用的钢材应镀锌。 当任一主接地极断开时，在其余主接地极连成的接地网上任一点测得的总接地电阻不应大于2 Ω。接地线及其连接部位应设在便于检查和试验的地方。 移动式电气设备与接地网之间的保护接地线电阻应不大于1 Ω。 6. 通信与监测监控 地下矿山应建立人员下井登记检查制度和相应的管理制度。 地下矿山应建立有线调度通信系统。 大中型地下矿山应建立监测监控系统，监控网络应当通过网络安全设备与其他网络互通互联；最大班下井人数超过30人的应设人员定位系统，下井人员应随身携带标识卡。 以下地点应设直通矿调度室的有线调度电话： (1)地面变电所、通风机房、提升机房、空压机房、充填制备站等。 (2)马头门、中段车场、井底车场、装矿点、卸矿点、转载点、粉矿回收水平等。 (3)采矿作业中段或分段的适当位置，掘进工程的适当位置。 (4)井下主要水泵房、中央变电所、采区变电所、调度硐室、破碎站、通风机控制硐室、带式输送机控制硐室、设备维修硐室等主要机电设备硐室。 (5)爆破时撤离人员集中地点、避灾硐室、油库、加油站、爆破器材库等重要位置。 有线调度通信系统应采用专用通信电缆；调度电话至调度交换机和安全栅应采用矿用通信电缆直接连接，不得利用大地作回路。井下调度电话不应由井下就地供电，或者经有源中继器接调度交换机。 井下通信系统应满足下列要求： (1)井下有线通信系统应设两路通信电缆，分别从不同的井筒进入井下。其中任何一路通信电缆都应能满足井下与地表通信需要。 (2)井下通信设备应满足电磁兼容要求，在巷道内安装时应满足防水、防腐、防尘要求，防护等级应不低于IP54。 (3)通信系统应有防雷电保护措施。 (4)通信系统应连续运行，电网停电后，备用电源应能保证系统连续工作2 h以上。 人员定位系统应符合下列要求： (1)有人员出入的井口、重点区域出入口、限制区域等应当设置读卡分站。 (2)人员定位系统应具备检测标识卡是否正常、是否唯一的功能。 监测监控系统和人员定位系统主机及联网主机应当双机热备份，连续运行。电网停电后，备用电源应能支持系统连续工作2 h以上。 监测监控系统应符合下列要求：

续表

项目	具体内容
地下部分电气安全防治措施	(1)监测监控设备的电源应取自被控开关的电源侧或者专用电源，严禁接在被控开关的负荷侧。 (2)检修与监测监控设备关联的电气设备，需要监控设备停止运行时，应制定安全措施，并报矿山企业主要负责人审批。 (3)监测监控设备发生故障应及时处理，在故障处理期间应采取人工监测等安全措施，并填写故障记录。 (4)监测监控系统应能实时上传和保存监控数据。数据保存时间不少于1个月，并可随时调用。 (5)矿调度室值班人员应当监视监控信息、填写运行日志。系统发出报警、断电、馈电异常等信息时，值班人员应采取措施及时处理；处理过程和结果应当记录备案。 矿山应绘制、及时更新和保存井下通信系统图、人员定位系统图、监测监控系统图；图纸应标明有线调度通信系统、人员定位系统、监测监控系统的设备种类、数量和位置，通信电缆、电源电缆的敷设线路。 7. 检查、维修和操作 矿山应建立电气作业安全制度，规定工作票、工作许可、监护、间断、转移和终结等工作程序。严禁非电专业人员从事电气作业。 井下电气设备应按表1-13-2规定由电气维修工进行检测，及时处理检测中发现的问题，并将检测和处理结果记录存档。 井下电气工作人员应遵守下列规定： (1)重要线路和重要工作场所的停、送电，以及1 000 V(1 140 V)以上的电气设备检修，应持有主管电气工程师签发的工作票，方准进行作业。 (2)不应带电检修或搬动任何带电设备、电缆和电线；检修或搬动时，应先切断电源，并将导体完全放电和接地。 (3)停电检修时，所有已切断电源的开关把手均应加锁；对该回路验电、放电，将线路接地，并且悬挂“有人作业，禁止送电”的警示牌；只有执行这项工作的人员，才有权取下警示牌并送电。 (4)不应单人作业。 (5)未经许可不得操作、移动和恢复电气设备。 (6)紧急情况下可以为切断电源而操作电气设备。 手持式电气设备的操作手柄和工作中必须接触的部分应有良好绝缘。 沿地面敷设的、向移动设备供电的橡套电缆中间不应有接头；应采取措施避免电缆被移动设备损坏。 移动设备司机离开时应切断电源

表 1－13－2 电气设备主要检查制度

检查项目	检查时间
井下自动保护装置检查	每季 1 次(负荷变化时应及时整定)
主要电气设备绝缘电阻测定	每季 1 次
井下全部接地网和总接地网电阻测定	每季 1 次
高压电缆耐压试验、橡套电缆检查	每季 1 次
新安装和长期没运行的电气设备,合闸前应测量绝缘和接地电阻	投入运行前

考点 4 高处坠落防治措施

项目	具体内容
高处坠落防治措施	防止矿山高空坠落的措施: (1)因遇大雾、炮烟、尘雾和照明不良而影响能见度,或因暴风雨、雷击不能坚持正常生产时,应立即停止作业。禁止在 6 级风以上的天气进行高空作业。高空作业时禁止抛掷物品。 (2)进入采场工作人员,必须佩戴安全帽,严禁穿高跟鞋进入矿区内。大雨后进入采场前,要派专人清理工作面及边坡松石或危石。工作平台的宽度必须符合有关规定要求。 (3)在距坠落高度基准面超过 2 m(含 2 m)或坡度超过 30°的坡面上作业时要使用安全绳(带)或设置安全网、护栏等防护设施。使用安全绳(带)时严禁多人同时使用一条安全绳(带),并经常检查安全绳的完好情况;在采场边坡外 20 m 处设置醒目警示标志,防止人畜误入采区发生坠坡事故。 (4)如果发现坡面有浮石、危石等现象,要及时处理,未处理前,要在现场设立危险警戒标志。作业人员不得站在危石、浮石上及悬空作业。处理坡面危石、浮石时,必须设置专人防护,危险区内人员、设备必须全部撤离,设好防护区。坡面浮石、危石处理完毕后,方可允许作业人员进入采区进行开采作业。 (5)维修传送设备到高处时,要搭好防护架,系好安全带。严禁酒后上岗和施工中打闹。不断改善劳动条件和环境,保障员工身心健康,员工定期体验,发现身体状况不宜高处作业时,应及时调离高处作业岗位。经常组织员工进行学习和培训,提高作业人员的技能,提高全体员工的安全意识

考点 5 中毒和窒息的防治措施

项目	具体内容
中毒和窒息的防治措施	中毒和窒息的防治措施: (1)进行职工防毒急救安全知识教育,包括安全知识、有毒有害气体的危险性识别、紧急情况下的处理和救护方法等

续表

项目	具体内容
中毒和窒息的防治措施	(2)采用先进的工艺和设备,选用不易燃烧或阻燃的材料设备,建立完善的通风系统,使用满足标准要求的机械设备和个体防护用品。 (3)加强矿井通风和设施的管理,加强爆破等井下作业管理,加强各类机械设备和消防灭火的管理,加强有毒有害气体的检测。 (4)建立事故应急救援预案,根据情况采取相应措施及时开展自救或请求专业救护机构施救,防止事故的扩大

考点6　物体打击防治措施

项目	具体内容
物体打击防治措施	物体打击防治措施有: (1)日常备有应急物资、如简易担架、跌打损伤药品、纱布等。 (2)建立健全应急预案组织机构,做好人员分工,在事故发生的时候做好应急抢救,如现场包扎、止血等措施,防止伤者流血过多造成死亡。 (3)一旦有事故发生,首先要高声呼喊,通知现场安全员,马上拨打急救电话,并向上级领导及有关部门汇报。 (4)应急抢救:事故发生后,马上组织抢救伤者,首先观察伤者受伤情况、部位,工地卫生员作临时治疗。 (5)重伤人员应马上送往医院救治,一般伤员在等待救护车的过程中,门卫要在大门口迎接救护车,有程序地处理事故,最大限度地减少人员和财产损失。 物体打击事故的应急自救: (1)发生物体打击事故后,应马上组织抢救伤者,首先观察伤者的受伤情况、部位、伤害性质,如伤员发生休克,应先处理休克。遇呼吸、心跳停止者,应立即进行人工呼吸和胸外心脏按压。处于休克状态的伤员要让其安静、保暖、平卧、少动,并将下肢抬高20度左右,尽快送医院进行抢救治疗。 (2)出现颅脑损伤,必须维持呼吸道通畅。昏迷者应平卧,面部转向一侧,以防舌根下坠或分泌物、呕吐物吸入,发生喉阻塞。有骨折者,应初步固定后再搬运。遇有凹陷骨折、严重的颅底骨折及严重的脑损伤症状出现,创伤处用消毒的纱布或清洁布等覆盖伤口,用绷带或布条包扎后,及时送就近有条件的医院治疗。 (3)如果处在不宜施工的场所时必须将患者搬运到能够安全施救的地方,搬运时应尽量多找一些人来搬运,观察患者呼吸和脸色的变化,如果是脊柱骨折,不要弯曲、扭动患者的颈部和身体,不要接触患者的伤口,要使患者身体放松,尽量将患者放到担架或平板上进行搬运

考点7　其他爆炸的防治措施

项目	具体内容
其他爆炸的防治措施	(1)在生产过程中减少矿山煤尘的产生量,避免煤尘悬浮飞扬。 (2)杜绝和控制一切能引起煤尘爆炸的高温火源。 (3)在井下巷道设置防爆、隔爆设施,以阻断爆炸产生的冲击波和火焰、高温烟流的传播,防止事故范围的扩大

考点8　装运危害

项目	具体内容
装运危害影响因素	装运危害影响因素有: (1)人的错误推测与错误行为(统称为人的不安全行为)。包括:指挥人员违章指挥;操作人员违章操作;违反安全操作规程,不按规定穿戴防护用品;工作时精力不集中,作业人员疏忽大意,疲劳作业;非驾驶员驾车,争道抢行、超限、超载、超速、违章超车等违法、违规行驶。 (2)物的不安全状态。如使用安全保护装置不完善或缺乏的设备、设施进行作业。 (3)危险的环境。如危石、浮石不及时排除;缺少完善的滚石防护措施、设施;运输道路宽度、坡度、转弯曲率半径等不符合安全要求;道路条件差;视线不良;在恶劣的气候条件下行驶;作业场所狭小;不符合安全要求。 (4)管理不严格。包括:安全规程不落实;管理规章制度或操作规程不健全;交通信号、标志、设施存在缺陷
装运危害防范措施	(1)建立健全设备安全操作规程并严格贯彻落实,杜绝人的不安全行为,确保设备处于安全状态,消除环境隐患,杜绝管理漏洞,是防止装运危害的主要措施。 (2)露天采剥工作面开工前,必须编制作业规程,经矿山企业负责人批准后施行。露天开采时,必须按设计规定,控制采剥工作面的阶段高度、宽度和坡面角。 (3)装运、检修等工作必须按国家有关规定执行。露天矿山铁路、汽车运输必须按照国家的有关规定进行管理。矿山的采掘、装载及运输设备等按设备的操作规程使用和管理

案例分析

(一)

2015年2月1日2时58分左右,承德天宝集团滦平铁泰矿业有限公司干选车间1号干选机下料口淤堵,车间岗位工段玉发拿着锤子通过干选机防护箱顶部前往下料口疏通堵料。3时左右,段玉发疏通完下料口堵料后,经过干选机防护箱顶部返回时,防护箱顶部一块铁板突然掉落,段玉发随铁板一起掉进干选机里,被卡在干选机尾轮和防护箱之间。

段玉发掉进1号干选机发出很大声音的异响,皮带工陈树清听到异常响动后,立即前往1号干选机察看,发现看管1号干选机的岗位工段玉发不见了,岗位附近无人,随后立即向值班人员报告,值班经理张士国得知该情况后立即拨打120,并组织在场人员围绕1号干选机寻找段玉发,3时14分冯瑞堂发现段玉发卡在干选机尾轮和防护箱之间,维修工拆下防护箱,把段玉发从干选机里抬出来,立即送往滦平县医院进行抢救,4时03分医院宣布段玉发抢救无效死亡。

问题:

请针对以上案例分析该起事故发生的间接原因并提出防范措施。

(二)

施工单位概况:山西致祥矿业有限公司,成立于2012年1月4日,系民营企业,位于山西省太原市小店区体育路锦绣苑,注册资本2 580万元,法定代表人张光艺,经营范围金属非金属矿山采掘施工作业,安全生产许可证有效期为2012年12月24日至2015年12月23日,矿山工程总承包资质为二级。

2014年8月10日,王鸿斌(男,1964年3月24日出生)受法定代表人张光艺的委托,成立驻八家子矿施工项目部,负责八家子矿改、扩建工程施工的全面工作,并承担相应的法律责任。王鸿斌根据施工需要,成立了项目部安全管理机构,白钢为生产经理,贺宇彤、白金海、郭长江为专职安全员,对项目施工的安全进行监督检查。该项目部现有职工33人,安全管理人员7人,均取得安全管理资格证,建设项目的关键工程盲竖井已掘进完毕,其他的附属工程正在施工。事故地点为正在施工的通风天井。项目于2015年3月4日正式开工建设。项目部技术员为王阔,负责施工的技术管理,在施工组织设计中的安全技术措施落实不到位,采用普通法掘进天井过程中,发现井筒一条龙梯子、未设置独立溜碴间的隐患未消除。

事故经过:2015年3月16日7时30分,山西致祥矿业有限公司驻八家子矿项目部的掘进区区长周连友安排二班运搬人员王洪臣和凌祖伟到井下480 m中段天井出渣,王洪臣为班长,负责本班的安全。

派完班后,王洪臣和凌祖伟入井,8时许到达480 m中段天井底部作业面,王洪臣与凌祖伟首先对天井进行通风,对天井底部的废渣进行浇毛,浇完毛后进行撬毛,确认安全后,凌祖伟将锚杆插入天井底部的井壁的锚杆孔里(事先预留的),在锚杆上铺设5 cm厚的硬质木板,用作安全棚,架设好安全棚后,开始出渣。刚出第一车渣时,区长周连友到达现场检查安全,对现场的安全检查后,未发现安全隐患,就到其他地点检查。20分钟后,八家子矿的矿长谢晓亮到井下检查安全,未发现安全隐患后,到其他地点检查。

大约11时许,天井底部的废渣已出完,这时周连友又来到王洪臣和凌祖伟的作业地点,凌祖伟问周连友,天井上部的水平巷道内的渣是否可以出,周连友说上去看一下再说,说完就让凌祖伟将天井底部的安全棚拆除,拆完后,周连友就向天井顶部爬,凌祖伟和王洪臣在井底等候，开始时井筒内向下掉落小矿渣，过了大约10分钟，井筒内掉落一块大浮石，凌祖伟从时间上估算周连友应该到达天井顶部水平，又过了2、3分钟，凌祖伟看见周连友滚落到巷道底板上，滚出天井口底部3 m开外，停在运输轨道的铁轨处，当时，周连友平躺在巷道底板上，脸朝上，前额处有一个窟窿，脸上有血，嘴角也向外流血，人已昏迷，不能说话，伤势很重。凌祖伟急忙大喊"周区长！周区长！"周连友没有应答，凌祖伟一边让王洪臣去附近找人救援，一边在巷道内找木板，准备抬人。过了一会儿，王洪臣、徐孝存和谢晓亮来到现场，谢晓亮组织现场的4人救援，王洪臣建议不能用木板抬，因为480 m中段的罐笼太小，进不去，用衣服包好抬着就可以。于是4人将周连友抬到中段井口，在等候罐笼时，谢晓亮于12时16分向井上调度室打电话，让地面备车救援，然后乘坐罐笼至地面，将周连友抬上车送当地人民医院，14时到达，经医生诊断已经失去生命体征。

问题：

请根据案例分析该起事故的原因。

参考答案及解析

（一）

1. 间接原因：

（1）承德天宝集团滦平铁泰矿业有限公司对员工安全教育培训不到位，工人安全意识淡薄。

（2）承德天宝集团滦平铁泰矿业有限公司隐患排查不到位，对工人到干选机顶部违章作业行为没能及时发现。

2. 防范措施：

（1）承德天宝集团滦平铁泰矿业有限公司要加强职工安全教育培训，提高职工安全意识，强化作业现场的安全管理，坚决杜绝违章作业现象发生。

（2）承德天宝集团滦平铁泰矿业有限公司要开展全厂安全警示教育活动，重点分析事故经过和原因，并对责任人员进行通报，做到人人受警示，人人受教育。

（3）承德天宝集团滦平铁泰矿业有限公司要进一步完善公司各项规章制度，明确各岗位职责，加强公司安全管理。

（4）承德天宝集团滦平铁泰矿业有限公司要深刻汲取事故教训，严格落实企业安全生产主体责任，完善岗位安全责任制，对全公司进行一次彻底隐患排查，并进行认真整改。

（二）

1. 直接原因：

（1）周连友违反《金属非金属矿山安全规程》中，"掘进天井高度超过7 m时，应有装备完好的梯子间和溜碴间等设施，梯子间和溜碴间用隔板隔开”的规定，不慎坠落死亡。

(2)480 m 中段天井未设置缓台。未将梯子间和溜碴间隔开。

2. 间接原因：

(1)周连友安全教育培训不到位，安全意识不强，辨识危险危害因素的能力差。

(2)企业对掘进天井的设计不合理，安全技术措施落实不到位，对天井井筒内一条龙、未将梯子间和溜碴间隔开的隐患消除。

(3)项目经理王鸿斌未认真履行安全职责，对本施工项目 480 m 中段天井内一条龙梯子，未将梯子间和溜碴间隔开的隐患缺少监督、检查，并及时消除。

(4)山西致祥矿业有限公司对从业人员安全培训教育不到位，对 480 m 中段天井规格设计不合理；安全管理人员、技术人员对采用普通法掘进天井的作业人员设置一条龙的梯子、未将梯子间和溜碴间隔开的隐患未制止，隐患排查治理不到位。

(5)八家子矿对项目安全管理人员未认真履行安全管理职责，对施工单位采用普通法掘进天井设置一条龙梯子和未将梯子间和溜碴间隔开的隐患未制止。

(6)矿长未履行矿长安全职责，对项目施工的安全检查不到位，未发现施工单位采用普通法掘进天井设置一条龙梯子和未将梯子间和溜碴间隔开的隐患。

第二部分

安全生产案例分析

第一章　安全生产管理制度与职责

知识框架

- 安全生产管理制度与职责
  - 国家安全生产法律、法规、规章、标准和政策
  - 企业安全生产规章制度
    - 安全生产规章制度建设的目的和意义
    - 安全规章制度建设的依据和原则
    - 安全规章制度的编制和管理
  - 安全生产责任制
  - 安全生产管理机构设置和人员配备
    - 安全生产管理机构设置和人员配备相关内容
    - 生产经营单位安全生产管理机构以及安全生产管理人员应履行的职责

考点精讲

第一节　国家安全生产法律、法规、规章、标准和政策

考点　国家安全生产法律、法规、规章、标准和政策

项目	具体内容
法律	(1)国家现行的有关安全生产的专门法律有： 《安全生产法》《消防法》《道路交通安全法》《海上交通安全法》《矿山安全法》等。 (2)与安全生产相关的法律主要有： 《劳动法》《职业病防治法》《工会法》《矿产资源法》《铁路法》《公路法》《民用航空法》《港口法》《建筑法》《煤炭法》《电力法》等
法规	安全生产法规分为： (1)行政法规。 (2)地方性法规

续表

项目	具体内容
规章	安全生产行政规章分为： (1)部门规章。 (2)地方政府规章
标准	法定安全生产标准分为： (1)国家标准。安全生产国家标准是指国家标准化行政主管部门依照《标准化法》制定的在全国范围内适用的安全生产技术规范。 (2)行业标准。安全生产行业标准是指国务院有关部门和直属机构依照《标准化法》制定的在安全生产领域内适用的安全生产技术规范。 行业安全生产标准对同一安全生产事项的技术要求，可以高于国家安全生产标准但不得与其相抵触

第二节　企业安全生产规章制度

考点1　安全生产规章制度建设的目的和意义

项目	具体内容
安全生产规章制度建设的目的和意义	安全生产规章制度建设的目的和意义： 安全规章制度是生产经营单位贯彻国家有关安全生产法律法规、国家和行业标准，贯彻国家安全生产方针政策的行动指南，是生产经营单位有效防范生产、经营过程安全生产风险，保障从业人员安全和健康，加强安全生产管理的重要措施。具体表现在： (1)建立、健全安全规章制度是生产经营单位的法定责任。 (2)建立、健全安全生产规章制度是生产经营单位落实主体责任的具体体现。 (3)建立、健全安全规章制度是生产经营单位安全生产的重要保障。 (4)建立、健全安全规章制度是生产经营单位保护从业人员安全与健康的重要手段

考点2　安全规章制度建设的依据和原则

项目	具体内容
依据	(1)以安全生产法律法规、国家和行业标准、地方政府的法规、标准为依据。 生产经营单位安全规章制度首先必须符合国家法律法规，国家和行业标准，以及生产经营单位所在地地方政府的相关法规、标准的要求。生产经营单位安全规章制度是一系列法律法规在生产经营单位生产、经营过程具体贯彻落实的体现。 (2)以生产、经营过程的危险有害因素辨识和事故教训为依据。 安全规章制度的建设，其核心就是危险有害因素的辨识和控制。通过危险有害因素的辨识，有效提高规章制度建设的目的性和针对性，保障生产安全。同时，生产经营单

续表

项目	具体内容
依据	位要积极借鉴相关事故教训，及时修订和完善规章制度，防范同类事故的重复发生。 （3）以国际、国内先进的安全管理方法为依据。 随着安全科学技术的迅猛发展，安全生产风险防范和控制的理论、方法不断完善。尤其是安全系统工程理论研究的不断深化，为生产经营单位的安全管理提供了丰富的工具，如职业安全健康管理体系、风险评估、安全性评价体系的建立等，都为生产经营单位安全规章制度的建设提供了宝贵的参考资料
原则	1. 主要负责人负责的原则 安全规章制度建设，涉及生产经营单位的各个环节和所有人员，只有生产经营单位主要负责人亲自组织，才能有效调动生产经营单位的所有资源，才能协调各个方面的关系。 2. “安全第一、预防为主、综合治理”的原则 “安全第一、预防为主、综合治理”是我国的安全生产方针，是我国经济社会发展现阶段安全生产客观规律的具体要求。安全第一，就是要求必须把安全生产放在各项工作的首位，正确处理好安全生产与工程进度、经济效益的关系。预防为主，就是要求生产经营单位的安全生产管理工作，要以危险、有害因素的辨识、评价和控制为基础，建立安全生产规章制度。通过制度的实施达到规范人员行为，消除物的不安全状态，实现安全生产的目标。综合治理，就是要求在管理上综合采取组织措施、技术措施，落实生产经营单位的各级主要负责人、专业技术人员、管理人员、从业人员等各级人员，以及党政工团有关管理部门的责任，各负其责，齐抓共管。 3. 系统性原则 风险来自生产、经营过程之中，只要生产、经营活动在进行，风险就客观存在。因而，要按照安全系统工程的原理，建立涵盖全员、全过程、全方位的安全规章制度。即涵盖生产经营单位每个环节、每个岗位、每个人；涵盖生产经营单位的规划设计、建设安装、生产调试、生产运行、技术改造的全过程；涵盖生产经营全过程的事故预防、应急处置、调查处理等全方位的安全规章制度。 4. 规范化和标准化原则 生产经营单位安全规章制度的建设应实现规范化和标准化管理，以确保安全规章制度建设的严密、完整、有序。建立安全规章制度起草、审核、发布、教育培训、修订的严密的组织管理程序，安全规章制度编制要做到目的明确，流程清晰，标准明确，具有可操作性，按照系统性原则的要求，建立完整的安全规章制度体系

考点3　安全规章制度的编制和管理

项目	具体内容
制定、修订的工作计划	生产经营单位应每年编制安全规章制度制定、修订的工作计划，确保生产经营单位安全规章制度建设和管理的有序进行

续表

项目	具体内容
制定、修订的工作计划	计划的主要内容包括： (1)规章制度的名称。 (2)编制目的。 (3)主要内容。 (4)责任部门。 (5)进度安排等
制定的流程	安全生产规章制度制定的流程包括： (1)起草。 安全规章制度在起草前，应首先收集国家有关安全生产法律法规、国家行业标准、生产经营单位所在地地方政府的有关法规、标准等，作为制度起草的依据，同时结合生产经营单位安全生产的实际情况，进行起草。 (2)会签。 责任部门起草的规章制度草案，应在送交相关领导签发前征求有关部门的意见，意见不一致时，一般由生产经营单位主要负责人或分管安全的负责人主持会议，取得一致意见。 (3)审核。 安全规章制度在签发前，应进行审核。一是由生产经营单位负责法律事务的部门，对规章制度与相关法律法规的符合性及与生产经营单位现行规章制度一致性进行审查；二是提交生产经营单位的职工代表大会或安全生产委员会会议进行讨论，对各方面工作的协调性、各方利益的统筹性进行审查。 (4)签发。 技术规程规范、安全操作规程等一般技术性安全规章制度由生产经营单位分管安全生产的负责人签发，涉及全局性的综合管理类安全规章制度应由生产经营单位主要负责人签发。 签发后要进行编号，注明生效时间，以“自发布之日起执行”或“现予发布，自某年某月某日起施行”。 (5)发布。 生产经营单位的安全规章制度，应采用固定的发布方式，如通过红头文件形式、在生产经营单位内部办公网络发布等。发布的范围应覆盖与制度相关的部门及人员。 (6)培训和考试。 新颁布的安全规章制度应组织相关人员进行培训，对安全操作规程类制度，还应组织进行考试。 (7)修订。 生产经营单位应每年对安全规章制度进行一次修订，并公布现行有效的安全规章制度清单。对安全操作规程类安全规章制度，除每年进行一次修订外，3 至 5 年应组织进行一次全面修订，并重新印刷

第三节 安全生产责任制

考点 安全生产责任制

项目	具体内容
定义	安全生产责任制是经长期的安全生产、劳动保护管理实践证明的成功制度与措施
对企业实行安全生产责任制的要求	(1)企业单位的各级领导人员在管理生产的同时,必须负责管理安全工作,认真贯彻执行国家有关劳动保护的法令和制度,在计划、布置、检查、总结、评比生产的时候,同时计划、布置、检查、总结、评比安全工作。 (2)企业单位中的生产、技术、设计、供销、运输、财务等各有关专职机构,都应该在各自业务范围内,对实现安全生产的要求负责。 (3)企业单位都应该根据实际情况加强劳动保护工作机构或专职人员的工作。劳动保护工作机构或专职人员的职责是:协助领导组织推动生产中的安全工作,贯彻执行劳动保护的法令、制度;汇总和审查安全技术措施计划,并且督促有关部门切实按期执行;组织和协助有关部门制订或修订安全生产制度和安全技术操作规程,对这些制度、规程的贯彻执行进行监督检查;经常进行现场检查,协助解决问题,遇有特别紧急的不安全情况时,有权指令先行停止生产,并且立即报告领导上研究处理;总结和推广安全生产的先进经验;对职工进行安全生产的宣传教育;指导生产小组安全员工作;督促有关部门按规定及时分发和合理使用个人防护用品、保健食品和清凉饮料;参加审查新建、改建、大修工程的设计计划,并且参加工程验收和试运转工作;参加伤亡事故的调查和处理,进行伤亡事故的统计、分析和报告,协助有关部门提出防止事故的措施,并且督促他们按期实现;组织有关部门研究执行防止职业中毒和职业病的措施;督促有关部门做好劳逸结合和女工保护工作。 (4)企业单位各生产小组都应该设有不脱产的安全员。小组安全员在生产小组长的领导和劳动保护干部的指导下,首先应当在安全生产方面以身作则,起模范带头作用,并协助小组长做好下列工作:经常对本组工人进行安全生产教育;督促他们遵守安全操作规程和各种安全生产制度;正确地使用个人防护用品;检查和维护本组的安全设备;发现生产中有不安全情况的时候,及时报告;参加事故的分析和研究,协助领导上实现防止事故的措施。 (5)企业单位的职工应该自觉地遵守安全生产规章制度,不进行违章作业,并且要随时制止他人违章作业,积极参加安全生产的各种活动,主动提出改进安全工作的意见,爱护和正确使用机器设备、工具及个人防护用品

第四节　安全生产管理机构设置和人员配备

考点1　安全生产管理机构设置和人员配备相关内容

项目	具体内容
概念	(1)安全生产管理机构:是指对安全生产工作进行的管理和控制的部门。 (2)专职安全管理人员:是指经有关部门安全生产考核合格,并取得安全生产考核合格证书,在企业从事安全生产管理工作的专职人员
设置安全生产管理机构或配备专职安全管理人员的企业	(1)矿山、金属冶炼、建筑施工、运输单位和危险物品的生产、经营、储存、装卸单位,应当设置安全生产管理机构或配备专职安全生产管理人员。 (2)前款以外的其他生产经营单位,从业人员超过100人的,应当设置安全生产管理机构或者配置专职安全生产管理人员;从业人员在100人以下的,应当配备专职或者兼职的安全生产管理人员

考点2　生产经营单位安全生产管理机构以及安全生产管理人员应履行的职责

项目	具体内容
职责	生产经营单位安全生产管理机构以及安全生产管理人员应履行下列职责: (1)组织或者参与拟订本单位安全生产规章制度、操作规程和生产安全事故应急救援预案。 (2)组织或者参与本单位安全生产教育和培训,如实记录安全生产教育和培训情况。 (3)组织开展危险源辨识和评估,督促落实本单位重大危险源的安全管理措施。 (4)组织或者参与本单位应急救援演练。 (5)检查本单位的安全生产状况,及时排查生产安全事故隐患,提出改进安全生产管理的建议。 (6)制止和纠正违章指挥、强令冒险作业、违反操作规程的行为。 (7)督促落实本单位安全生产整改措施

第二章　危险因素辨识、隐患排查与安全评价

知识框架

- 危险因素辨识、隐患排查与安全评价
  - 危险、有害因素辨识
    - 人的因素
    - 物的因素
    - 环境因素
    - 管理因素
  - 危险化学品重大危险源管理
    - 危险化学品重大危险源管理相关内容
    - 危险化学品重大危险源安全管理
  - 安全生产检查
    - 安全生产检查工作重点
    - 安全生产检查的类型
    - 安全生产检查的内容
    - 安全生产检查的方法
    - 安全生产检查的工作程序
  - 事故隐患排查
    - 安全生产事故隐患定义及分类
    - 对企业事故隐患排查的要求
    - 监督管理
  - 安全评价
    - 安全评价的内容
    - 安全评价方法分类
    - 常用的安全评价方法
  - 安全技术措施
    - 安全技术措施的分类及编制原则
    - 安全技术措施的编制方法

考点精讲

第一节　危险、有害因素辨识

考点1　人的因素

项目	具体内容
心理、生理性危险和有害因素	心理、生理性危险和有害因素主要包括:(1)负荷超限。(2)健康状况异常。(3)从事禁忌作业。(4)心理异常。(5)辨识功能缺陷。(6)其他心理、生理性危险和有害因素
行为性危险和有害因素	行为性危险和有害因素主要包括: (1)指挥错误。(2)操作错误。(3)监护失误。(4)其他行为性危险和有害因素

考点2　物的因素

项目	具体内容
物理性危险和有害因素	物理性危险和有害因素主要包括:(1)设备、设施、工具、附件缺陷。(2)防护缺陷。(3)电伤害。(4)噪声。(5)振动危害。(6)电离辐射。(7)非电离辐射。(8)运动物危害。(9)明火。(10)高温物体。(11)低温物体。(12)信号缺陷。(13)标志标识缺陷。(14)有害光照。(15)信息系统缺陷。(16)其他物理性危险和危害因素
化学性危险和有害因素	化学性危险和有害因素主要包括:(1)理化危险。(2)健康危险。(3)其他化学性危险和有害因素
生物性危险和有害因素	生物性危险和有害因素主要包括: (1)致病微生物。(2)传染病媒介物。(3)致害动物。(4)致害植物。(5)其他生物性危险和有害因素

考点3　环境因素

项目	具体内容
室内作业场所环境不良	室内作业环境不良因素主要包括:(1)室内地面滑。(2)室内作业场所狭窄。(3)室内作业场所杂乱。(4)室内地面不平。(5)室内梯架缺陷。(6)地面、墙和天花板上的开口缺陷。(7)房屋地基下沉。(8)室内安全通道缺陷。(9)房屋安全出口缺陷。(10)采光照明不良。(11)作业场所空气不良。(12)室内温度、湿度、气压不适。(13)室内给排水不良。(14)室内涌水。(15)其他室内作业场所环境不良

续表

项目	具体内容
室外作业环境不良	室外作业环境不良因素主要包括:(1)恶劣气候与环境。(2)作业场所和交通设施湿滑。(3)作业场所狭窄。(4)作业场所杂乱。(5)作业场所不平。(6)交通环境不良。(7)脚手架、阶梯和活动梯架缺陷。(8)地面及地面开口缺陷。(9)建(构)筑物和其他结构缺陷。(10)门和周围设施缺陷。(11)作业场地基础下沉。(12)作业场地安全通道缺陷。(13)作业场地安全出口缺陷。(14)作业场地光照不良。(15)作业场地空气不良。(16)作业场地温度、湿度、气压不适。(17)作业场地涌水。(18)排水系统故障。(19)其他室外作业场所环境不良
地下(含水下)作业环境不良	地下(含水下)作业环境不良因素主要包括:(1)隧道/矿井顶板或巷帮缺陷。(2)隧道/矿井作业面缺陷。(3)隧道/矿井底板缺陷。(4)地下作业面空气不良。(5)地下火。(6)冲击地压。(7)地下水。(8)水下作业供氧不当。(9)其他地下(含水下)作业环境不良
其他作业环境不良	其他作业环境不良因素主要包括:(1)强迫体位。(2)综合性作业环境不良。(3)以上未包括的其他作业环境不良

考点4　管理因素

项目	具体内容
管理因素	管理因素主要包括: (1)职业安全卫生组织机构和人员配备不健全。 (2)职业安全卫生责任制不完善或未落实。 (3)职业安全卫生管理规章制度不完善或未落实。 (4)职业安全卫生投入不足。 (5)应急管理缺陷。 (6)其他管理因素缺陷

第二节　危险化学品重大危险源管理

考点1　危险化学品重大危险源管理相关内容

项目	具体内容
责任主体	危险化学品单位是本单位重大危险源安全管理的责任主体,其主要负责人对本单位的重大危险源安全管理工作负责,并保证重大危险源安全生产所必需的安全投入

续表

项目	具体内容
实行原则	重大危险源的安全监督管理实行属地监管与分级管理相结合的原则。 县级以上地方人民政府安全生产监督管理部门按照有关法律、法规、标准和本规定，对本辖区内的重大危险源实施安全监督管理
重大危险源安全监管的信息化建设	国家鼓励危险化学品单位采用有利于提高重大危险源安全保障水平的先进适用的工艺、技术、设备以及自动控制系统，推进安全生产监督管理部门重大危险源安全监管的信息化建设

考点2 危险化学品重大危险源安全管理

项目	具体内容
对危险化学品单位的要求	(1)危险化学品单位应当建立完善重大危险源安全管理规章制度和安全操作规程，并采取有效措施保证其得到执行。 (2)危险化学品单位应当根据构成重大危险源的危险化学品种类、数量、生产、使用工艺(方式)或者相关设备、设施等实际情况，按照下列要求建立健全安全监测监控体系，完善控制措施：①重大危险源配备温度、压力、液位、流量、组份等信息的不间断采集和监测系统以及可燃气体和有毒有害气体泄漏检测报警装置，并具备信息远传、连续记录、事故预警、信息存储等功能；一级或者二级重大危险源，具备紧急停车功能。记录的电子数据的保存时间不少于30天；②重大危险源的化工生产装置装备满足安全生产要求的自动化控制系统；一级或者二级重大危险源，装备紧急停车系统；③对重大危险源中的毒性气体、剧毒液体和易燃气体等重点设施，设置紧急切断装置；毒性气体的设施，设置泄漏物紧急处置装置。涉及毒性气体、液化气体、剧毒液体的一级或者二级重大危险源，配备独立的安全仪表系统(SIS)；④重大危险源中储存剧毒物质的场所或者设施，设置视频监控系统；⑤安全监测监控系统符合国家标准或者行业标准的规定。 (3)危险化学品单位应当按照国家有关规定，定期对重大危险源的安全设施和安全监测监控系统进行检测、检验，并进行经常性维护、保养，保证重大危险源的安全设施和安全监测监控系统有效、可靠运行。维护、保养、检测应当作好记录，并由有关人员签字。 (4)危险化学品单位应当明确重大危险源中关键装置、重点部位的责任人或者责任机构，并对重大危险源的安全生产状况进行定期检查，及时采取措施消除事故隐患。事故隐患难以立即排除的，应当及时制定治理方案，落实整改措施、责任、资金、时限和预案。 (5)危险化学品单位应当对重大危险源的管理和操作岗位人员进行安全操作技能培训，使其了解重大危险源的危险特性，熟悉重大危险源安全管理规章制度和安全操作规程，掌握本岗位的安全操作技能和应急措施。 (6)危险化学品单位应当在重大危险源所在场所设置明显的安全警示标志，写明紧急情况下的应急处置办法。 (7)危险化学品单位应当将重大危险源可能发生的事故后果和应急措施等信息，以适当方式告知可能受影响的单位、区域及人员

续表

项目	具体内容
对危险化学品单位的要求	(8)危险化学品单位应当依法制定重大危险源事故应急预案，建立应急救援组织或者配备应急救援人员，配备必要的防护装备及应急救援器材、设备、物资，并保障其完好和方便使用；配合地方人民政府安全生产监督管理部门制定所在地区涉及本单位的危险化学品事故应急预案。 (9)危险化学品单位应当制定重大危险源事故应急预案演练计划，并按照下列要求进行事故应急预案演练：①对重大危险源专项应急预案，每年至少进行一次；②对重大危险源现场处置方案，每半年至少进行一次。 应急预案演练结束后，危险化学品单位应当对应急预案演练效果进行评估，撰写应急预案演练评估报告，分析存在的问题，对应急预案提出修订意见，并及时修订完善。 (10)危险化学品单位应当对辨识确认的重大危险源及时、逐项进行登记建档。 重大危险源档案应当包括下列文件、资料：①辨识、分级记录；②重大危险源基本特征表；③涉及的所有化学品安全技术说明书；④区域位置图、平面布置图、工艺流程图和主要设备一览表；⑤重大危险源安全管理规章制度及安全操作规程；⑥安全监测监控系统、措施说明、检测、检验结果；⑦重大危险源事故应急预案、评审意见、演练计划和评估报告；⑧安全评估报告或者安全评价报告；⑨重大危险源关键装置、重点部位的责任人、责任机构名称；⑩重大危险源场所安全警示标志的设置情况；⑪其他文件、资料。 (11)危险化学品单位在完成重大危险源安全评估报告或者安全评价报告后15日内，应当填写重大危险源备案申请表，连同重大危险源档案材料，报送所在地县级人民政府安全生产监督管理部门备案。 县级人民政府安全生产监督管理部门应当每季度将辖区内的一级、二级重大危险源备案材料报送至设区的市级人民政府安全生产监督管理部门。设区的市级人民政府安全生产监督管理部门应当每半年将辖区内的一级重大危险源备案材料报送至省级人民政府安全生产监督管理部门。 (12)危险化学品单位新建、改建和扩建危险化学品建设项目，应当在建设项目竣工验收前完成重大危险源的辨识、安全评估和分级、登记建档工作，并向所在地县级人民政府安全生产监督管理部门备案

第三节　安全生产检查

考点1　安全生产检查工作重点

项目	具体内容
工作重点	(1)安全生产检查是生产经营单位安全生产管理的重要内容。 (2)工作重点：①辨识安全生产管理工作存在的漏洞和死角；②检查生产现场安全防护设施、作业环境是否存在不安全状态；③现场作业人员的行为是否符合安全规范；④设

续表

项目	具体内容
工作重点	备、系统运行状况是否符合现场规程的要求等。 (3)通过安全检查,不断堵塞管理漏洞,改善劳动作业环境,规范作业人员的行为,保证设备系统的安全、可靠运行,实现安全生产的目的

考点2　安全生产检查的类型

项目	具体内容
定期安全生产检查	定期安全生产检查一般是通过有计划、有组织、有目的的形式来实现,一般由生产经营单位统一组织实施。检查周期的确定,应根据生产经营单位的规模、性质以及地区气候、地理环境等确定。定期安全检查一般具有组织规模大、检查范围广、有深度,能及时发现并解决问题等特点。定期安全检查一般和重大危险源评估、现状安全评价等工作结合开展
经常性安全生产检查	(1)经常性安全生产检查是由生产经营单位的安全生产管理部门、车间、班组或岗位组织进行的日常检查。一般来讲,包括交接班检查、班中检查、特殊检查等几种形式。 (2)交接班检查是指在交接班前,岗位人员对岗位作业环境、管辖的设备及系统安全运行状况进行检查,交班人员要向接班人员说清楚,接班人员根据自己检查的情况和交班人员的交代,做好工作中可能发生问题及应急处置措施的预想。 班中检查包括岗位作业人员在工作过程中的安全检查,以及生产经营单位领导、安全生产管理部门和车间班组的领导或安全监督人员对作业情况的巡视或抽查等。 (3)特殊检查是针对设备、系统存在的异常情况,所采取的加强监视运行的措施。一般来讲,措施由工程技术人员制定,岗位作业人员执行。 交接班检查和班中岗位的自行检查,一般应制定检查路线、检查项目、检查标准,并设置专用的检查记录本。 (4)岗位经常性检查发现的问题记录在记录本上,并及时通过信息系统和电话逐级上报。 (5)一般来讲,对危及人身和设备安全的情况,岗位作业人员应根据操作规程、应急处置措施的规定,及时采取紧急处置措施,不需请示,处置后则立即汇报。有些生产经营单位如化工单位等习惯做法是,岗位作业人员发现危及人身、设备安全的情况,只需紧急报告,而不要求就地处置
季节性及节假日前后安全生产检查	(1)由生产经营单位统一组织,检查内容和范围则根据季节变化,按事故发生的规律对易发的潜在危险,突出重点进行检查。如冬季防冻保温、防火、防煤气中毒,夏季防暑降温、防汛、防雷电等检查。 (2)由于节假日(特别是重大节日,如元旦、春节、劳动节、国庆节)前后容易发生事故。因而应在节假日前后进行有针对性的安全检查

续表

项目	具体内容
专业(项)安全生产检查	(1)专业(项)安全生产检查是对某个专业(项)问题或在施工(生产)中存在的普遍性安全问题进行的单项定性或定量检查。 (2)如对危险性较大的在用设备、设施,作业场所环境条件的管理性或监督性定量检测检验则属专业(项)安全检查。专业(项)检查具有较强的针对性和专业要求,用于检查难度较大的项目
综合性安全生产检查	综合性安全生产检查一般是由上级主管部门或地方政府负有安全生产监督管理职责的部门,组织对生产单位进行的安全检查
职工代表不定期对安全生产的巡查	根据《工会法》及《安全生产法》的有关规定,生产经营单位的工会应定期或不定期组织职工代表进行安全检查。重点查国家安全生产方针、法规的贯彻执行情况,各级人员安全生产责任制和规章制度的落实情况,从业人员安全生产权利的保障情况,生产现场的安全状况等

考点3 安全生产检查的内容

项目	具体内容
内容	安全生产检查的内容包括:软件系统和硬件系统。 (1)软件系统主要是查思想、查意识、查制度、查管理、查事故处理、查隐患、查整改。 (2)硬件系统主要是查生产设备、查辅助设施、查安全设施、查作业环境
原则	安全生产检查具体内容应本着突出重点的原则进行确定。 (1)对于危险性大、易发事故、事故危害大的生产系统、部位、装置、设备等应加强检查。一般应重点检查:①易造成重大损失的易燃易爆危险物品、剧毒品、锅炉、压力容器、起重设备、运输设备、冶炼设备、电气设备、冲压机械、高处作业和本企业易发生工伤、火灾、爆炸等事故的设备、工种、场所及其作业人员;②易造成职业中毒或职业病的尘毒产生点及其岗位作业人员;③直接管理的重要危险点和有害点的部门及其负责人。 (2)对非矿山企业,目前国家有关规定要求强制性检查的项目有:①锅炉、压力容器、压力管道、高压医用氧舱、起重机、电梯、自动扶梯、施工升降机、简易升降机、防爆电器、厂内机动车辆、客运索道、游艺机及游乐设施等;②作业场所的粉尘、噪声、振动、辐射、高温低温和有毒物质的浓度等。 (3)对矿山企业,目前国家有关规定要求强制性检查的项目有:①矿井风量、风质、风速及井下温度、湿度、噪声;②瓦斯、粉尘;③矿山放射性物质及其他有毒有害物质;④露天矿山边坡;⑤尾矿坝;⑥提升、运输、装载、通风、排水、瓦斯抽放、压缩空气和起重设备;⑦各种防爆电器、电器安全保护装置;⑧矿灯;⑨钢丝绳等;⑩瓦斯、粉尘及其他有毒有害物质检测仪器、仪表;自救器;⑪救护设备;⑫安全帽;⑬防尘口罩或面罩;⑭防护服、防护鞋;⑮防噪声耳塞、耳罩

考点4 安全生产检查的方法

项目	具体内容
常规检查	(1)常规检查是常见的一种检查方法。 (2)通常是由安全管理人员作为检查工作的主体,到作业场所现场,通过感观或辅助一定的简单工具、仪表等,对作业人员的行为、作业场所的环境条件、生产设备设施等进行的定性检查。 (3)安全检查人员通过这一手段,及时发现现场存在的安全隐患并采取措施予以消除,纠正施工人员的不安全行为。 (4)常规检查主要依靠安全检查人员的经验和能力,检查的结果直接受安全检查人员个人素质的影响
安全检查表法	(1)为使安全检查工作更加规范,将个人的行为对检查结果的影响减少到最小,常采用安全检查表法。 (2)安全检查表一般由工作小组讨论制定。 (3)安全检查表一般包括检查项目、检查内容、检查标准、检查结果及评价、检查发现问题等内容。 (4)编制安全检查表应依据国家有关法律法规,生产经营单位现行有效的有关标准、规程、管理制度,有关事故教训,生产经营单位安全管理文化、理念,反事故技术措施和安全措施计划,季节性、地理、气候特点等
仪器检查及数据分析法	(1)有些生产经营单位的设备、系统运行数据具有在线监视和记录的系统设计,对设备、系统的运行状况可通过对数据的变化趋势进行分析得出结论。 (2)对没有在线数据检测系统的机器、设备、系统,只能通过仪器检查法来进行定量化的检验与测量

考点5 安全生产检查的工作程序

项目	具体内容
安全检查准备	(1)确定检查对象、目的、任务。 (2)查阅、掌握有关法规、标准、规程的要求。 (3)了解检查对象的工艺流程、生产情况、可能出现危险和危害的情况。 (4)制定检查计划,安排检查内容、方法、步骤。 (5)编写安全检查表或检查提纲。 (6)准备必要的检测工具、仪器、书写表格或记录本。 (7)挑选和训练检查人员并进行必要的分工等
实施安全检查	实施安全检查就是通过访谈、查阅文件和记录、现场观察、仪器测量的方式获取信息。 (1)访谈。通过与有关人员谈话来检查安全意识和规章制度执行情况等。 (2)查阅文件和记录。检查设计文件、作业规程、安全措施、责任制度、操作规程等是

续表

项目	具体内容
实施安全检查	否齐全，是否有效；查阅相应记录，判断上述文件是否被执行。 (3)现场观察。对作业现场的生产设备、安全防护设施、作业环境、人员操作等进行观察。寻找不安全因素、事故隐患、事故征兆等。 (4)仪器测量。利用一定的检测检验仪器设备，对在用的设施、设备、器材状况及作业环境条件等进行测量，以发现隐患
综合分析	经现场检查和数据分析后，检查人员应对检查情况进行综合分析，提出检查的结论和意见。一般来讲，生产经营单位自行组织的各类安全检查，应有安全管理部门会同有关部门对检查结果进行综合分析；上级主管部门或地方政府负有安全生产监督管理职责的部门组织的安全检查，统一研究得出检查意见或结论
结果反馈	现场检查和综合分析完成后，应将检查的结论和意见反馈至被检查对象。结果反馈形式可以是现场反馈，也可以是书面反馈
提出整改要求	检查结束后，针对检查发现的问题，应根据问题性质的不同，提出相应的整改措施和要求
整改落实	对安全检查发现的问题和隐患，生产经营单位应制定整改计划，建立安全生产问题隐患台账，定期跟踪隐患的整改落实情况，确保隐患按要求整改完成，形成隐患整改的闭环管理
信息反馈及持续改进	生产经营单位自行组织的安全检查，在整改措施计划完成后，安全管理部门应组织有关人员进行验收。对于上级主管部门或地方政府负有安全生产监督管理职责的部门组织的安全检查，在整改措施完成后，应及时上报整改完成情况，申请复查或验收。 对安全检查中经常发现的问题或反复发现的问题，生产经营单位应从规章制度的健全和完善、从业人员的安全教育培训、设备系统的更新改造、加强现场检查和监督等环节入手，做到持续改进，不断提高安全生产管理水平，防范生产安全事故的发生

第四节　事故隐患排查

考点1　安全生产事故隐患定义及分类

项目	具体内容
定义	安全生产事故隐患是指生产经营单位违反安全生产法律、法规、规章、标准、规程和安全生产管理制度的规定，或者因其他因素在生产经营活动中存在可能导致事故发生的物的危险状态、人的不安全行为和管理上的缺陷
分类	事故隐患分为一般事故隐患和重大事故隐患。 (1)一般事故隐患，是指危害和整改难度较小，发现后能够立即整改排除的隐患。 (2)重大事故隐患，是指危害和整改难度较大，应当全部或者局部停产停业，并经过一定时间整改治理方能排除的隐患，或者因外部因素影响致使生产经营单位自身难以排除的隐患

考点2　对企业事故隐患排查的要求

项目	具体内容
要求	(1)生产经营单位应当依照法律、法规、规章、标准和规程的要求从事生产经营活动。严禁非法从事生产经营活动。 (2)生产经营单位是事故隐患排查、治理和防控的责任主体。 (3)生产经营单位应当建立健全事故隐患排查治理和建档监控等制度，逐级建立并落实从主要负责人到每个从业人员的隐患排查治理和监控责任制 (4)生产经营单位应当保证事故隐患排查治理所需的资金，建立资金使用专项制度。 (5)生产经营单位应当定期组织安全生产管理人员、工程技术人员和其他相关人员排查本单位的事故隐患。对排查出的事故隐患，应当按照事故隐患的等级进行登记，建立事故隐患信息档案，并按照职责分工实施监控治理。 (6)生产经营单位应当建立事故隐患报告和举报奖励制度，鼓励、发动职工发现和排除事故隐患，鼓励社会公众举报。对发现、排除和举报事故隐患的有功人员，应当给予物质奖励和表彰。 (7)生产经营单位将生产经营项目、场所、设备发包、出租的，应当与承包、承租单位签订安全生产管理协议，并在协议中明确各方对事故隐患排查、治理和防控的管理职责。生产经营单位对承包、承租单位的事故隐患排查治理负有统一协调和监督管理的职责。 (8)安全监管监察部门和有关部门的监督检查人员依法履行事故隐患监督检查职责时，生产经营单位应当积极配合，不得拒绝和阻挠。 (9)生产经营单位应当每季、每年对本单位事故隐患排查治理情况进行统计分析，并分别于下一季度15日前和下一年1月31日前向安全监管监察部门和有关部门报送书面统计分析表。统计分析表应当由生产经营单位主要负责人签字

续表

项目	具体内容
要求	对于重大事故隐患,生产经营单位除依照上述要求报送外,还应当及时向安全监管监察部门和有关部门报告。重大事故隐患报告内容应当包括:①隐患的现状及其产生原因;②隐患的危害程度和整改难易程度分析;③隐患的治理方案。 (10)对于一般事故隐患,由生产经营单位(车间、分厂、区队等)负责人或者有关人员立即组织整改。 对于重大事故隐患,由生产经营单位主要负责人组织制定并实施事故隐患治理方案。重大事故隐患治理方案应当包括以下内容:①治理的目标和任务;②采取的方法和措施;③经费和物资的落实;④负责治理的机构和人员;⑤治理的时限和要求;⑥安全措施和应急预案。 (11)生产经营单位在事故隐患治理过程中,应当采取相应的安全防范措施,防止事故发生。事故隐患排除前或者排除过程中无法保证安全的,应当从危险区域内撤出作业人员。并疏散可能危及的其他人员,设置警戒标志,暂时停产停业或者停止使用;对暂时难以停产或者停止使用的相关生产储存装置、设施、设备,应当加强维护和保养,防止事故发生。 (12)生产经营单位应当加强对自然灾害的预防。对于因自然灾害可能导致事故灾难的隐患,应当按照有关法律、法规、标准和《安全生产事故隐患排查治理暂行规定》的要求排查治理,采取可靠的预防措施,制定应急预案。在接到有关自然灾害预报时,应当及时向下属单位发出预警通知;发生自然灾害可能危及生产经营单位和人员安全的情况时,应当采取撤离人员、停止作业、加强监测等安全措施,并及时向当地人民政府及其有关部门报告。 (13)地方人民政府或者安全监管监察部门及有关部门挂牌督办并责令全部或者局部停产停业治理的重大事故隐患,治理工作结束后,有条件的生产经营单位应当组织本单位的技术人员和专家对重大事故隐患的治理情况进行评估;其他生产经营单位应当委托具备相应资质的安全评价机构对重大事故隐患的治理情况进行评估。 经治理后符合安全生产条件的,生产经营单位应当向安全监管监察部门和有关部门提出恢复生产的书面申请,经安全监管监察部门和有关部门审查同意后,方可恢复生产经营。申请报告应包括治理方案的内容、项目和安全评价机构出具的评价报告等

考点3　监督管理

项目	具体内容
监督管理	(1)各级安全监管监察部门按照职责对所辖区域内生产经营单位排查治理事故隐患工作依法实施综合监督管理;各级人民政府有关部门在各自职责范围内对生产经营单位排查治理事故隐患工作依法实施监督管理。任何单位和个人发现事故隐患,均有权向安全监管监察部门和有关部门报告。安全监管监察部门接到事故隐患报告后,应当按照职责分工立即组织核实并予以查处;发现所报告事故隐患应当由其他有关部门处理的,应当立即移送有关部门并记录备查

续表

项目	具体内容
要求	(2)安全监管监察部门应当指导、监督生产经营单位按照有关法律、法规、规章、标准和规程的要求,建立健全事故隐患排查治理等各项制度,定期组织对生产经营单位事故隐患排查治理情况开展监督检查。对检查过程中发现的重大事故隐患,应当下达整改指令书,并建立信息管理台账。必要时,报告同级人民政府并对重大事故隐患实行挂牌督办。 (3)安全监管监察部门应当配合有关部门做好对生产经营单位事故隐患排查治理情况开展的监督检查,依法查处事故隐患排查治理的非法和违法行为及其责任者。 (4)安全监管监察部门发现属于其他有关部门职责范围内的重大事故隐患的,应该及时将有关资料移送有管辖权的有关部门,并记录备案。 (5)已经取得安全生产许可证的生产经营单位,在其被挂牌督办的重大事故隐患治理结束前,安全监管监察部门应当加强监督检查。必要时,可以提请原许可证颁发机关依法暂扣其安全生产许可证。 (6)对挂牌督办并采取全部或者局部停产停业治理的重大事故隐患,国家监察委员会收到生产经营单位恢复生产的申请报告后,应当在10日内进行现场审查。审查合格的,对事故隐患进行核销,同意恢复生产经营;审查不合格的,依法责令改正或者下达停产整改指令。对整改无望或者生产经营单位拒不执行整改指令的,依法实施行政处罚;不具备安全生产条件的,依法提请县级以上人民政府按照国务院规定的权限予以关闭

第五节　安全评价

考点1　安全评价的内容

项目	具体内容
安全评价	安全评价是指以实现安全为目的,应用安全系统工程原理和方法,辨识与分析工程、系统、生产经营活动中的危险和有害因素,预测发生事故或造成职业危害的可能性及其严重程度,提出科学、合理、可行的安全对策措施建议,作出评价结论的活动
安全预评价	安全预评价是指在项目建设前,根据建设项目可行性研究报告的内容,分析和预测该建设项目可能存在的危险和有害因素的种类和程度,提出合理、可行的安全对策措施和建议,用以指导建设项目的初步设计。 安全预评价内容: (1)前期准备工作:①明确评价对象和评价范围;②组建评价组;③收集法律、法规;④分析基础资料等。 (2)辨识和分析评价对象存在的各种危险和有害因素

续表

项目	具体内容
安全评价	(3)评价单元划分,以自然条件、基本工艺条件、危险和有害因素分布及状况、便于实施评价为原则进行。 (4)定性、定量评价,对危险和有害因素导致事故发生的可能性及其严重程度进行评价。 (5)提出安全技术对策措施,提出安全管理对策措施及其他安全对策措施。 (6)评价结论,给出评价对象的符合性结论,给出危险和有害因素引发各类事故的可能性及其严重程度的预测性结论,明确评价对象建成或实施后能否安全运行的结论
安全验收评价	(1)在建设项目竣工后正式生产运行前或工业园区建设完成后,通过检查建设项目安全设施与主体工程同时设计、同时施工、同时投入生产和使用的情况或工业园区内的安全设施、设备、装置投入生产和使用的情况。 (2)安全验收评价程序:①前期准备;②辨识与分析危险和有害因素;③划分评价单元;④定性、定量评价;⑤提出安全对策措施建议;⑥作出安全评价结论;⑦编制安全评价报告。 (3)安全验收评价包括:①危险、有害因素的辨识与分析;②符合性评价和危险危害程度的评价;③安全对策措施建议;④安全验收评价结论等内容
安全现状评价	(1)针对生产经营活动、工业园区的事故风险、安全管理等情况,辨识与分析其存在的危险和有害因素,审查确定其与安全生产法律、法规、规章、标准、规范要求的符合性,预测发生事故或造成职业危害的可能性及其严重程度,提出科学、合理、可行的安全对策措施建议,作出安全现状评价结论的活动。 (2)安全现状评价既适用于对一个生产经营单位或一个工业园区的评价,也适用于某一特定的生产方式、生产工艺、生产装置或作业场所的评价

考点2　安全评价方法分类

项目	具体内容
按照评价结果的量化程度分类	1. 定性安全评价方法 属于定性安全评价方法的有安全检查表、专家现场询问观察法、因素图分析法、事故引发和发展分析、作业条件危险性评价法、故障类型和影响分析、危险可操作性研究等。 2. 定量安全评价方法 (1)概率风险评价法。 故障类型及影响分析、事故树分析、逻辑树分析、概率理论分析、马尔可夫模型分析、模糊矩阵法、统计图表分析法等都可以由基本致因因素的事故发生概率计算整个评价系统的事故发生概率

续表

项目	具体内容
按照评价结果的量化程度分类	(2)伤害(或破坏)范围评价法。 液体泄漏模型、气体泄漏模型、气体绝热扩散模型、池火火焰与辐射强度评价模型、火球爆炸伤害模型、爆炸冲击波超压伤害模型、蒸气云爆炸超压破坏模型、毒物泄漏扩散模型和锅炉爆炸伤害 TNT 当量法。 (3)危险指数评价法。 道化学公司火灾、爆炸危险指数评价法;蒙德火灾爆炸毒性指数评价法;易燃、易爆、有毒重大危险源评价法
按照安全评价的逻辑推理过程分类	(1)归纳推理评价法。 (2)演绎推理评价法
按照安全评价要达到的目的分类	(1)事故致因因素安全评价方法。 (2)危险性分级安全评价方法。 (3)事故后果安全评价方法
按照评价对象的不同分类	(1)设备(设施或工艺)故障率评价法。 (2)人员失误率评价法。 (3)物质系数评价法。 (4)系统危险性评价法等

考点 3　常用的安全评价方法

项目	具体内容
安全检查表方法	为了查找工程、系统中各种设备设施、物料、工件、操作、管理和组织措施中的危险、有害因素,事先把检查对象加以分解,将大系统分割若干小的子系统,以提问或打分的形式,将检查项目列表逐项检查,避免遗漏
危险指数方法	(1)危险指数方法是通过评价人员对几种工艺现状及运行的固有属性(是以作业现场危险度、事故概率和事故严重度为基础,对不同作业现场的危险性进行鉴别)进行比较计算,确定工艺危险特性、重要性大小及是否需要进一步研究的安全评价方法。 (2)危险指数评价可以运用在工程项目的各个阶段(可行性研究、设计、运行等),可以在详细的设计方案完成之前运用,也可以在现有装置危险分析计划制定之前运用。 (3)也可用于在役装置,作为确定工艺操作危险的依据
预先危险分析法	预先危险分析法是一项实现系统安全危害分析的初步或初始工作,在设计、施工和生产前,首先对系统中存在的危险性类别、出现条件、导致事故的后果进行分析,目的是识别系统中的潜在危险,确定危险等级,防止危险发展成事故

续表

项目	具体内容
预先危险分析法	预先危险分析方法的步骤如下： (1)通过经验判断、技术诊断或其他方法确定危险源，对所需分析系统的生产目的、物料、装置及设备、工艺过程、操作条件以及周围环境等，进行充分详细的了解。 (2)根据以往的经验及同类行业生产中的事故情况，对系统的影响、损坏程度，类比判断所要分析的系统中可能出现的情况，查找能够造成系统故障、物质损失和人员伤害的危险性，分析事故的可能类型。 (3)对确定的危险源分类，制成预先危险性分析表。 (4)转化条件，即研究危险因素转变为危险状态的触发条件和危险状态转变为事故的必要条件，并进一步寻求对策措施，检验对策措施的有效性。 (5)进行危险性分级，排列出重点和轻、重、缓、急次序，以便处理。 (6)制定事故的预防性对策措施
故障假设分析方法	(1)故障假设分析方法是一种对系统工艺过程或操作过程的创造性分析方法。 (2)它一般要求评价人员用“what...if”作为开头对有关问题进行考虑，任何与工艺安全有关或与之不太相关的问题都可提出并加以讨论。 (3)通常，将所有的问题都记录下来，然后分门别类进行讨论。 (4)所提出的问题要考虑到任何与装置有关的不正常的生产条件，而不仅是设备故障或工艺参数。 (5)评价结果一般以表格形式表示，主要内容有：①提出的问题；②回答可能的后果；③降低或消除危险性的安全措施 (6)故障假设分析方法可按分析准备、完成分析和编制分析结果报告 3 个步骤来完成
危险和可操作性研究	(1)危险和可操作性研究是一种定性的安全评价方法。 (2)它的基本过程是以关键词为引导，找出过程中工艺状态的变化（即偏差），然后分析找出偏差的原因、后果及可采取的对策。 (3)其侧重点是工艺部分或操作步骤各种具体值。 (4)危险和可操作性研究分析是对危险和可操作性问题进行详细识别的过程，由一个小组完成
故障类型和影响分析	(1)故障类型和影响分析是系统安全工程的一种方法。 (2)根据系统可以划分为子系统、设备和元件的特点，按实际需要将系统进行分割，然后分析各自可能发生的故障类型及其产生的影响，以便采取相应的对策，提高系统的安全可靠性。 (3)故障类型和影响分析步骤：①明确系统本身情况；②确定分析程度和水平；③绘制系统图和可靠性框图；④列出所有的故障类型并选出对系统有影响的故障类型；⑤理出造成故障的原因

续表

项目	具体内容
故障树分析	(1)故障树分析是一种描述事故因果关系的有方向的“树”,是系统安全工程中的重要的分析方法之一。 (2)它能对各种系统的危险性进行识别评价,既适用于定性分析,又能进行定量分析,具有简明、形象化的特点,体现了以系统工程方法研究安全问题的系统性、准确性和预测性。 (3)故障树分析的基本程序:①熟悉系统;②调查事故;③确定顶上事件;④确定目标值;⑤调查原因事件;⑥画出故障树;⑦定性分析;⑧确定事故发生概率;⑨比较;⑩分析
事件树分析	(1)事件树分析是用来分析普通设备故障或过程波动(称为初始事件)导致事故发生的可能性。 (2)在事件树分析中,事故是典型设备故障或工艺异常(称为初始事件)引发的结果。 (3)与故障树分析不同,事件树分析是使用归纳法(不是演绎法),可提供记录事故后果的系统性的方法,并能确定导致事件后果与初始事件的关系。 (4)事件树分析步骤:①确定初始事件;②判定安全功能;③发展事件树和简化事件树;④分析事件树;⑤事件树的定量分析
作业条件危险性评价法	(1)美国的K. J. 格雷厄姆和G. F. 金尼研究了人们在具有潜在危险环境中作业的危险性,提出了以所评价的环境与某些作为参考环境的对比为基础,将作业条件的危险性作为因变量(D),事故或危险事件发生的可能性(L)、暴露于危险环境的频率(E)及危险严重程度(C)作为自变量,确定了它们之间的函数式。 (2)根据实际经验,他们给出了3个自变量的各种不同情况的分数值,采取对所评价的对象根据情况进行“打分”的办法,然后根据公式计算出其危险性分数值,再在按经验将危险性分数值划分的危险程度等级表或图上,查出其危险程度的一种评价方法。 (3)这是一种简单易行的评价作业条件危险性的方法
定量风险评价方法	(1)识别危险分析方面,定性和半定量的评估是非常有价值的,但是这些方法仅是定性分析,不能提供足够的定量分析,特别是不能对复杂的并存在危险的工艺流程等提供决策的依据和足够的信息。 (2)在这种情况下,必须能够提供完全的定量的计算和评价 (3)风险可以表征为事故发生的频率和事故的后果的乘积。 (4)定量风险评价对这两方面均进行评价,可以将风险的大小完全量化,并提供足够的信息,为业主、投资者、政府管理者提供定量化的决策依据

第六节 安全技术措施

考点1 安全技术措施的分类及编制原则

项目	具体内容
分类	防止事故发生的安全技术措施： (1)消除危险源。 (2)限制能量或危险物质。 (3)隔离。 (4)故障—安全设计。 (5)减少故障和失误。 减少事故损失的安全技术措施： (1)隔离。 (2)设置薄弱环节。 (3)个体防护。 (4)避难与救援
编制原则	1. 必要性和可行性 要考虑安全生产的实际需要和技术可行性与经济承受能力。 2. 自力更生与勤俭节约 编制计划时，应注意充分利用现有的设备和设施，挖掘潜力，讲求实效。 3. 轻重缓急与统筹安排 对影响最大、危险性最大的项目应优先考虑，逐步有计划地解决。 4. 领导和群众相结合 加强领导，依靠群众，使计划切实可行，以便顺利实施

考点2 安全技术措施的编制方法

项目	具体内容
确定编制时间	年度安全技术措施计划一般应与同年度的生产、技术、财务、物资采购等计划同时编制
布置编制工作	企业领导应根据本单位的具体情况向下属单位或职能部门提出编制措施计划的具体要求，并就有关工作进行布置
确定项目和内容	(1)下属单位在认真调查和分析本单位存在的问题，并征求群众意见的基础上，确定本单位的安全技术措施计划项目和主体内容，报上级安全生产管理部门。 (2)安全生产管理部门对上报的措施计划进行审查、平衡、汇总后，确定措施计划项目，并报有关领导审批

续表

项目	具体内容
编制措施计划	安全技术措施计划项目经审批后，由安全生产管理部门和下属单位组织相关人员，编制具体的措施计划和方案，经讨论后，送上级安全生产管理部门和有关部门审查
审批措施计划	(1)上级安全、技术、计划部门对上报的安全技术措施计划进行联合会审后，报单位有关领导审批。 (2)安全技术措施计划一般由总工程师审批
下达措施计划	(1)单位主要负责人根据总工程师的审批意见，召集有关部门和下属单位负责人审查、核定措施计划。 (2)审查、核定通过后，与生产计划同时下达到有关部门贯彻执行
实施	(1)安全技术措施计划落实到各执行部门后，安全管理部门应定期对计划的完成情况进行监督检查，对已经完成的项目，应由验收部门负责组织验收。 (2)安全技术措施验收后，应及时补充、修订相关管理制度、操作规程，开展对相关人员的培训工作，建立相关的档案和记录

第三章　安全生产相关规定

知识框架

- 安全生产相关规定
  - 安全生产许可
    - 安全生产许可制度的适用范围
    - 取得安全生产许可证的条件
    - 取得安全生产许可证的程序
    - 违法行为应负的法律责任
  - 建设项目安全设施
    - 建设项目安全设施的相关内容
    - 建设项目安全设施“三同时”
    - 建设项目安全设施设计审查
    - 建设项目安全设施施工和竣工验收
  - 安全生产教育培训
    - 对安全生产教育培训的基本要求
    - 对单位主要负责人、安全生产管理人员及其他从业人员的培训、考核及认证
  - 安全文化
    - 安全文化的定义与内涵
    - 安全文化建设的基本内容
    - 安全文化建设的操作步骤
    - 企业安全文化建设评价
  - 安全生产标准化
    - 安全标准化建设的意义
    - 开展安全生产标准化建设的重点内容
  - 安全风险分级管控和隐患排查治理双重预防机制
    - 总体思路和工作目标
    - 着力构建企业双重预防机制
    - 健全完善双重预防机制的政府监管体系
    - 强化政策引导和技术支撑
    - 有关工作要求
    - 风险分级及管控原则

考点精讲

第一节 安全生产许可

考点1 安全生产许可制度的适用范围

项目	具体内容
设定范围	直接涉及国家安全、公共安全,有限自然资源开发利用、提供公共服务等
设定种类	行政许可包括5类:普通许可、特许、认可、核准、登记。 (1)空间:涵盖了在我国国家主权所及范围内从事矿产资源开发、建筑施工和危险化学品、烟花爆竹和民用爆炸物品生产等活动。 (2)主体及其行为:凡是在中华人民共和国领域内从事矿产资源开发、建筑施工和危险化学品、烟花爆竹、民用爆炸物品生产等活动的所有企业法人、非企业法人单位和中国人、外籍人、无国籍人

考点2 取得安全生产许可证的条件

项目	具体内容
三类企业	(1)矿山企业:①煤矿企业;②非煤矿企业。 (2)危险物品生产企业:①危险化学品生产企业;②烟花爆竹生产企业;③民用爆炸物品生产企业。 (3)建筑施工企业

考点3 取得安全生产许可证的程序

项目	具体内容
程序	1. 公开申请事项和要求 安全生产许可证颁发管理机关制定的安全生产许可证颁发管理的规章制度等具体规定应当公布。否则不能作为实施行政许可的具体根据。 2. 企业应当依法提出申请 企业依法向安全生产许可证颁发管理机关提出申请: (1)新设立生产企业的申请。 (2)已经进行生产企业的申请。 (3)申请人应当提交相关文件、资料

续表

项目	具体内容
程序	3. 受理申请及审查 (1)形式审查。 所谓形式审查,是指安全生产许可证颁发管理机关依法对申请人提交的申请文件、资料是否齐全、真实、合法,进行检查核实的工作。这时申请人提交的证明其具备法定安全生产条件的都是书面的文件、资料。 (2)实质性审查。 申请人提交的文件、资料通过形式审查以后,安全生产许可证颁发管理机关认为有必要的,应当对申请文件、资料和企业的实际安全生产条件进行实地审查或者核实。 安全生产许可证颁发管理机关进行实质性审查的主要方式:①委派本机关的工作人员直接进行审查或者核实;②委托其他行政机关代为进行审查或者核实;③委托安全中介机构对一些专业技术性很强的设施、设备和工艺进行专门检验。 4. 决定 (1)经审查或核实后,安全生产许可证颁发管理机关可以依法作出两种决定:①企业具备法定安全生产条件的,决定颁发安全生产许可证;②企业不具备法定安全生产条件的,决定不予颁发安全生产许可证,书面通知企业并说明理由。 (2)安全生产许可证颁发管理机关应当对有关人员提出的审查意见进行讨论,并在受理申请之日起45个工作日内作出颁发或者不予颁发安全生产许可证的决定。对决定颁发的,安全生产许可证颁发管理机关应当自决定之日起10个工作日内送达或者通知申请人领取安全生产许可证;对不予颁发的,应当在10个工作日内书面通知申请人并说明理由。 5. 期限与延续 (1)安全生产许可证的有效期为3年。 (2)延续有以下两种情形:①有效期满的例行延续。安全生产许可证的有效期为3年,企业应当于期满前3个月内向原安全生产许可证颁发管理机关办理延期手续。②有效期满的免审延续。安全生产状况良好、没有发生死亡生产安全事故的企业,不需经过审查即可延续3年,但不是自动延期,应当在有效期满前提出延期的申请,经原安全生产许可证颁发管理机关同意后方可免审延续3年。 6. 补办与变更 (1)安全生产许可证如遇损毁、丢失等情况,就需要向原安全生产许可证颁发管理机关申请补办。 (2)企业的有关事项发生变化,也需要及时办理安全生产许可证。 7. 公告 (1)安全生产许可证颁发管理机关定期向社会公布企业取得安全生产许可证情况。 (2)公布的具体形式可以多样但须规范,公布时间由安全生产许可证颁发管理机关决定

考点4 违法行为应负的法律责任

项目	具体内容
法律责任追究的原则	“谁持证谁负责”和“谁发证谁处罚”
违法行为的界定	1. 许可证颁发管理机关工作人员的安全生产许可违法行为 (1)向不符合安全生产条件的企业颁发安全生产许可证的。 (2)发现企业未依法取得安全生产许可证擅自从事生产活动,不依法处理的。 (3)发现取得安全生产许可证的企业不再具备本条例规定的安全生产条件,不依法处理的。 (4)接到对违反本条例规定行为的举报后,不及时处理的。 (5)在安全生产许可证颁发、管理和监督检查工作中,索取或者接受企业的财物,或者谋取其他利益的。 2. 企业的安全生产许可违法行为 (1)未取得安全生产许可证擅自进行生产的。 (2)取得安全生产许可证后不再具备安全生产条件的。这是一种持证违法行为。 (3)安全生产有效期满未办理延期手续,继续进行生产的。 (4)转让、冒用或者使用伪造安全生产许可证的。 (5)在《安全生产许可证条例》规定期限内逾期不办理安全生产许可证,或者经审查不具备本条例规定的安全生产条件,未取得安全生产许可证,继续进行生产的
行政处理的种类	(1)责令停止生产。 (2)没收违法所得。 (3)罚款。 (4)暂扣或吊销安全生产许可证

第二节 建设项目安全设施

考点1 建设项目安全设施的相关内容

项目	具体内容
定义	建设项目是指生产经营单位进行新建、改建、扩建工程项目的总称。 建设项目安全设施,是指生产经营单位在生产经营活动中用于预防生产安全事故的设备、设施、装置、构(建)筑物和其他技术措施的总称
责任主体	生产经营单位是建设项目安全设施建设的责任主体

考点2　建设项目安全设施“三同时”

项目	具体内容
概念	建设项目安全设施必须与主体工程同时设计、同时施工、同时投入生产和使用
相关规定	《建设项目安全设施“三同时”监督管理办法》规定： (1)国家安全生产监督管理总局(现改为应急管理部)对全国建设项目安全设施“三同时”实施综合监督管理,并在国务院规定的职责范围内承担有关建设项目安全设施“三同时”的监督管理。 (2)县级以上地方各级安全生产监督管理部门对本行政区域内的建设项目安全设施“三同时”实施综合监督管理,并在本级人民政府规定的职责范围内承担本级人民政府及其有关主管部门审批、核准或者备案的建设项目安全设施“三同时”的监督管理。 (3)跨两个及两个以上行政区域的建设项目安全设施“三同时”由其共同的上一级人民政府安全生产监督管理部门实施监督管理。 (4)上一级人民政府安全生产监督管理部门根据工作需要,可以将其负责监督管理的建设项目安全设施“三同时”工作委托下一级人民政府安全生产监督管理部门实施监督管理。 安全生产监督管理部门应当加强建设项目安全设施建设的日常安全监管,落实有关行政许可及其监管责任,督促生产经营单位落实安全设施建设责任

考点3　建设项目安全设施设计审查

项目	具体内容
建设项目安全设施设计的内容	建设项目安全设施设计应当包括下列内容： (1)设计依据。 (2)建设项目概述。 (3)建设项目潜在的危险、有害因素和危险、有害程度及周边环境安全分析。 (4)建筑及场地布置。 (5)重大危险源分析及检测监控。 (6)安全设施设计采取的防范措施。 (7)安全生产管理机构设置或者安全生产管理人员配备要求。 (8)从业人员教育培训要求。 (9)工艺、技术和设备、设施的先进性和可靠性分析。 (10)安全设施专项投资概算。 (11)安全预评价报告中的安全对策及建议采纳情况。 (12)预期效果以及存在的问题与建议。 (13)可能出现的事故预防及应急救援措施。 (14)法律、法规、规章、标准规定需要说明的其他事项

续表

项目	具体内容
申请审查需提供的资料	建设项目安全设施设计完成后,生产经营单位应当向安全生产监督管理部门提出审查申请,并提交下列文件资料: (1)建设项目审批、核准或者备案的文件。 (2)建设项目安全设施设计审查申请。 (3)设计单位的设计资质证明文件。 (4)建设项目安全设施设计。 (5)建设项目安全预评价报告及相关文件资料。 (6)法律、行政法规、规章规定的其他文件资料
相关规定	(1)安全生产监督管理部门收到申请后,对属于本部门职责范围内的,应当及时进行审查,并在收到申请后5个工作日内作出受理或者不予受理的决定,书面告知申请人;对不属于本部门职责范围内的,应当将有关文件资料转送有审查权的管理部门,并书面告知申请人。 (2)对已经受理的建设项目安全设施设计审查申请,安全生产监督管理部门应当自受理之日起20个工作日内作出是否批准的决定,并书面告知申请人,20个工作日内不能作出决定的,经本部门负责人批准,可以延长10个工作日,并将延长期限的理由书面告知申请人
不得开工的情形	建设项目安全设施设计有下列情形之一的,不予批准,并不得开工建设: (1)无建设项目审批、核准或者备案文件的。 (2)未委托具有相应资质的设计单位进行设计的。 (3)安全预评价报告由未取得相应资质的安全评价机构编制的。 (4)设计内容不符合有关安全生产的法律、法规、规章和国家标准或者行业标准、技术规范的规定的。 (5)未采纳安全预评价报告中的安全对策和建议,且未作充分论证说明的。 (6)不符合法律、行政法规规定的其他条件的。 建设项目安全设施设计审查未予批准的,生产经营单位经过整改后可以向原审查部门申请再审。 已经批准的建设项目及其安全设施设计有下列情形之一的,生产经营单位应当报原批准部门审查同意;未经审查同意的,不得开工建设: (1)建设项目的规模、生产工艺、原料、设备发生重大变更的。 (2)改变安全设施设计且可能降低安全性能的。 (3)在施工期间重新设计的

考点4　建设项目安全设施施工和竣工验收

项目	具体内容
各单位的职责	1. 施工单位 (1)施工单位应当在施工组织设计中编制安全技术措施和施工现场临时用电方案,同

续表

项目	具体内容
各单位的职责	时对危险性较大的分部分项工程依法编制专项施工方案，并附具安全验算结果，经施工单位技术负责人、总监理工程师签字后实施。 (2)施工单位应当严格按照安全设施设计和相关施工技术标准、规范施工，并对安全设施的工程质量负责。 (3)施工单位发现安全设施设计文件有错漏的，应当及时向生产经营单位、设计单位提出。生产经营单位、设计单位应当及时处理。 (4)施工单位发现安全设施存在重大事故隐患时，应当立即停止施工并报告生产经营单位进行整改。整改合格后，方可恢复施工。 2. 监理单位 (1)工程监理单位应当审查施工组织设计中的安全技术措施或者专项施工方案是否符合工程建设强制性标准。 (2)工程监理单位在实施监理过程中，发现存在事故隐患的，应当要求施工单位整改；情况严重的，应当要求施工单位暂时停止施工，并及时报告生产经营单位。施工单位拒不整改或者不停止施工的，工程监理单位应当及时向有关主管部门报告。 (3)工程监理单位、监理人员应当按照法律、法规和工程建设强制性标准实施监理，并对安全设施工程的工程质量承担监理责任。 3. 建设单位 (1)建设项目安全设施建成后，生产经营单位应当对安全设施进行检查，对发现的问题及时整改。 (2)建设项目竣工投入生产或者使用前，生产经营单位应当组织对安全设施进行竣工验收，并形成书面报告备查。安全设施竣工验收合格后，方可投入生产和使用

第三节　安全生产教育培训

考点1　对安全生产教育培训的基本要求

项目	具体内容
基本要求	(1)生产经营单位的主要负责人和安全生产管理人员必须具备与本单位所从事的生产经营活动相应的安全生产知识和管理能力。 (2)危险物品的生产、经营、储存、装卸单位以及矿山、金属冶炼、建筑施工、运输单位的主要负责人和安全生产管理人员，应当由有关主管部门对其安全生产知识和管理能力考核合格后方可任职。 (3)生产经营单位应当对从业人员进行安全生产教育和培训，保证从业人员具备必要的安全生产知识，熟悉有关的安全生产规章制度和安全操作规程，掌握本岗位的安全操作技能。未经安全生产教育和培训合格的从业人员，不得上岗作业

续表

项目	具体内容
基本要求	(4)生产经营单位采用新工艺、新技术、新材料或者使用新设备,必须了解、掌握其安全技术特性,采取有效的安全防护措施,并对从业人员进行专门的安全教育和培训。 (5)生产经营单位的特种作业人员必须按照国家有关规定经专门的安全作业培训,取得相应资格,方可上岗作业,特种作业人员的范围由国务院应急管理部门会同国务院有关部门确定。 (6)生产经营单位应当教育和督促从业人员严格执行本单位的安全生产规章制度和安全操作规程;并向从业人员如实告知作业场所和工作岗位存在的危险因素、防范措施以及事故应急措施。 (7)从业人员应当接受安全生产教育和培训,掌握本职工作所需的安全生产知识,提高安全生产技能,增强事故预防和应急处理能力

考点2　对单位主要负责人、安全生产管理人员及其他从业人员的培训、考核及认证

项目	具体内容
对单位主要负责人的培训要求	1. 初次培训的主要内容 (1)国家安全生产方针、政策和有关安全生产的法律、法规、规章及标准。 (2)安全生产管理基本知识、安全生产技术、安全生产专业知识。 (3)重大危险源管理、重大事故防范、应急管理和救援组织以及事故调查处理的有关规定。 (4)职业危害及其预防措施。 (5)国内外先进的安全生产管理经验。 (6)典型事故和应急救援案例分析。 (7)其他需要培训的内容。 2. 再培训内容 对已经取得上岗资格证书的有关领导,应定期进行再培训,再培训的主要内容: (1)新知识、新技术和新颁布的政策、法规。 (2)有关安全生产的法律、法规、规章、规程、标准和政策。 (3)安全生产的新技术、新知识。 (4)安全生产管理经验。 (5)典型事故案例。 3. 培训时间 (1)危险物品的生产经营、储存单位以及矿山、烟花爆竹、建筑施工单位主要负责人安全资格培训时间不得少于48学时,每年再培训时间不得少于16学时。 (2)其他单位主要负责人安全生产管理培训时间不得少于32学时,每年再培训时间不得少于12学时

续表

项目	具体内容
对安全生产管理人员的培训要求	1. 初次培训的主要内容 (1)国家安全生产方针、政策和有关安全生产的法律、法规、规章及标准。 (2)安全生产管理、安全生产技术、职业卫生等知识。 (3)伤亡事故统计、报告及职业危害的调查处理方法。 (4)应急管理、应急预案编制以及应急处置的内容和要求。 (5)国内外先进的安全生产管理经验。 (6)典型事故和应急救援案例分析。 (7)其他需要培训的内容。 2. 培训时间 (1)危险物品的生产、经营、储存单位以及矿山、烟花爆竹、建筑施工单位安全生产管理人员安全资格培训时间不得少于 48 学时;每年再培训时间不得少于 16 学时。 (2)其他单位安全生产管理人员安全生产管理培训时间不得少于 32 学时;每年再培训时间不得少于 12 学时
特种作业人员的培训	(1)特种作业的范围:电工作业、焊接与热切割作业、高处作业、制冷与空调作业、煤矿安全作业、金属非金属矿山安全作业、石油天然气安全作业、冶金(有色)生产安全作业、危险化学品安全作业、烟花爆竹安全作业、安全监管总局(现改为应急管理部)认定的其他作业。 (2)特种作业人员的安全技术培训、考核、发证、复审工作实行统一监管、分级实施、教考分离的原则。 (3)特种作业人员应当接受与其所从事的特种作业相应的安全技术理论培训和实际操作培训。 (4)跨省、自治区、直辖市从业的特种作业人员,可以在户籍所在地或者从业所在地参加培训。 (5)特种作业操作证有效期为 6 年,在全国范围内有效。 (6)特种作业操作证由安全监管总局(现改为应急管理部)统一式样、标准及编号。 (7)特种作业操作证每 3 年复审 1 次。 (8)特种作业人员在特种作业操作证有效期内,连续从事本工种 10 年以上,严格遵守有关安全生产法律法规的,经原考核发证机关或者从业所在地考核发证机关同意,特种作业操作证的复审时间可以延长至每 6 年 1 次。 (9)特种作业操作证申请复审或者延期复审前,特种作业人员应当参加必要的安全培训并考试合格。 (10)安全培训时间不少于 8 个学时
其他从业人员的培训	(1)生产单位其他从业人员(简称从业人员)是指除主要负责人和安全生产管理人员以外,该单位从事生产经营活动的所有人员,包括其他负责人、管理人员、技术人员和各岗

续表

项目	具体内容
其他从业人员的培训	位的工人,以及临时聘用的人员。 (2)单位对新从业人员,应进行厂(矿)、车间(工段、区、队)、班组三级安全生产教育培训。 厂(矿)级岗前安全培训内容: ①本单位安全生产情况及安全生产基本知识; ②本单位安全生产规章制度和劳动纪律; ③从业人员安全生产权利和义务; ④有关事故案例等; ⑤煤矿、非煤矿山、危险化学品、烟花爆竹、金属冶炼等生产经营单位厂(矿)级安全培训除包括上述内容外,应当增加事故应急救援、事故应急预案演练及防范措施等内容。 车间级安全生产教育培训是在从业人员工作岗位、工作内容基本确定后进行,由车间一级组织。 车间(工段、区、队)级岗前安全培训内容: ①工作环境及危险因素; ②所从事工种可能遭受的职业伤害和伤亡事故; ③所从事工种的安全职责、操作技能及强制性标准; ④自救互救、急救方法、疏散和现场紧急情况的处理; ⑤安全设备设施、个人防护用品的使用和维护; ⑥本车间(工段、区、队)安全生产状况及规章制度; ⑦预防事故和职业危害的措施及应注意的安全事项; ⑧有关事故案例; ⑨其他需要培训的内容。 班组安全教育培训的重点是岗位安全操作规程、岗位之间工作衔接配合、作业过程的安全风险分析方法和控制对策、事故案例等等。 班组级岗前安全培训内容: ①岗位安全操作规程; ②岗位之间工作衔接配合的安全与职业卫生事项; ③有关事故案例; ④其他需要培训的内容。 (3)生产经营单位新上岗的从业人员,岗前安全培训时间不得少于24学时。 (4)煤矿、非煤矿山、危险化学品、烟花爆竹、金属冶炼等生产经营单位新上岗的从业人员安全培训时间不得少于72学时,每年再培训的时间不得少于20学时。 (5)从业人员在本生产经营单位内调整工作岗位或离岗一年以上重新上岗时,应当重新接受车间(工段、区、队)和班组级的安全培训。 (6)调整工作岗位或离岗后重新上岗安全教育培训:培训工作原则上应由车间级组织。 (7)岗位安全教育培训是指连续在岗位工作的安全教育培训工作,主要包括:

续表

项目	具体内容
其他从业人员的培训	①日常安全教育培训； ②定期安全考试； ③专题安全教育培训。 (8)生产经营单位实施新工艺、新技术、新设备(新材料)时,组织相关岗位对从业人员进行有针对性的安全生产教育培训。 法律法规及规章制度培训是指国家颁布的有关安全生产法律法规,或生产经营单位制定新的有关安全生产规章制度后,组织开展的培训活动。 事故案例培训是指在生产经营单位发生生产安全事故或获得与本单位生产经营活动相关的事故案例信息后,开展的安全教育培训活动

第四节　安全文化

考点 1　安全文化的定义与内涵

项目	具体内容
现状	杜邦企业安全文化建设过程可以使用员工安全行为模型描述四个不同阶段:自然本能、严格监督、独立自主管理、团队互助管理
定义	(1)安全文化有广义和狭义之分。狭义的安全文化是指企业安全文化,一个单位的安全文化是个人和集体的价值观、态度、能力和行为方式的综合产物。 (2)安全文化分为三个层次:直观的表层文化,如企业的安全文明生产环境与秩序;企业安全管理体制的中层文化,包括企业内部的组织机构、管理网络、部门分工和安全生产法规与制度建设;安全意识形态的深层文化。 (3)企业安全文化是企业安全物质因素和安全精神因素的总和。 (4)《企业安全文化建设导则》给出了企业安全文化的定义:被企业组织的员工群体所共享的安全价值观、态度、道德和行为规范的统一体
内涵	(1)一个单位的安全文化是企业在长期安全生产和经营活动中逐步培育形成的、具有本企业特点、为全体员工认可遵循并不断创新的观念、行为、环境、物态条件的总和。 (2)企业安全文化包括保护员工在从事生产经营活动中的身心安全与健康,既包括无损、无害、不伤、不亡的物质条件和作业环境,也包括员工对安全的意识、信念、价值观、经营思想、道德规范、企业安全激励进取精神等安全的精神因素。 (3)企业安全文化是“以人为本”多层次的复合体,由安全物质文化、安全行为文化、安全制度文化、安全精神文化组成。企业文化是“以人为本”,提倡对人的“爱”与“护”,以“灵性管理”为中心,以员工安全文化素质为基础所形成的

续表

项目	具体内容
内涵	(4)安全文化教育,从法制、制度上保障员工受教育的权利,不断创造和保证提高员工安全技能和安全文化素质的机会
基本特征	(1)安全文化是指企业生产经营过程中,为保障企业安全生产,保护员工身心安全与健康所涉及的各种文化实践及活动。 (2)企业安全文化与企业文化目标是基本一致的,即"以人为本",以人的"灵性管理"为基础。 (3)企业安全文化更强调企业的安全形象、安全奋斗目标、安全激励精神、安全价值观和安全生产及产品安全质量、企业安全风貌及"商誉"效应等,是企业凝聚力的体现,对员工有很强的吸引力和无形的约束作用,能激发员工产生强烈的责任感。 (4)企业安全文化对员工有很强的潜移默化的作用,能影响人的思维,改善人们的心智模式,改变人的行为
主要功能	(1)导向功能。企业安全文化所提出的价值观为企业的安全管理决策活动提供了为企业大多数职工所认同的价值取向,它们能将价值观内化为个人的价值观,将企业目标"内化"为自己的行为目标,使个体的目标、价值观、理想与企业的目标、价值观、理想有了高度一致性和同一性。 (2)凝聚功能。当企业安全文化所提出的价值观被企业职工内化为个体的价值观和目标后就会产生一种积极而强大的群体意识,将每个职工紧密地联系在一起。这样就形成了一种强大的凝聚力和向心力。 (3)激励功能。①用企业的宏观理想和目标激励职工奋发向上。②为职工个体指明了成功的标准与标志,使其有了具体的奋斗目标。 (4)辐射和同化功能。企业安全文化一旦在一定的群体中形成,便会对周围群体产生强大的影响作用,迅速向周边辐射。而且,企业安全文化还会保持一个企业稳定的、独特的风格和活力,同化一批又一批新来者,使他们接受这种文化并继续保持与传播,使企业安全文化的生命力得以持久

考点2　安全文化建设的基本内容

项目	具体内容
总体要求	企业在安全文化建设过程中,应充分考虑自身内部和外部的文化特征,引导全体员工的安全态度和安全行为,实现在法律和政府监管要求基础上的安全自我约束,通过全员参与实现企业安全生产水平持续提高
基本要素	(1)安全承诺:企业应建立包括安全价值观、安全愿景、安全使命和安全目标等在内的安全承诺

续表

项目	具体内容
基本要素	企业安全承诺应做到： ①切合企业特点和实际，反映共同安全志向； ②明确安全问题在组织内部具有最高优先权； ③声明所有与企业安全有关的重要活动都追求卓越； ④含义清晰明了，并被全体员工及相关方所知晓和理解。 领导者应做到： ①提供安全工作的领导力，坚持保守决策，以有形的方式表达对安全的关注； ②在安全生产上真正投入时间和资源； ③制定安全发展的战略规划，以推动安全承诺的实施； ④接受培训，在与企业相关的安全事务上具有必要的能力； ⑤授权组织的各级管理者和员工参与安全生产工作，积极质疑安全问题； ⑥安排对安全实践或实施过程的定期审查； ⑦与相关方进行沟通和合作。 各级管理者应做到： ①清晰界定全体员工的岗位安全责任； ②确保所有与安全相关的活动均采用了安全的工作方法； ③确保全体员工充分理解并胜任所承担的工作； ④鼓励和肯定在安全方面的良好态度，注重从差错中学习和获益； ⑤在追求卓越的安全绩效、质疑安全问题方面以身作则； ⑥接受培训，在推进和辅导员工改进安全绩效上具有必要的能力； ⑦保持与相关方的交流合作，促进组织部门之间的沟通与协作。 每个员工应做到： ①在本职工作上始终采取安全的方法； ②对任何与安全相关的工作保持质疑的态度； ③对任何安全异常和事件保持警觉并主动报告； ④接受培训，在岗位工作中具有改进安全绩效的能力； ⑤与管理者和其他员工进行必要的沟通。 （2）行为规范与程序。 企业内部的行为规范是企业安全承诺的具体体现和安全文化建设的基础要求。行为规范的建立和执行应做到： ①体现企业的安全承诺； ②明确各级各岗位人员在安全生产工作中的职责与权限； ③细化有关安全生产的各项规章制度和操作程序； ④行为规范的执行者参与规范系统的建立，熟知自己在组织中的安全角色和责任； ⑤由正式文件予以发布

续表

项目	具体内容
基本要素	⑥引导员工理解和接受建立行为规范的必要性，知晓由于不遵守规范所引发的潜在不利后果； ⑦通过各级管理者或被授权者观测员工行为，实施有效监控和缺陷纠正； ⑧广泛听取员工意见，建立持续改进机制。 程序是行为规范的重要组成部分。程序的建立和执行应做到：①识别并说明主要的风险，简单易懂，便于操作；②程序的使用者（必要时包括承包商）参与程序的制定和改进过程，并应清楚理解不遵守程序可导致的潜在不利后果；③由正式文件予以发布；④通过强化培训，向员工阐明在程序中给出特殊要求的原因；⑤对程序的有效执行保持警觉，即使在生产经营压力很大时，也不能容忍走捷径和违反程序；⑥鼓励员工对程序的执行保持质疑的安全态度，必要时采取更加保守的行动并寻求帮助。 （3）安全行为激励。 （4）安全信息传播与沟通。 沟通应满足： ①确认有关安全事项的信息已经发送，并被接收方所接收和理解。 ②涉及安全事件的沟通信息应真实、开放。 ③每个员工都应认识到沟通对安全的重要性，从他人处获取信息和向他人传递信息。 （5）自主学习与改进。 （6）安全事务参与。 （7）审核与评估。 企业应对自身安全文化建设情况进行定期的全面审核，审核内容包括： ①领导者应定期组织各级管理者评审企业安全文化建设过程的有效性和安全绩效结果。 ②领导者应根据审核结果确定并落实整改不符合、不安全实践和安全缺陷的优先次序，并识别新的改进机会。 ③必要时，应鼓励相关方实施这些优先次序和改进机会，以确保其安全绩效与企业协调一致
推进与保障	（1）规划与计划：由企业最高领导人组织制定推动本企业安全文化建设的长期规划和阶段性计划。 （2）保障条件：①明确安全文化建设的领导职能，建立领导机制；②确定负责推动安全文化建设的组织机构与人员，落实其职能；③保证必需的建设资金投入；④配置适用的安全文化信息传播系统。 （3）推动骨干的选拔和培养

考点3 安全文化建设的操作步骤

项目	具体内容
建立机构	(1)领导机构可以定为"安全文化建设委员会",必须由生产经营单位主要负责人亲自担任委员会主任,同时要确定一名生产经营单位高层领导人担任委员会的常务副主任。 (2)其他高层领导可以任副主任,有关管理部门负责人任委员。其下还必须建立一个安全文化办公室,办公室可以由生产(经营)、宣传、党群、团委、安全管理等部门的人员组成,负责日常工作
制定规划	(1)对本单位的安全生产观念、状态进行初始评估。 (2)对本单位的安全文化理念进行定格设计。 (3)制定出科学的时间表及推进计划
培训骨干	(1)培养骨干是推动企业安全文化建设不断更新、发展,非做不可的事情。 (2)训练内容可包括理论、事例、经验和本企业应该如何实施的方法等
宣传教育	宣传、教育、激励、感化是传播安全文化、促进精神文明的重要手段
努力实践	(1)安全文化建设是安全管理中高层次的工作,是实现零事故目标的必由之路,是超越传统安全管理来解决安全生产问题的根本途径。 (2)在安全文化建设过程中,紧紧围绕"安全—健康—文明—环保"的理念,通过采取管理控制、精神激励、环境感召、心理调适、习惯培养等一系列方法,既推进安全文化建设的深入发展,又丰富安全文化的内涵

考点4 企业安全文化建设评价

项目	具体内容
评价指标	1. 基础特征 (1)企业状态特征。 企业自身的成长、发展、经营、市场状态,主要从企业历史、企业规模、市场地位、盈利状况等方面进行评价。 (2)企业文化特征。 企业文化层面的突出特征,主要评估企业文化的开放程度、员工凝聚力的强弱、学习型组织的构建情况、员工执行力状况等。 (3)企业形象特征。 员工、社会公众对企业整体形象的认识和评价。 (4)企业员工特征。 充分明确员工的整体状况,总体教育水平、工作经验和操作技能、道德水平等

续表

项目	具体内容
评价指标	(5)企业技术特征。 企业在工程技术方面的使用、改造情况,比如技术设备的先进程度、技术改造状况、工艺流程的先进性以及人机工程建设情况。 (6)监管环境。 企业所在地政府安监及相关部门的职能履行情况,包括监管人员的业务素质、监管力度、法律法规的公布及执行情况。 (7)经营环境。 主要反映企业所在地的经济发展、市场经营状况等商业环境,诸如人力资源供给程度、信息交流情况、地区整体经济实力等。 (8)文化环境。 反映企业所在地域的社会文化环境,主要包括民族传统、地域文化特征等。 2. 企业安全承诺 (1)安全承诺内容。 综合考量承诺内容的涉及范围,表述理念的先进性、时代性,与企业实际的契合程度。 (2)安全承诺表述。 企业安全承诺在阐述和表达上应完整准确,具有较强的普适性、独特性和感召力。 (3)安全承诺传播。 企业的安全承诺需要在内部及外部进行全面、及时、有效的传播,涉及不同的传播方式,选择适当的传播频度,达到良好的认知效果。 (4)安全承诺认同。 考察企业内部对企业安全承诺的共鸣程度,主要包括:安全承诺能否得到全体员工特别是基层员工的深刻理解和广泛认同,企业领导能否做到身体力行、率先垂范,全体员工能否切实把承诺内容应用于安全管理和安全生产的实践当中。 3. 企业安全管理 (1)安全权责。 企业的安全管理权责分配依据的原则、权责对应或背离程度以及在实际工作当中的执行效果。 (2)管理机构。 企业应设置专人专职专责的安全管理机构,并配备充足的、符合要求的人力、物力资源,保障其独立履职的管理效果。企业安全管理部门及人员应当具有明确的管理权力与责任,在权责的分配上应充分考虑企业安全工作实际,有效保证管理权责的匹配性、一致性和平衡性。 (3)制度执行。 企业安全管理的制度执行力度与障碍情况。 (4)管理效果。 结合企业实际,从安全绩效改善程度、应急机制完善程度、事故与事件管理水平等方

续表

项目	具体内容
评价指标	面,客观评估企业安全管理工作在一定时期内的实施效果。 4. 企业安全环境 (1)安全指引。 企业应综合运用各种途径和方法,有效引导员工安全生产。主要从安全标识运用、安全操作指示、安全绩效引导、应激调适机制等方面进行评估。 (2)安全防护。 企业应依据生产作业环境特点,做好安全防护工作,安装有效的防护设施和设备,提供充足的个体防护用品。 (3)环境感受。 环境感受是员工对一般作业环境和特殊作业环境的综合感观和评价,是对作业环境的安全保障效果的主观性评估。主要从作业现场的清洁、安全、人性化等方面,考察员工的安全感、舒适感和满意度。 5. 企业安全培训与学习 (1)重要性体现。 企业各级人员对安全培训工作重要性的认识程度,直接体现在培训资源投入力度、培训工作的优先保证程度及企业用人制度等方面。 (2)充分性体现。 企业应向员工提供充足的培训机会,根据实际需要和长远目标规范培训内容,科学设置培训课时,竭力开发、运用员工喜闻乐见的有效培训方式。 (3)有效性体现。 科学判断企业安全培训的实施效果,主要从员工安全态度的端正程度、安全技能的提升幅度、安全行为和安全绩效的改善程度等方面进行评估。 6. 企业安全信息传播 (1)信息资源。 根据安全文化传播需要,企业应分别建立和完善安全管理信息库、安全技术信息库、安全事故信息库和安全知识信息库等各种安全信息库,储备大量的安全信息资源。 (2)信息系统。 企业围绕安全信息传播工作,设置专职操作机构,建立完备的管理机制,搭建稳定的信息传播与管理平台,创造完善齐全的信息传播载体。 (3)效能体现。 根据员工获取和交流企业安全信息的便捷程度,企业安全信息传播的有效到达率、知晓率和开放程度,综合衡量企业安全信息传播的实际效果。 7. 安全行为激励 (1)激励机制。 围绕安全发展这一激励目标,企业应建立一套理性化的管理制度以规范安全激励工作,实现安全激励制度化,保证安全绩效的优先权

续表

项目	具体内容
评价指标	(2)激励方式。 根据企业实际兼顾精神和物质两个层面,采取最可靠、最有效的安全激励方式。 (3)激励效果。 员工对企业安全激励机制、激励方式的响应体现为绩效改善与行为改善的正负效应。 8. 安全事务参与 (1)安全会议与活动。 企业应根据实际需要,定期举办以安全为主题的各种会议和活动,鼓励并邀请相关员工积极参与。 (2)安全报告。 企业应建立渠道通畅的各级安全报告制度,确保报告反馈的及时、高效,注重各种报告、处理等信息的公开、共享。 (3)安全建议。 企业应建立科学有效的安全建议制度,疏通各种安全建议渠道,以及时反馈、择优采纳等实际行动鼓励员工积极参与安全建议。 (4)沟通交流。 在企业内部和外部创造良好的安全信息沟通氛围,实现企业各层级员工有效的纵向沟通和横向交流,同时及时与企业不同层面的合作伙伴互通安全信息。 9. 决策层行为 (1)公开承诺。 企业决策层应适时亲自公布企业相关安全承诺与政策,参与安全责任体系的建立,做出重大安全决策。 (2)责任履行。 在企业人事政策、安全投入、员工培训等方面,企业决策层应充分履行自己的安全职责,确保安全在各工作环节的重要地位。 (3)自我完善。 企业决策层应接受充分的安全培训,加强与外部进行安全信息沟通交流,全面提高自身安全素质,做好遵章守制、安全生产的表率。 10. 管理层行为 (1)责任履行。 企业管理层应明确所担负的建立并完善制度、加强监督管理、改善安全绩效等重要安全责任,并严格履行职责。 (2)指导下属。 企业管理层应对员工进行资格审定,有效组织安全培训和现场指导。 (3)自我完善。 企业管理层应注重安全知识和技能的更新,积极完善自我,加强沟通交流

续表

项目	具体内容
评价指标	11. 员工层行为 (1)安全态度。 主要从安全责任意识、安全法律意识和安全行为意向等方面,判断员工对待安全的态度。 (2)知识技能。 除熟练掌握岗位安全技能外,员工还应具备充分的辨识风险、应急处置等各种安全知识和操作能力。 (3)行为习惯。 员工应养成良好的安全行为习惯,积极交流安全信息,主动参与各种安全培训和活动,严格遵守规章制度。 (4)团队合作。 在安全生产过程中,同事之间要增进了解,彼此信任,加强互助合作,主动关心、保护同伴,共同促进团队安全绩效的提升
减分指标	1. 死亡事故 在进行安全评价的前 1 年内,如发生死亡事故,则视情况(事故性质、伤亡人数)扣减安全文化评价得分 5 ~ 15 分。 2. 重伤事故 在进行安全评价的前 1 年内,如发生重伤事故,则视情况扣减安全文化评价得分 3 ~ 10 分。 3. 违章记录 在进行安全评价的前 1 年内,根据企业的"违章指挥、违章操作、违反劳动纪律"记录情况,视程度扣减安全文化评价得分 1 ~ 8 分
评价程序	1. 建立评价组织机构与评价实施机构 (1)企业开展安全文化评价工作时,首先应成立评价组织机构,并由其确定评价工作的实施机构。 (2)企业实施评价时,由评价组织机构负责确定评价工作人员并成立评价工作组。必要时可选聘有关咨询专家或咨询专家组。咨询专家(组)的工作任务和工作要求由评价组织机构明确。 评价工作人员应具备以下基本条件: ①熟悉企业安全文化评价相关业务,有较强的综合分析判断能力与沟通能力。 ②具有较丰富的企业安全文化建设与实施专业知识。 ③坚持原则、秉公办事。 ④评价项目负责人应有丰富的企业安全文化建设经验,熟悉评价指标及评价模型

续表

项目	具体内容
评价程序	2. 制定评价工作实施方案 评价实施机构应参照本标准制定《评价工作实施方案》。方案中应包括所用评价方法、评价样本、访谈提纲、测评问卷、实施计划等内容，并应报送评价组织机构批准。 3. 下达《评价通知书》 在实施评价前，由评价组织机构向选定的样本单位下达《评价通知书》。《评价通知书》中应当明确评价的目的、用途、要求、应提供的资料及对所提供资料应负的责任、其他需在《评价通知书》中明确的事项。 4. 调研、收集与核实基础资料 根据本标准设计评价的调研问卷，根据《评价工作方案》收集整理评价基础数据和基础资料。资料收集可以采取访谈、问卷调查、召开座谈会、专家现场观测、查阅有关资料和档案等形式进行。评价人员要对评价基础数据和基础资料进行认真检查、整理，确保评价基础资料的系统性和完整性。评价工作人员应对接触的资料内容履行保密义务。 5. 数据统计分析 对调研结果和基础数据核实无误后，可借助 EXCEL、SPSS、SAS 等统计软件进行数据统计，然后根据本标准建立的数学模型和实际选用的调研分析方法，对统计数据进行分析。 6. 撰写评价报告 统计分析完成后，评价工作组应按照规范的格式，撰写《企业安全文化建设评价报告》报告评价结果。 7. 反馈企业征求意见 评价报告提出后，应反馈企业征求意见并作必要修改。 8. 提交评价报告 评价工作组修改完成评价报告后，经评价项目负责人签字，报送评价组织机构审核确认。 9. 进行评价工作总结 评价项目完成后，评价工作组要进行评价工作总结，将工作背景、实施过程、存在的问题和建议等形成书面报告，报送评价组织机构。同时建立好评价工作档案

第五节 安全生产标准化

考点 1 安全标准化建设的意义

项目	具体内容
意义	(1)安全生产标准化是指通过建立安全生产责任制，制订安全管理制度和操作规程，排查治理隐患和监控重大危险源，建立预防机制，规范生产行为，使各生产环节符合有

续表

项目	具体内容
意义	关安全生产法律法规和标准规范的要求，人、机、物、环境处于良好的生产状态，并持续改进，不断加强企业安全生产规范化建设。 (2)安全生产标准化建设就是用科学的方法和手段，提高人的安全意识，创造人的安全环境，规范人的安全行为，使人—机—环境达到最佳统一，从而实现最大限度地防止和减少伤亡事故的目的。 (3)安全生产标准化工作实行自主评定和外部评审的方式
等级评审	(1)生产经营单位根据有关评分准则，进行自主评定；自主评定后，申请外部评审定级。 (2)安全生产标准化评审分为：一级、二级、三级，一级为最高

考点2 开展安全生产标准化建设的重点内容

项目	具体内容
确定目标	(1)生产经营单位根据自身安全生产实际，制定总体和年度安全生产目标。 (2)按照所辖部门在生产经营中的职能，制定安全生产指标和考核办法
作业安全	1. 生产现场管理和生产过程控制 (1)对生产过程及物料、设备设施、器材、通道、作业环境等存在的隐患，应进行分析和控制。 (2)对动火作业、起重作业、受限空间作业、临时用电作业、高处作业等危险性较高的作业活动实施作业许可管理，严格履行审批手续。作业许可证应包含危害因素分析和安全措施等内容。 (3)对于吊装、爆破等危险作业，应当安排专人进行现场安全管理，确保安全规程的遵守和安全措施的落实。 2. 作业行为管理 3. 安全警示标志 (1)在有较大危险因素的作业场所和设备设施上，设置明显的安全警示标志，进行危险提示、警示，告知危险的种类、后果及应急措施等。 (2)在进行设备设施检维修、施工、吊装等作业现场设置警戒区和警示标志；在检维修现场的坑、井、洼、沟、陡坡等场所设置围栏和警示标志。 (3)安全色： ①传递安全信息含义的颜色，包括红、蓝、黄、绿四种颜色。 ②安全色适用于工矿企业、交通运输、建筑业以及仓库、医院、剧场等公共场所。但不包括灯光、荧光颜色和航空、航海、内河航运所用的颜色。 ③统一使用安全色，能使人们在紧急情况下，借助所熟悉的安全色含义，识别危险部

续表

项目	具体内容
作业安全	位，尽快采取措施，提高自控能力，有助于防止发生事故。 ④安全色用途广泛，如用于安全标志牌、交通标志牌、防护栏杆及机器上不准乱动的部位等。安全色的应用必须是以表示安全为目的和有规定的颜色范围。 ⑤红色表示禁止、停止、消防和危险的意思。禁止、停止和有危险的器件设备或环境涂以红色的标记。如禁止标志、交通禁令标志、消防设备、停止按钮和停车、刹车装置的操纵把手、仪表刻度盘上的极限位置刻度、机器转动部件的裸露部分、液化石油气槽车的条带及文字，危险信号旗等。 ⑥黄色表示注意、警告的意思。需警告人们注意的器件、设备或环境涂以黄色标记。如警告标志、交通警告标志、道路交通路面标志、皮带轮及其防护罩的内壁、砂轮机罩的内壁、楼梯的第一级和最后一级的踏步前沿、防护栏杆及警告信号旗等。 ⑦蓝色表示指令、必须遵守的规定。如指令标志、交通指示标志等。 ⑧绿色表示通行、安全和提供信息的意思。可以通行或安全情况涂以绿色标记。如表示通行、机器启动按钮、安全信号旗等。 (4)对比色： ①是安全色更加醒目的反衬色。包括黑、白两种颜色。 ②主要用作上述各种安全色的背景色。例如安全标志牌上的底色一般采用白色或黑色。 4. 相关方管理 (1)应执行承包商、供应商等相关方管理制度，对其资格预审、选择、服务前准备、作业过程、提供的产品、技术服务、表现评估、续用等进行管理。 (2)不得将项目委托给不具备相应资质或条件的相关方。 (3)生产经营单位和相关方的项目协议应明确规定双方的安全生产责任和义务，或签订专门的安全协议，明确双方的安全责任。 5. 变更管理 生产经营单位应执行变更管理制度，履行审批及验收程序，并对变更过程及变更所产生的隐患进行分析和控制
隐患排查和治理	(1)法律法规、标准规范发生变更或有新的公布，以及操作条件或工艺改变，新建、改建、扩建项目建设，相关方进入、撤出或改变，对事故、事件或其他信息有新的认识，组织机构发生大的调整的，应及时组织隐患排查。 (2)隐患排查的范围应包括所有与生产经营相关的场所、环境、人员、设备设施和活动。 (3)根据隐患排查结果，制订隐患治理方案，对隐患及时进行治理。治理完成后，应对治理情况进行验证和效果评估。 (4)生产经营单位应根据生产经营状况及隐患排查治理情况，运用定量的安全生产预测预警技术，建立体现本单位安全生产状况及发展趋势的预警指数系统

续表

项目	具体内容
应急救援	1. 应急机构和队伍 (1)生产经营单位应建立安全生产应急管理机构,或指定专人负责安全生产应急管理工作。 (2)建立与本单位生产特点相适应的专兼职应急救援队伍,或指定专兼职应急救援人员,并组织训练。 (3)无须建立应急救援队伍的,可与附近具备专业资质的应急救援队伍签订服务协议。 2. 应急预案 生产经营单位应按规定制订生产安全事故应急预案,并针对重点作业岗位制订应急处置方案或措施,形成安全生产应急预案体系。 3. 应急设施、装备、物资 生产经营单位应按规定建立应急设施,配备应急装备,储备应急物资,并进行经常性的检查、维护、保养,确保其完好、可靠。 4. 应急演练 (1)生产经营单位应组织生产安全事故应急演练,并对演练效果进行评估。 (2)根据评估结果,修订、完善应急预案,改进应急管理工作。 5. 事故救援 发生事故后,应立即启动相关应急预案,积极开展事故救援

第六节　安全风险分级管控和隐患排查治理双重预防机制

考点1　总体思路和工作目标

项目	具体内容
总体思路	准确把握安全生产的特点和规律,坚持风险预控、关口前移,全面推行安全风险分级管控,进一步强化隐患排查治理,推进事故预防工作科学化、信息化、标准化,实现把风险控制在隐患形成之前、把隐患消灭在事故前面
工作目标	尽快建立健全安全风险分级管控和隐患排查治理的工作制度和规范,完善技术工程支撑、智能化管控、第三方专业化服务的保障措施,实现企业安全风险自辨自控、隐患自查自治,形成政府领导有力、部门监管有效、企业责任落实、社会参与有序的工作格局,提升安全生产整体预控能力,夯实遏制重特大事故的坚强基础

考点2 着力构建企业双重预防机制

项目	具体内容
着力构建企业双重预防机制	(1)全面开展安全风险辨识。 (2)科学评定安全风险等级。 (3)有效管控安全风险。 (4)实施安全风险公告警示。 (5)建立完善隐患排查治理体系

考点3 健全完善双重预防机制的政府监管体系

项目	具体内容
健全完善双重预防机制的政府监管体系	(1)健全完善标准规范。 (2)实施分级分类安全监管。 (3)有效管控区域安全风险。 (4)加强安全风险源头管控

考点4 强化政策引导和技术支撑

项目	具体内容
强化政策引导和技术支撑	(1)完善相关政策措施。 (2)深入推进企业安全生产标准化建设。 (3)充分发挥第三方服务机构作用。 (4)强化智能化、信息化技术的应用

考点5 有关工作要求

项目	具体内容
有关工作要求	(1)强化组织领导。 (2)强化示范带动。 (3)强化舆论引导。 (4)强化督促检查

考点6 风险分级及管控原则

项目	具体内容
基本原则	安全风险等级从高到低划分为4级: A级:重大风险/红色风险,评估属不可容许的危险;必须建立管控档案,明确不可容许的危险内容及可能触发事故的因素,采取安全措施,并制定应急措施;当风险涉及正

续表

项目	具体内容
基本原则	在进行中的作业时，应暂停作业。 B级：较大风险/橙色风险，评估属高度危险：必须建立管控档案，明确高度危险内容及可能触发事故的因素，采取安全措施；当风险涉及正在进行中的作业时，应采取应急措施。 C级：一般风险/黄色风险，评估属中度危险；必须明确中度危险内容及可能触发事故的因素，综合考虑伤害的可能性并采取安全措施，完成控制管理。 D级：低风险/蓝色风险，评估属轻度危险和可容许的危险；需要跟踪监控，综合考虑伤害的可能性并采取安全措施，完成控制管理
升级管控	涉及下列情形的B级、C级风险，应直接确定为A级： (1)构成危险化学品一级、二级重大危险源的场所和设施。 (2)涉及重点监管化工工艺的主要装置。 (3)危险化学品长输管道。 (4)同一作业单元内现场作业人员10人以上的。 涉及下列情形的C级风险，应直接确定为B级： (1)构成危险化学品三级、四级重大危险源的场所和设施。 (2)涉及剧毒化学品的场所和设施。 (3)化工企业开停车作业或者非正常工况操作。 (4)同一作业单元内现场作业人员3人以上的

第四章　安全生产与劳动防护

知识框架

- 安全生产与劳动防护
  - 劳动防护用品选用与配备
    - 按防护性能分类
    - 按劳动防护用品防护部位分类
    - 按劳动防护用品用途分类
    - 劳动防护用品的配置
    - 劳动防护用品的使用管理
    - 特种劳动防护用品安全标志管理
  - 特种设备安全管理
  - 特种作业安全管理
    - 特种作业的定义和种类
    - 特种作业人员的安全技术培训、考核、发证、复审
    - 监督管理
  - 工伤保险
    - 工伤保险的相关内容
    - 工伤认定及相关规定
    - 劳动能力鉴定及相关规定
    - 工伤保险待遇
  - 安全生产投入
    - 安全生产投入的基本要求
    - 安全生产费用的使用和管理
    - 安全生产责任保险

考点精讲

第一节　劳动防护用品选用与配备

考点1　按防护性能分类

项目	具体内容
特种劳动防护用品	头部护具类、呼吸护具类、眼(面)护具类、防护服类、防护鞋类、防坠落护具类

续表

项目	具体内容
一般劳动防护用品	未列入特种劳动防护用品目录的劳动防护用品为一般劳动防护用品

考点 2　按劳动防护用品防护部位分类

项目	具体内容
头部防护用品	头部防护用品指为防御头部不受外来物体打击、挤压伤害和其他因素危害配备的个体防护装备，如安全帽、防静电工作帽等
呼吸器官防护用品	呼吸器官防护用品指为防御有害气体、蒸气、粉尘、烟、雾由呼吸道吸入，或向使用者供氧或新鲜空气，保证尘、毒污染或缺氧环境中作业人员正常呼吸的个体防护装备，是预防尘肺病和职业中毒的重要护具，如长管呼吸器、动力送风过滤式呼吸器、自给闭路式压缩氧气呼吸器、自给闭路式氧气逃生呼吸器、自给开路式压缩空气呼吸器、自给开路式压缩空气逃生呼吸器、自吸过滤式防毒面具、自吸过滤式防颗粒物呼吸器（又称防尘口罩）等
眼面部防护用品	眼面部防护用品指用于防护作业人员的眼睛及面部免受粉尘、颗粒物、金属火花、飞屑、烟气、电磁辐射、化学飞溅物等外界有害因素的个体防护装备，如焊接眼护具、激光防护镜、强光源防护镜、职业眼面部防护具等
听力防护用品	听力防护用品指能够防止过量的声能侵入外耳道，使人耳避免噪声的过度刺激，减少听力损失，预防由噪声对人身引起的不良影响的个体防护装备，如耳塞、耳罩等
手部防护用品	手部防护用品指保护手和手臂，供作业者劳动时戴用的个体防护装备，如带电作业用绝缘手套、防寒手套、防化学品手套、防静电手套、防热伤害手套、焊工防护手套、机械危害防护手套、电离辐射及放射性污染物防护手套等
足部防护用品	足部防护用品指防止生产过程中有害物质和能量损伤劳动者足部的护具，通常人们称劳动防护鞋，如安全鞋、防化学品鞋等
躯干防护用品	躯干防护用品即通常讲的防护服，如防电弧服、防静电服、职业用防雨服、高可视性警示服、隔热服、焊接服、化学防护服、抗油易去污防静电防护服、冷环境防护服、熔融金属飞溅防护服、微波辐射防护服、阻燃服等
坠落防护用品	坠落防护用品指防止高处作业坠落或高处落物伤害的个体防护装备，如安全带、安全绳、缓冲器、缓降装置、连接器、水平生命线装置、速差自控器、自锁器、安全网、登杆脚扣、挂点装置等

续表

项目	具体内容
劳动护肤用品	劳动护肤用品指用于防止皮肤（主要是面、手等外露部分）免受化学、物理、生物等有害因素危害的个体防护用品，如防油型护肤剂、防水型护肤剂、遮光护肤剂、洗涤剂等
其他个体防护装备	（略）

考点3　按劳动防护用品用途分类

项目	具体内容
防止伤亡事故	防坠落用品、防冲击用品、防触电用品、防机械外伤用品、防酸碱用品、耐油用品、防水用品、防寒用品
预防职业病	防尘用品、防毒用品、防噪声用品、防振动用品、防辐射用品、防高低温用品等

考点4　劳动防护用品的配置

项目	具体内容
劳动防护用品的配置要求	（1）生产经营单位应根据本单位安全生产和防止职业性危害的需要，按照工种、环境和作业者身体条件等，为作业人员配备相应的防护装备。个体防护装备的分类、分级及使用范围见《个体防护装备配备规范　第1部分：总则》（GB 39800.1—2020）。 （2）存在物体打击、机械伤害、高处坠落等可能对作业者头部产生碰撞伤害的作业场所，应为作业人员配备安全帽等头部防护装备。 （3）存在飞溅物体、化学性物质、非电离辐射等可能对作业者眼、面部产生伤害的作业场所，应配备眼、面部防护装备，如：安全眼镜，化学飞溅防护镜、面罩，焊接护目镜、面罩或防护面具等。 （4）在有噪声（暴露级 $L_{EX,8h} \geq 85$ dB）的作业场所，作业人员应佩戴护听器进行听力防护，如：耳塞、耳罩、防噪音头盔等。 （5）接触粉尘的作业人员应配备防尘口罩、防颗粒物呼吸器、防尘眼镜等面部防护装备。 （6）接触有毒、有害物质的作业人员应根据可能接触毒物的种类选择配备相应的防毒面具、空气呼吸器等呼吸防护装备。 （7）从事有可能被传动机械绞碾、夹卷伤害的作业人员应穿戴紧口式防护服，长发应佩戴防护帽，不能戴防护手套。 （8）从事接触腐蚀性化学品的作业人员应穿戴耐化学品防护服、耐化学品防护鞋、耐化学品防护手套等防护装备

续表

项目	具体内容
劳动防护用品的配置要求	(9)水上作业人员应穿浸水服、救生衣等水上作业防护装备。 (10)在易燃、易爆场所的作业人员应穿戴具有防静电性能的防静电服、防静电鞋、防静电手套等防护装备。 (11)从事电气作业的作业人员应穿戴绝缘防护装备,从事高压带电作业应穿屏蔽服等防护装备。 (12)从事高温、低温作业的作业人员应穿戴耐高温或防寒防护装备。 (13)作业场所存在极端温度、电伤害、腐蚀性化学物质、机械砸伤等可能对作业者足部产生伤害,应选配足部防护装备,如:保护足趾安全鞋、防刺穿鞋、电绝缘鞋、防静电鞋、耐油防护鞋、矿工安全鞋等。 (14)在距坠落高度基准面 2 m 及 2 m 以上,有发生坠落危险的作业场所应为作业人员配备安全带,并加装安全网等防护装备。 (15)同一工作地点存在不同种类的危险、有害因素的,应当为劳动者同时提供防御各类危害的劳动防护用品。需要同时配备的劳动防护用品,还应考虑其可兼容性。 (16)劳动者在不同地点工作,并接触不同的危险、有害因素,或接触不同的危害程度的有害因素的,为其选配的劳动防护用品应满足不同工作地点的防护需求。劳动防护用品的选择还应当考虑其佩戴的合适性和基本舒适性,根据个人特点和需求选择适合号型、式样 (17)用人单位应当在可能发生急性职业损伤的有毒、有害工作场所配备应急劳动防护用品,放置于现场临近位置并有醒目标识。应当为巡检等流动性作业的劳动者配备随身携带的个人应急防护用品
生产经营单位发放劳动防护用品的责任	(1)用人单位应根据工作场所中的职业危害因素及其危害程度,按照法律、法规、标准的规定,为从业人员免费提供符合国家规定的劳动防护用品。不得以货币或其他物品替代应当配备的护品。 (2)用人单位应到定点经营单位或生产企业购买特种劳动防护用品。特种劳动防护用品必须具有“三证”和“一标志”,即生产许可证、产品合格证、安全鉴定证和安全标志。 (3)用人单位应教育从业人员,按照劳动防护用品的使用规则和防护要求正确使用劳动防护用品。使从业人员做到“三会”:会检查护品的可靠性,会正确使用劳动防护用品,会正确维护保养劳动防护用品。用人单位应定期进行监督检查。 (4)用人单位应按照产品说明书的要求,及时更换、报废过期和失效的劳动防护用品。 (5)用人单位应建立健全劳动防护用品的购买、验收、保管、发放、使用、更换、报废等管理制度和使用档案,并进行必要的监督检查

考点5 劳动防护用品的使用管理

项目	具体内容
生产经营单位的管理	(1)采购验收:生产经营单位应统一进行劳动防护用品的采购,到货后应由安全管理部门组织相关人员按标准进行验收,一是验收“三证一标志”是否齐全有效;二是对相关劳动防护用品作外观检查,必要时应进行试验验收。 (2)使用前检查:从业人员每次使用劳动防护用品前应对其进行检查,生产经营单位可制定相应检查表,供从业人员检查使用,防止使用功能损坏的劳动防护用品。 (3)使用中检查:安全生产管理部门在组织开展安全检查时,应将劳动防护用品的检查列入检查表,进行经常性的检查。重点是必须在其性能范围内使用,不超极限使用等。 (4)正确使用:从业人员应严格按照使用说明书正确使用劳动防护用品。生产经营单位的领导及安全生产管理人员应经常深入现场,检查指导从业人员正确使用劳动防护用品
政府有关部门的管理	(1)安全生产监督管理部门、煤矿安全监察机构对配发无安全标志的特种劳动防护用品的生产经营单位,有权依法进行查处。 (2)生产经营单位未按国家有关规定为从业人员提供符合国家标准或者行业标准的劳动防护用品,配发无安全标志的特种劳动防护用品的,安全生产监督管理部门或者煤矿安全监察机构有权责令限期改正;逾期未改正的,可责令停产停业整顿,可以并处5万元以下的罚款;对于造成严重后果,构成犯罪的,有权依法追究刑事责任。 (3)生产或者经营劳动防护用品的企业生产或经营假冒伪劣劳动防护用品和无安全标志的特种劳动防护用品的,安全生产监督管理部门或者煤矿安全监察机构责令停止违法行为,可以并处3万元以下的罚款。 (4)进口的一般劳动防护用品的安全防护性能不得低于我国相关标准,并向国家安全生产监督管理总局(现已并入应急管理部)指定的特种劳动防护用品安全标志管理机构申请办理准用手续;进口的特种劳动防护用品应当按照规定取得安全标志

考点6 特种劳动防护用品安全标志管理

项目	具体内容
特种劳动防护用品安全标志管理	(1)对特种劳动防护用品实行安全标志管理。特种劳动防护用品安全标志管理工作由国家安全生产监督管理总局(现已并入应急管理部)指定的特种劳动防护用品安全标志管理机构实施,受指定的特种劳动防护用品安全标志管理机构对其核发的安全标志负责。 (2)对生产经营单位的要求。①生产劳动防护用品的企业生产的特种劳动防护用品,必须取得特种劳动防护用品安全标志。②经营劳动防护用品的单位应有工商行政管理部门(现为市场监督管理部门)核发的营业执照、有满足需要的固定场所和了解相关防护用品知识的人员。经营劳动防护用品的单位不得经营假冒伪劣劳动防护用品和无安全标志的特种劳动防护用品。③生产经营单位不得采购和使用无安全标志的特种劳动防护用品;购买的特种劳动防护用品须经本单位的安全生产技术部门或者管理人员检查验收

续表

项目	具体内容
特种劳动防护用品安全标志管理	(3)监督检查:安全生产监督管理部门、煤矿安全监察机构依法对劳动防护用品使用情况和特种劳动防护用品安全标志进行监督检查,督促生产经营单位按照国家有关规定为从业人员配备符合国家标准或者行业标准的劳动防护用品
特种劳动防护用品目录	(1)头部护具类:安全帽。 (2)呼吸护具类:防尘口罩、过滤式防毒面具、自给式空气呼吸器、长管面具。 (3)眼(面)护具类:焊接眼面防护具、防冲击眼护具。 (4)防护服类:阻燃防护服、防酸工作服、防静电工作服。 (5)防护鞋类:保护足趾安全鞋、防静电鞋、导电鞋、防刺穿鞋、胶面防砸安全靴、电绝缘鞋、耐酸碱皮鞋、耐酸碱胶靴、耐酸碱塑料模压靴。 (6)防坠落护具类:安全带、安全网、密目式安全立网
特种劳动防护用品安全标志标识	1. 特种劳动防护用品安全标志标识 (1)劳动防护用品生产企业所生产的特种劳动防护用品,必须取得特种劳动防护用品安全标志,否则不得生产和销售。使用特种劳动防护用品的生产经营单位也不得购买、配发和使用无安全标志的特种劳动防护用品。 (2)特种劳动防护用品安全标志是确认特种劳动防护用品安全防护性能符合国家标准、行业标准,准许生产经营单位配发和使用该劳动防护用品的凭证 (3)特种劳动防护用品安全标志由特种劳动防护用品安全标志证书和特种劳动防护用品安全标志标识两部分组成。 (4)特种劳动防护用品安全标志证书由国家安全生产监督管理总局(现已并入应急管理部)监制,加盖特种劳动防护用品安全标志管理中心印章。 (5)取得特种劳动防护用品安全标志的产品应在产品的明显位置加施特种劳动防护用品安全标志标识,标识加施应牢固耐用。 (6)特种劳动防护用品安全标志标识由盾牌图形和特种劳动防护用品安全标志的编号组成。不同尺寸的图形用于不同类型的特种劳动防护用品。 2. 特种劳动防护用品安全标志标识的说明 (1)本标识采用古代盾牌之形状,取“防护”之意。 (2)盾牌中间采用字母“LA”表示“劳动安全”之意。 (3)“××-××-××××××”是标识的编号。编号采用3层数字和字母组合编号方法编制。第一层的两位数字代表获得标识使用授权的年份;第二层的两位数字代表获得标识使用授权的生产企业所属的省级行政地区的区划代码(进口产品,第二层的代码则以两位英文字母缩写表示该进口产品产地的国家代码);第三层代码的前三位数字代表产品的名称代码,后三位数字代表获得标识使用授权的顺序。 (4)参照《安全色》的规定,标识边框、盾牌及“安全防护”为绿色,“LA”及背景为白色,标识编号为黑色

续表

项目	具体内容
特种劳动防护用品安全标志标识	(5)标识规格与适用范围。①焊接护目镜、焊接面罩、防冲击护眼具:18 mm(包括编号)×12 mm。②安全帽、防尘口罩、过滤式防毒面具面罩、过滤式防毒面具滤毒罐(盒)、自给式空气呼吸器、长管面具:27 mm(包括编号)×18 mm。③阻燃防护服、防酸工作服、防静电工作服、防静电鞋、导电鞋、保护足趾安全鞋、胶面防砸安全鞋、耐酸碱皮鞋、耐酸碱胶靴、耐酸碱塑料膜压靴、防穿刺鞋、电绝缘鞋:39 mm(包括编号)×26 mm。④安全带、安全网、密目式安全立网:69 mm(包括编号)×46 mm。 3. 特种劳动防护用品安全标志的申请、受理、核发和日常管理 申请特种劳动防护用品安全标志的生产单位(以下简称申请单位)应具备下列条件: (1)具有工商行政管理部门(现为市场监督管理部门)核发的营业执照。 (2)具有能满足生产需要的生产场所和技术力量。 (3)具有能保证产品安全防护性能的生产设备。 (4)具有能满足产品安全防护性能要求的检测检验设备。 (5)具有完善的质量保证体系。 (6)具有产品标准和相关技术文件。 (7)其产品符合国家标准或行业标准要求。 (8)法律、法规规定的其他条件

第二节　特种设备安全管理

考点　特种设备安全管理

项目	具体内容
锅炉压力容器使用安全管理	锅炉压力容器使用安全管理措施包括: (1)使用许可厂家合格产品。 (2)登记建档。 (3)专责管理。 (4)建立制度。 (5)持证上岗。 (6)照章运行。 (7)定期检验。在设备的设计使用期限内,每隔一定的时间对其承压部件和安全装置进行检测检查或做必要的试验是及早发现缺陷、消除隐患、保证设备安全运行的一项行之有效的措施。 (8)监控水质。 (9)报告事故

续表

项目	具体内容
锅炉正常运行中的监督调节	1. 锅炉水位的监督调节 (1)锅炉水位保持在正常水位线处,允许在正常水位线上下 50 mm 内波动。 (2)水位的调节通常与气压、蒸发量的调节联系在一起。 (3)锅炉低负荷运行,水位稍高于正常水位。 (4)高负荷运行,则稍低于正常水位。 2. 锅炉气压的监督调节 (1)锅炉运行中,蒸汽压力应基本上保持稳定。 (2)负荷小于蒸发量,气压就上升。 (3)负荷大于蒸发量,气压就下降。 (4)根据负荷的变化,相应增减锅炉的燃料量、风量、给水量。 (5)间断上水的锅炉,上水应均匀。 (6)上水间隔时间不宜过长,一次上水不宜过多。 (7)燃烧减弱时不宜上水,人工烧炉在投煤、扒渣时不宜上水。 3. 燃烧的监督调节 (1)使燃料燃烧供热适应负荷的要求,维持气压稳定。 (2)使燃烧完好正常,减少未完全燃烧损失,减轻金属腐蚀和大气污染。 (3)对负压燃烧锅炉,维持引风和鼓风的均衡,保持炉膛一定的负压,以保证操作安全和减少排烟损失。 4. 气温的调节 (1)锅炉负荷、燃料及给水温度的改变会造成过热气温的改变 (2)过热器本身的传热特性不同,上述因素改变时气温变化规律不同。 5. 排污和吹灰 (1)排污:保持受热面内部清洁,避免锅水发生汽水共腾及蒸汽品质恶化。 (2)吹灰:避免积灰影响锅炉传热,降低锅炉效率,产生安全隐患
停炉	1. 正常停炉次序 (1)先停燃料供应,随之停止送风,减少引风。 (2)与此同时,逐渐降低锅炉负荷,相应地减少锅炉上水,但应维护锅炉水位稍高于正常水位,对燃气、燃油锅炉,炉膛停火后引风机至少要继续引风 5 min 以上。 (3)锅炉停止供汽后,应隔断与蒸汽母管的连接,排气降压,为保护过热器,防止其金属超温,可打开过热器出口集箱疏水阀适当放气。 2. 紧急停炉次序 (1)立即停止添加燃料和送风,减弱引风。 (2)与此同时,设法熄灭炉膛内的燃料,对于一般层燃炉可以用沙土或湿灰灭火,链条炉可以开快挡使炉排快速运转,把红火送入灰坑。 (3)灭火后即把炉门、灰门及烟道挡板打开,以加强通风冷却

续表

项目	具体内容
停炉	(4)锅内可以较快降压并更换锅水,锅水冷却至70 ℃左右允许排水,因缺水紧急停炉时,严禁给锅炉上水,并不得开启空气阀及安全阀快速降压。 3. 紧急停炉情况 锅炉水位低于水位表的下部可见边缘,不断加大向锅炉进水及采取其他措施,但水位仍继续下降,锅炉水位超过最高可见水位(满水),经放水仍不能见到水位,给水泵全部失效或给水系统故障,不能向锅炉进水,水位表或安全阀全部失效,设置在汽空间的压力表全部失效,锅炉元件损坏,危及操作人员安全,燃烧设备损坏、炉墙倒塌或锅炉构件被烧红等,其他异常情况危及锅炉安全运行。 4. 停炉保养 (1)主要指锅内保养,即汽水系统内部为避免或减轻腐蚀而进行的防护保养。 (2)常用的保养方式:①压力保养。②湿法保养。③干法保养。④充气保养
锅炉定期检验	(1)类别。外部检验;内部检验;水压试验。 (2)检验周期。①外部检验一般每年进行一次。②内部检验一般每两年进行一次。③水压试验一般每六年进行一次。 (3)检验内容。①锅炉管理检查、本体检验、安全附件、自控调节及保护装置检验、辅机和附件检验、水质管理和水处理设备检验等。②以宏观检验为主,配合对一些安全装置、设备的功能;确认水压试验:试验压力至少保持20 min。 (4)检验结论。①内部:允许运行、整改后运行、限制条件下运行、停止运行。②外部:允许运行、监督运行、停止运行。③水压试验:合格、不合格
压力容器定期检验	(1)压力容器一般于投用后3年内进行首次定期检验。以后的检验周期由检验机构根据压力容器的安全状况等级,按照以下要求确定:①安全状况等级为1、2级的,一般每6年检验一次。②安全状况等级为3级的,一般每3年至6年检验一次。③安全状况等级为4级的,监控使用,其检验周期由检验机构确定,累计监控使用时间不得超过3年,在监控使用期间,使用单位应当采取有效的监控措施。④安全状况等级为5级的,应当对缺陷进行处理,否则不得继续使用。 (2)有下列情况之一的压力容器,定期检验周期可以适当缩短:①介质对压力容器材料的腐蚀情况不明或者腐蚀情况异常的。②具有环境开裂倾向或者产生机械损伤现象,并且已经发现开裂的。③改变使用介质并且可能造成腐蚀现象恶化的。④材质劣化现象比较明显的。⑤使用单位没有按照规定进行年度检查的;⑥检验中对其他影响安全的因素有怀疑的。 (3)安全状况等级为1、2级的压力容器,符合下列条件之一的,定期检验周期可以适当延长:①介质腐蚀速率每年低于0.1 mm、有可靠的耐腐蚀金属衬里或者热喷质涂金属涂层的压力容器,通过1次至2次定期检验,确认腐蚀轻微或者衬里完好的,其检验周期最长可以延长至12年。②装有催化剂的反应容器以及装有充填物的压力密器,其检验周期根据设计图样和实际使用情况,由使用单位和检验机构协商确定(必要时征求设计单位的意见),报办理《特种设备使用登记证》的质量技术监督部门备案

第三节 特种作业安全管理

考点1 特种作业的定义和种类

<table>
<tr><th>项目</th><th>具体内容</th></tr>
<tr><td>定义</td><td>特种作业，是指容易发生事故，对操作者本人、他人的安全健康及设备、设施的安全可能造成重大危害的作业</td></tr>
<tr><td>种类</td><td>1. 电工作业
电工作业指对电气设备进行运行、维护、安装、检修、改造、施工、调试等作业（不含电力系统进网作业）。
（1）高压电工作业，指对1千伏（kV）及以上的高压电气设备进行运行、维护、安装、检修、改造、施工、调试、试验及绝缘工、器具进行试验的作业。
（2）低压电工作业，指对1千伏（kV）以下的低压电器设备进行安装、调试、运行操作、维护、检修、改造施工和试验的作业。
（3）防爆电气作业，指对各种防爆电气设备进行安装、检修、维护的作业。
适用于除煤矿井下以外的防爆电气作业。
2. 焊接与热切割作业
焊接与热切割作业指运用焊接或者热切割方法对材料进行加工的作业（不含《特种设备安全监察条例》规定的有关作业）。
（1）熔化焊接与热切割作业，指使用局部加热的方法将连接处的金属或其他材料加热至熔化状态而完成焊接与切割的作业。适用于气焊与气割、焊条电弧焊与碳弧气刨、埋弧焊、气体保护焊、等离子弧焊、电渣焊、电子束焊、激光焊、氧熔剂切割、激光切割、等离子切割等作业。
（2）压力焊作业，指利用焊接时施加一定压力而完成的焊接作业。适用于电阻焊、气压焊、爆炸焊、摩擦焊、冷压焊、超声波焊、锻焊等作业。
（3）钎焊作业，指使用比母材熔点低的材料作钎料，将焊件和钎料加热到高于钎料熔点，但低于母材熔点的温度，利用液态钎料润湿母材，填充接头间隙并与母材相互扩散而实现连接焊件的作业。适用于火焰钎焊作业、电阻钎焊作业、感应钎焊作业、浸渍钎焊作业、炉中钎焊作业，不包括烙铁钎焊作业。
3. 高处作业
高处作业指专门或经常在坠落高度基准面2米及以上有可能坠落的高处进行的作业。
（1）登高架设作业，指在高处从事脚手架、跨越架架设或拆除的作业。
（2）高处安装、维护、拆除作业，指在高处从事安装、维护、拆除的作业。适用于利用专用设备进行建筑物内外装饰、清洁、装修，电力、电信等线路架设，高处管道架设，小型空调高处安装、维修，各种设备设施与户外广告设施的安装、检修、维护以及在高处从事建筑物、设备设施拆除作业</td></tr>
</table>

续表

项目	具体内容
种类	4. 制冷与空调作业 制冷与空调作业指对大中型制冷与空调设备运行操作、安装与修理的作业。 (1)制冷与空调设备运行操作作业。指对各类生产经营企业和事业等单位的大中型制冷与空调设备运行操作的作业。适用于化工类(石化、化工、天然气液化、工艺性空调)生产企业,机械类(冷加工、冷处理、工艺性空调)生产企业,食品类(酿造、饮料、速冻或冷冻调理食品、工艺性空调)生产企业,农副产品加工类(屠宰及肉食品加工、水产加工、果蔬加工)生产企业,仓储类(冷库、速冻加工、制冰)生产经营企业,运输类(冷藏运输)经营企业,服务类(电信机房、体育场馆、建筑的集中空调)经营企业和事业等单位的大中型制冷与空调设备运行操作作业。 (2)制冷与空调设备安装修理作业,指对4.(1)所指制冷与空调设备整机、部件及相关系统进行安装、调试与维修的作业。 5. 煤矿安全作业 (1)煤矿井下电气作业,指从事煤矿井下机电设备的安装、调试、巡检、维修和故障处理,保证本班机电设备安全运行的作业。适用于与煤共生、伴生的坑探、矿井建设、开采过程中的井下电钳等作业。 (2)煤矿井下爆破作业,指在煤矿井下进行爆破的作业。 (3)煤矿安全监测监控作业,指从事煤矿井下安全监测监控系统的安装、调试、巡检、维修,保证其安全运行的作业。适用于与煤共生、伴生的坑探、矿井建设、开采过程中的 (4)煤矿瓦斯检查作业,指从事煤矿井下瓦斯巡检工作,负责管辖范围内通风设施的完好及通风、瓦斯情况检查,按规定填写各种记录,及时处理或汇报发现的问题的作业。适用于与煤共生、伴生的矿井建设、开采过程中的煤矿井下瓦斯检查作业。 (5)煤矿安全检查作业,指从事煤矿安全监督检查,巡检生产作业场所的安全设施和安全生产状况,检查并督促处理相应事故隐患的作业。 (6)煤矿提升机操作作业,指操作煤矿的提升设备运送人员、矿石、矸石和物料,并负责巡检和运行记录的作业。适用于操作煤矿提升机,包括立井、暗立井提升机,斜井、暗斜井提升机以及露天矿山斜坡卷扬提升的提升机作业。 (7)煤矿采煤机(掘进机)操作作业,指在采煤工作面、掘进工作面操作采煤机、掘进机,从事落煤、装煤、掘进工作,负责采煤机、掘进机巡检和运行记录,保证采煤机、掘进机安全运行的作业。适用于煤矿开采、掘进过程中的采煤机、掘进机作业。 (8)煤矿瓦斯抽采作业,指从事煤矿井下瓦斯抽采钻孔施工、封孔、瓦斯流量测定及瓦斯抽采设备操作等,保证瓦斯抽采工作安全进行的作业。适用于煤矿、与煤共生和伴生的矿井建设、开采过程中的煤矿地面和井下瓦斯抽采作业。 (9)煤矿防突作业,指从事煤与瓦斯突出的预测预报、相关参数的收集与分析、防治突出措施的实施与检查、防突效果检验等,保证防突工作安全进行的作业。适用于煤矿、与煤共生和伴生的矿井建设、开采过程中的煤矿井下煤与瓦斯防突作业

续表

项目	具体内容
种类	(10)煤矿探放水作业，指从事煤矿探放水的预测预报、相关参数的收集与分析、探放水措施的实施与检查、效果检验等，保证探放水工作安全进行的作业。适用于煤矿、与煤共生和伴生的矿井建设、开采过程中的煤矿井下探放水作业。 6. 金属非金属矿山安全作业 (1)金属非金属矿井通风作业，指安装井下局部通风机，操作地面主要扇风机、井下局部通风机和辅助通风机，操作、维护矿井通风构筑物，进行井下防尘，使矿井通风系统正常运行，保证局部通风，以预防中毒窒息和除尘等的作业。 (2)尾矿作业，指从事尾矿库放矿、筑坝、巡坝、抽洪和排渗设施的作业。适用于金属非金属矿山的尾矿作业。 (3)金属非金属矿山安全检查作业，指从事金属非金属矿山安全监督检查，巡检生产作业场所的安全设施和安全生产状况，检查并督促处理相应事故隐患的作业。 (4)金属非金属矿山提升机操作作业，指操作金属非金属矿山的提升设备运送人员、矿石、矸石和物料，及负责巡检和运行记录的作业。适用于金属非金属矿山的提升机，包括竖井、盲竖井提升机，斜井、盲斜井提升机以及露天矿山斜坡卷扬提升的提升机作业。 (5)金属非金属矿山支柱作业，指在井下检查井巷和采场顶、帮的稳定性，撬浮石，进行支护的作业。 (6)金属非金属矿山井下电气作业，指从事金属非金属矿山井下机电设备的安装、调试、巡检、维修和故障处理，保证机电设备安全运行的作业 (7)金属非金属矿山排水作业，指从事金属非金属矿山排水设备日常使用，维护、巡检的作业。 (8)金属非金属矿山爆破作业，指在露天和井下进行爆破的作业。 7. 石油天然气安全作业 司钻作业，指石油、天然气开采过程中操作钻机起升钻具的作业。适用于陆上石油、天然气司钻(含钻井司钻、作业司钻及勘探司钻)作业。 8. 冶金(有色)生产安全作业 煤气作业，指冶金、有色企业内从事煤气生产、储存、输送、使用、维护检修的作业。 9. 危险化学品安全作业 危险化学品安全作业指从事危险化工工艺过程操作及化工自动化控制仪表安装、维修、维护的作业。 (1)光气及光气化工艺作业，指光气合成以及厂内光气储存、输送和使用岗位的作业。 (2)氯碱电解工艺作业；指氯化钠和氯化钾电解、液氯储存和充装岗位的作业。适用于氯化钠(食盐)水溶液电解生产氯气、氢氧化钠、氢气，氯化钾水溶液电解生产氯气、氢氧化钾、氢气等工艺过程的操作作业

续表

项目	具体内容
种类	(3)氯化工艺作业，指液氯储存、气化和氯化反应岗位的作业。适用于取代氯化，加成氯化，氧氯化等工艺过程的操作作业。 (4)硝化工艺作业，指硝化反应、精馏分离岗位的作业。适用于直接硝化法，间接硝化法，亚硝化法等工艺过程的操作作业。 (5)合成氨工艺作业，指压缩、氨合成反应、液氨储存岗位的作业。适用于节能氨五工艺法(AMV)，德士古水煤浆加压气化法、凯洛格法，甲醇与合成氨联合生产的联醇法，纯碱与合成氨联合生产的联碱法，采用变换催化剂、氧化锌脱硫剂和甲烷催化剂的"三催化"气体净化法工艺过程的操作作业。 (6)裂解(裂化)工艺作业，指石油系的烃类原料裂解(裂化)岗位的作业。 (7)氟化工艺作业，指氟化反应岗位的作业。适用于直接氟化，金属氟化物或氟化氢气体氟化，置换氟化以及其他氟化物的制备等工艺过程的操作作业。 (8)加氢工艺作业，指加氢反应岗位的作业。 (9)重氮化工艺作业，指重氮化反应、重氮盐后处理岗位的作业。适用于顺法、反加法、亚硝酰硫酸法、硫酸铜触媒法以及盐析法等工艺过程的操作作业。 (10)氧化工艺作业，指氧化反应岗位的作业。 (11)过氧化工艺作业，指过氧化反应、过氧化物储存岗位的作业。 (12)胺基化工艺作业，指胺基化反应岗位的作业。 (13)磺化工艺作业，指磺化反应岗位的作业。 (14)聚合工艺作业，指聚合反应岗位的作业。 (15)烷基化工艺作业，指烷基化反应岗位的作业。 (16)化工自动化控制仪表作业，指化工自动化控制仪表系统安装、维修、维护的作业 10. 烟花爆竹安全作业 烟花爆竹安全作业指从事烟花爆竹生产、储存中的药物混合、造粒、筛选、装药、筑药、压药、搬运等危险工序的作业。 (1)烟火药制造作业，指从事烟火药的粉碎、配药、混合、造粒、筛选、干燥、包装等作业。 (2)黑火药制造作业，指从事黑火药的潮药、浆硝、包片、碎片、油压、抛光和包浆等作业。 (3)引火线制造作业，指从事引火线的制引、浆引、漆引、切引等作业。 (4)烟花爆竹产品涉药作业，指从事烟花爆竹产品加工中的压药、装药、筑药、褙药剂、已装药的钻孔等作业。 (5)烟花爆竹储存作业，指从事烟花爆竹仓库保管、守护、搬运等作业。 除此之外，还包括安全监管总局认定的其他作业

考点 2　特种作业人员的安全技术培训、考核、发证、复审

项目	具体内容
原则	特种作业人员的安全技术培训、考核、发证、复审工作实行统一监管、分级实施、教考分离的原则
培训	(1)特种作业人员应当接受与其所从事的特种作业相应的安全技术理论培训和实际操作培训。 ①已经取得职业高中、技工学校及中专以上学历的毕业生从事与其所学专业相应的特种作业,持学历证明经考核发证机关同意,可以免予相关专业的培训。 ②跨省、自治区、直辖市从业的特种作业人员,可以在户籍所在地或者从业所在地参加培训。 (2)对特种作业人员的安全技术培训,具备安全培训条件的生产经营单位应当以自主培训为主,也可以委托具备安全培训条件的机构进行培训。 ①不具备安全培训条件的生产经营单位,应当委托具备安全培训条件的机构进行培训。 ②生产经营单位委托其他机构进行特种作业人员安全技术培训的,保证安全技术培训的责任仍由本单位负责。 ③从事特种作业人员安全技术培训的机构(以下统称培训机构),应当制定相应的培训计划、教学安排,并按照安全监管总局、煤矿安监局制定的特种作业人员培训大纲和煤矿特种作业人员培训大纲进行特种作业人员的安全技术培训
考核发证	(1)特种作业人员的考核包括考试和审核两部分。考试由考核发证机关或其委托的单位负责;审核由考核发证机关负责。①安全监管总局、煤矿安监局分别制定特种作业人员、煤矿特种作业人员的考核标准,并建立相应的考试题库。②考核发证机关或其委托的单位应当按照安全监管总局、煤矿安监局统一制定的考核标准进行考核。 (2)参加特种作业操作资格考试的人员,应当填写考试申请表,由申请人或者申请人的用人单位持学历证明或者培训机构出具的培训证明向申请人户籍所在地或者从业所在地的考核发证机关或其委托的单位提出申请。①考核发证机关或其委托的单位收到申请后,应当在 60 日内组织考试。②特种作业操作资格考试包括安全技术理论考试和实际操作考试两部分。考试不及格的,允许补考 1 次。经补考仍不及格的,重新参加相应的安全技术培训。 (3)考核发证机关委托承担特种作业操作资格考试的单位应当具备相应的场所、设施、设备等条件,建立相应的管理制度,并公布收费标准等信息。 (4)考核发证机关或其委托承担特种作业操作资格考试的单位,应当在考试结束后 10 个工作日内公布考试成绩。 (5)符合本规定第四条规定并经考试合格的特种作业人员,应当向其户籍所在地或者从业所在地的考核发证机关申请办理特种作业操作证,并提交身份证复印件、学历证书复印件、体检证明、考试合格证明等材料

续表

项目	具体内容
考核发证	(6)收到申请的考核发证机关应当在5个工作日内完成对特种作业人员所提交申请材料的审查,作出受理或者不予受理的决定。能够当场作出受理决定的,应当当场作出受理决定;申请材料不齐全或者不符合要求的,应当当场或者在5个工作日内一次告知申请人需要补正的全部内容,逾期不告知的,视为自收到申请材料之日起即已被受理。 (7)对已经受理的申请,考核发证机关应当在20个工作日内完成审核工作。符合条件的,颁发特种作业操作证;不符合条件的,应当说明理由。 (8)特种作业操作证有效期为6年,在全国范围内有效。 特种作业操作证由安全监管总局统一式样、标准及编号。 (9)特种作业操作证遗失的,应当向原考核发证机关提出书面申请,经原考核发证机关审查同意后,予以补发。 特种作业操作证所记载的信息发生变化或者损毁的,应当向原考核发证机关提出书面申请,经原考核发证机关审查确认后,予以更换或者更新
复审	(1)特种作业操作证每3年复审1次。特种作业人员在特种作业操作证有效期内,连续从事本工种10年以上,严格遵守有关安全生产法律法规的,经原考核发证机关或者从业所在地考核发证机关同意,特种作业操作证的复审时间可以延长至每6年1次。 (2)特种作业操作证需要复审的,应当在期满前60日内,由申请人或者申请人的用人单位向原考核发证机关或者从业所在地考核发证机关提出申请,并提交下列材料:①社区或者县级以上医疗机构出具的健康证明;②从事特种作业的情况;③安全培训考试合格记录。特种作业操作证有效期届满需要延期换证的,应当按照前款的规定申请延期复审 (3)特种作业操作证申请复审或者延期复审前,特种作业人员应当参加必要的安全培训并考试合格。安全培训时间不少于8个学时,主要培训法律、法规、标准、事故案例和有关新工艺、新技术、新装备等知识。 (4)申请复审的,考核发证机关应当在收到申请之日起20个工作日内完成复审工作。复审合格的,由考核发证机关签章、登记,予以确认;不合格的,说明理由。 申请延期复审的,经复审合格后,由考核发证机关重新颁发特种作业操作证。 (5)特种作业人员有下列情形之一的,复审或者延期复审不予通过:①健康体检不合格的。②违章操作造成严重后果或者有2次以上违章行为,并经查证确实的。③有安全生产违法行为,并给予行政处罚的。④拒绝、阻碍安全生产监管监察部门监督检查的。⑤未按规定参加安全培训,或者考试不合格的。 (6)申请人对复审或者延期复审有异议的,可以依法申请行政复议或者提起行政诉讼

考点3 监督管理

项目	具体内容
监督管理	(1)考核发证机关或其委托的单位及其工作人员应当忠于职守、坚持原则、廉洁自律，按照法律、法规、规章的规定进行特种作业人员的考核、发证、复审工作，接受社会的监督。 (2)考核发证机关应当加强对特种作业人员的监督检查，发现其具有下述第(3)条规定情形的，及时撤销特种作业操作证；对依法应当给予行政处罚的安全生产违法行为，按照有关规定依法对生产经营单位及其特种作业人员实施行政处罚。 考核发证机关应当建立特种作业人员管理信息系统，方便用人单位和社会公众查询；对于注销特种作业操作证的特种作业人员，应当及时向社会公告。 (3)有下列情形之一的，考核发证机关应当撤销特种作业操作证：①超过特种作业操作证有效期未延期复审的。②特种作业人员的身体条件已不适合继续从事特种作业的。③对发生生产安全事故负有责任的。④特种作业操作证记载虚假信息的。⑤以欺骗、贿赂等不正当手段取得特种作业操作证的。 特种作业人员违反上述第④项、第⑤项规定的，3年内不得再次申请特种作业操作证。 (4)有下列情形之一的，考核发证机关应当注销特种作业操作证：①特种作业人员死亡的。②特种作业人员提出注销申请的。③特种作业操作证被依法撤销的。 (5)离开特种作业岗位6个月以上的特种作业人员，应当重新进行实际操作考试，经确认合格后方可上岗作业。 (6)省、自治区、直辖市人民政府安全生产监督管理部门和负责煤矿特种作业人员考核发证工作的部门或者指定的机构应当每年分别向安全监管总局、煤矿安监局报告特种作业人员的考核发证情况。 (7)生产经营单位应当加强对本单位特种作业人员的管理，建立健全特种作业人员培训、复审档案，做好申报、培训、考核、复审的组织工作和日常的检查工作。 (8)特种作业人员在劳动合同期满后变动工作单位的，原工作单位不得以任何理由扣押其特种作业操作证。 跨省、自治区、直辖市从业的特种作业人员应当接受从业所在地考核发证机关的监督管理。 (9)生产经营单位不得印制、伪造、倒卖特种作业操作证，或者使用非法印制、伪造、倒卖的特种作业操作证。 特种作业人员不得伪造、涂改、转借、转让、冒用特种作业操作证或者使用伪造的特种作业操作证

第四节 工伤保险

考点1 工伤保险的相关内容

项目	具体内容
工伤保险的定义	(1)工伤保险,是指劳动者在工作中或在规定的特殊情况下,遭受意外伤害或患职业病导致暂时或永久丧失劳动能力以及死亡时,劳动者或其遗属从国家和社会获得物质帮助的一种社会保险制度。 (2)工伤保险,又称职业伤害保险。 (3)工伤保险是通过社会统筹的办法,集中用人单位缴纳的工伤保险费,建立工伤保险基金,对劳动者在生产经营活动中遭受意外伤害或职业病,并由此造成死亡、暂时或永久丧失劳动能力时,给予劳动者及其实用性法定的医疗救治以及必要的经济补偿的一种社会保障制度。这种补偿既包括医疗、康复所需费用,也包括保障基本生活的费用
工伤保险的特点	(1)工伤保险对象的范围是在生产劳动过程中的劳动者。由于职业危害无所不在,无时不在,任何人都不能完全避免职业伤害。因此工伤保险作为抗御职业危害的保险制度适用于所有职工,任何职工发生工伤事故或遭受职业疾病,都应毫无例外地获得工伤保险待遇。 (2)工伤保险的责任具有赔偿性。也就是说劳动者的生命健康权、生存权和劳动权受到影响、损害甚至被剥夺了。因此工伤保险是基于对工伤职工的赔偿责任而设立的一种社会保险制度,其他社会保险是基于对职工生活困难的帮助和补偿责任而设立的。统一专属工伤保险方案与社保完全对接,补充了一次性伤残就业补助金的赔偿。 (3)工伤保险实行无过错责任原则。无论工伤事故的责任归于用人单位还是职工个人或第三者,用人单位均应承担保险责任 (4)工伤保险不同于养老保险等险种,劳动者不缴纳保险费,全部费用由用人单位负担。即工伤保险的投保人为用人单位。 (5)工伤保险待遇相对优厚,标准较高,但因工伤事故的不同而有所差别。 (6)工伤保险作为社会福利,其保障内容比商业意外保险要丰富。除了在工作时的意外伤害,也包括职业病的报销、急性病猝死保险金、丧葬补助(工伤身故)
工伤保险的原则	工伤保险遵循以下十个原则: (1)无责任补偿(无过失补偿)原则。 (2)国家立法、强制实施原则。 (3)风险分担、互助互济原则。 (4)个人不缴费原则

续表

项目	具体内容
工伤保险的原则	(5)区别因工与非因工原则。 (6)经济赔偿与事故预防、职业病防治相结合原则。 (7)一次性补偿与长期补偿相结合原则。 (8)确定伤残和职业病等级原则。 (9)区别直接经济损失与间接经济损失原则。 (10)集中管理原则

考点2 工伤认定及相关规定

项目	具体内容
工伤认定	根据《工伤保险条例》第十四条规定,职工有下列情形之一的,应当认定为工伤: (1)在工作时间和工作场所内,因工作原因受到事故伤害的。 (2)工作时间前后在工作场所内,从事与工作有关的预备性或者收尾性工作受到事故伤害的。 (3)在工作时间和工作场所内,因履行工作职责受到暴力等意外伤害的。 (4)患职业病的。 (5)因工外出期间,由于工作原因受到伤害或者发生事故下落不明的。 (6)在上下班途中,受到非本人主要责任的交通事故或者城市轨道交通、客运轮渡、火车事故伤害的。 (7)法律、行政法规规定应当认定为工伤的其他情形。 同时,根据《工伤保险条例》第十五条的规定,职工有下列情形之一的,视同工伤: (1)在工作时间和工作岗位,突发疾病死亡或者在48小时之内经抢救无效死亡的。 (2)在抢险救灾等维护国家利益、公共利益活动中受到伤害的。 (3)职工原在军队服役,因战、因公负伤致残,已取得革命伤残军人证,到用人单位后旧伤复发的。 职工有前款第(1)项、第(2)项情形的,按照本条例的有关规定享受工伤保险待遇;职工有前款第(3)项情形的,按照本条例的有关规定享受除一次性伤残补助金以外的工伤保险待遇。 职工符合《工伤保险条例》第十四条、第十五条的规定,但是有下列情形之一的,不得认定为工伤或者视同工伤: (1)故意犯罪的。 (2)醉酒或者吸毒的。 (3)自残或者自杀的

续表

项目	具体内容
工伤认定申请	提出工伤认定申请应当提交下列材料： (1)工伤认定申请表。 (2)与用人单位存在劳动关系(包括事实劳动关系)的证明材料。 (3)医疗诊断证明或者职业病诊断证明书(或者职业病诊断鉴定书)。 工伤认定申请表应当包括事故发生的时间、地点、原因以及职工伤害程度等基本情况。 工伤认定申请人提供材料不完整的，社会保险行政部门应当一次性书面告知工伤认定申请人需要补正的全部材料。申请人按照书面告知要求补正材料后，社会保险行政部门应当受理
相关规定	(1)社会保险行政部门受理工伤认定申请后，根据审核需要可以对事故伤害进行调查核实，用人单位、职工、工会组织、医疗机构以及有关部门应当予以协助。职业病诊断和诊断争议的鉴定，依照职业病防治法的有关规定执行。对依法取得职业病诊断证明书或者职业病诊断鉴定书的，社会保险行政部门不再进行调查核实。 职工或者其近亲属认为是工伤，用人单位不认为是工伤的，由用人单位承担举证责任。 (2)社会保险行政部门应当自受理工伤认定申请之日起60日内作出工伤认定的决定，并书面通知申请工伤认定的职工或者其近亲属和该职工所在单位。 (3)社会保险行政部门对受理的事实清楚、权利义务明确的工伤认定申请，应当在15日内作出工伤认定的决定。 (4)作出工伤认定决定需要以司法机关或者有关行政主管部门的结论为依据的，在司法机关或者有关行政主管部门尚未作出结论期间，作出工伤认定决定的时限中止。 (5)社会保险行政部门工作人员与工伤认定申请人有利害关系的，应当回避

考点3 劳动能力鉴定及相关规定

项目	具体内容
定义	劳动能力鉴定是指劳动功能障碍程度和生活自理障碍程度的等级鉴定。 (1)劳动功能障碍分为十个伤残等级，最重的为一级，最轻的为十级。 (2)生活自理障碍分为三个等级：生活完全不能自理、生活大部分不能自理和生活部分不能自理
相关规定	(1)劳动能力鉴定标准由国务院社会保险行政部门会同国务院卫生行政部门等部门制定。 (2)劳动能力鉴定由用人单位、工伤职工或者其近亲属向设区的市级劳动能力鉴定委员会提出申请，并提供工伤认定决定和职工工伤医疗的有关资料

续表

项目	具体内容
相关规定	(3)省、自治区、直辖市劳动能力鉴定委员会和设区的市级劳动能力鉴定委员会分别由省、自治区、直辖市和设区的市级社会保险行政部门、卫生行政部门、工会组织、经办机构代表以及用人单位代表组成。 (4)设区的市级劳动能力鉴定委员会收到劳动能力鉴定申请后，应当从其建立的医疗卫生专家库中随机抽取3名或者5名相关专家组成专家组，由专家组提出鉴定意见。设区的市级劳动能力鉴定委员会根据专家组的鉴定意见作出工伤职工劳动能力鉴定结论；必要时，可以委托具备资格的医疗机构协助进行有关的诊断。 (5)设区的市级劳动能力鉴定委员会应当自收到劳动能力鉴定申请之日起60日内作出劳动能力鉴定结论，必要时，作出劳动能力鉴定结论的期限可以延长30日。劳动能力鉴定结论应当及时送达申请鉴定的单位和个人。 (6)申请鉴定的单位或者个人对设区的市级劳动能力鉴定委员会作出的鉴定结论不服的，可以在收到该鉴定结论之日起15日内向省、自治区、直辖市劳动能力鉴定委员会提出再次鉴定申请。省、自治区、直辖市劳动能力鉴定委员会作出的劳动能力鉴定结论为最终结论。 (7)劳动能力鉴定工作应当客观、公正。劳动能力鉴定委员会组成人员或者参加鉴定的专家与当事人有利害关系的，应当回避。 (8)自劳动能力鉴定结论作出之日起1年后，工伤职工或者其近亲属、所在单位或者经办机构认为伤残情况发生变化的，可以申请劳动能力复查鉴定

考点4 工伤保险待遇

项目	具体内容
工伤保险待遇	职工因工致残被鉴定为一级至四级伤残的，保留劳动关系，退出工作岗位，享受以下待遇： (1)从工伤保险基金按伤残等级支付一次性伤残补助金，标准为：一级伤残为27个月的本人工资，二级伤残为25个月的本人工资，三级伤残为23个月的本人工资，四级伤残为21个月的本人工资。 (2)从工伤保险基金按月支付伤残津贴，标准为：一级伤残为本人工资的90%，二级伤残为本人工资的85%，三级伤残为本人工资的80%，四级伤残为本人工资的75%。伤残津贴实际金额低于当地最低工资标准的，由工伤保险基金补足差额。 (3)工伤职工达到退休年龄并办理退休手续后，停发伤残津贴，按照国家规定享受基本养老保险待遇，基本养老保险待遇低于伤残津贴的由工伤保险基金补足差额 职工因工致残被鉴定为一级至四级伤残的，由用人单位和职工个人以伤残津贴为基数，缴纳基本医疗保险费

续表

项目	具体内容
工伤保险待遇	职工因工致残被鉴定为五级、六级伤残的，享受以下待遇： (1)从工伤保险基金按伤残等级支付一次性伤残补助金，标准为：五级伤残为18个月的本人工资，六级伤残为16个月的本人工资。 (2)保留与用人单位的劳动关系，由用人单位安排适当工作。难以安排工作的，由用人单位按月发给伤残津贴，标准为：五级伤残为本人工资的70%，六级伤残为本人工资的60%，并由用人单位按照规定为其缴纳应缴纳的各项社会保险费。伤残津贴实际金额低于当地最低工资标准的，由用人单位补足差额。 经工伤职工本人提出，该职工可以与用人单位解除或者终止劳动关系，由工伤保险基金支付一次性工伤医疗补助金，由用人单位支付一次性伤残就业补助金。一次性工伤医疗补助金和一次性伤残就业补助金的具体标准由省、自治区、直辖市人民政府规定。 职工因工致残被鉴定为七级至十级伤残的，享受以下待遇： (1)从工伤保险基金按伤残等级支付一次性伤残补助金，标准为：七级伤残为13个月的本人工资，八级伤残为11个月的本人工资，九级伤残为9个月的本人工资，十级伤残为7个月的本人工资。 (2)劳动、聘用合同期满终止，或者职工本人提出解除劳动、聘用合同的，由工伤保险基金支付一次性工伤医疗补助金，由用人单位支付一次性伤残就业补助金。一次性工伤医疗补助金和一次性伤残就业补助金的具体标准由省、自治区、直辖市人民政府规定

第五节　安全生产投入

考点1　安全生产投入的基本要求

项目	具体内容
基本要求	(1)《安全生产法》规定：生产经营单位应当具备的安全生产条件所必需的资金投入，由生产经营单位的决策机构、主要负责人或者个人经营的投资人予以保证，并对由于安全生产所必需的资金投入不足导致的后果承担责任。 (2)《国务院关于进一步加强安全生产工作的决定》规定：建立企业提取安全费用制度。为保证安全生产所需资金投入，形成企业安全生产投入的长效机制，借鉴煤矿提取安全费用的经验，在条件成熟后，逐步建立对高危行业生产企业提取安全费用制度。企业安全费用的提取，要根据地区和行业的特点，分别确定提取标准，由企业自行提取，专户储存，专项用于安全生产。 (3)生产经营单位是安全生产的责任主体，也是安全生产费用提取、使用和管理的主体

考点2 安全生产费用的使用和管理

项目	具体内容
责任主体	(1)保证必要的安全生产投入是实现安全生产的重要基础。 (2)安全生产投入资金具体由谁来保证,应根据企业的性质而定。一般说来,股份制企业、合资企业等安全生产投入资金由董事会予以保证;一般国有企业由厂长或者经理予以保证;个体工商户等个体经济组织由投资人予以保证。 (3)上述保证人承担由于安全生产所必需的资金投入不足而导致事故后果的法律责任
安全生产费用的使用	(1)完善、改造和维护安全防护设备、设施的支出。其中:①矿山企业安全设备设施是指矿山综合防尘、地质监控、防灭火、防治水、危险气体监测、通风系统,支护及防治片帮滑坡设备、机电设备、供配电系统、运输(提升)系统以及尾矿库(坝)等。②危险品生产企业安全设备设施是指车间、库房等作业场所的监控、监测、通风、防晒、调温、防火、灭火、防爆、泄压、防毒、消毒、中和、防潮、防雷、防静电、防腐、防渗漏、防护围堤或者隔离操作等设施设备。③道路交通运输企业安全设备设施是指运输工具安全状况检测及维护系统、运输工具附属安全设备等。 (2)配备必要的应急救援器材、设备和现场作业人员安全防护物品支出。 (3)安全生产检查与评价支出。 (4)重大危险源、重大事故隐患的评估、整改、监控支出。 (5)安全技能培训及进行应急救援演练支出。 (6)其他与安全生产直接相关的支出
安全生产费用的管理	(1)生产经营单位应制定安全生产投入的管理制度,明确具体的使用范围、管理程序、监督程序,每年完成后应及时总结项目和费用的完成情况。 (2)在年度财务会计报告中,生产经营单位应当披露安全费用提取和使用的具体情况,接受安全生产监督管理部门和财政部门的监督。 (3)生产经营单位违规提取和使用安全费用的,政府安全生产监督管理部门应当会同财政部门责令其限期改正,予以警告。 (4)逾期不改正的,由安全生产监督管理部门按照相关法规进行处理

考点3 安全生产责任保险

项目	具体内容
安全生产责任保险概述	安全生产责任保险是生产经营单位在发生生产安全事故以后对死亡、伤残者履行赔偿责任的保险,对维护社会安定和谐具有重要作用。对于高危行业分布广泛、伤亡事故时有发生的地区,发展安全生产责任保险,用责任保险等经济手段加强和改善安全生产管理,是强化安全事故风险管控的重要措施。安全生产责任保险有利于增强安全生产意识,防范事故发生,促进地区安全生产形势稳定好转;有利于预防和化解社会矛盾,减

续表

项目	具体内容
安全生产责任保险概述	轻各级政府在事故发生后的救助负担;有利于维护人民群众根本利益,促进经济健康运行,保持社会稳定。 针对高危行业开办的险别,不仅可承保因企业在生产经营过程中,发生生产安全事故所造成的伤亡或者下落不明,还可对应附加医疗费用、第三者责任及事故应急救援和善后处理费用。 保险费根据被保险人营业性质及参保人数对应选择不同的赔偿限额计收。 1. 主险责任 在保险期间,被保险人的工作人员在中华人民共和国境内因下列情形导致伤残或死亡依法应由被保险人承担的经济赔偿责任,保险人应按照保险合同的约定负责赔偿: (1)在工作时间和工作场所内,因工作原因受到安全生产事故伤害。 (2)工作时间前后在工作场所内,从事与履行其工作职责有关的预备性或者收尾性工作受到安全生产事故伤害。 (3)在工作时间和工作场所内,因履行工作职责受到暴力等意外伤害。 (4)因工外出期间,由于工作原因受到伤害或者发生事故下落不明。 (5)在上下班途中,受到交通及意外事故伤害。 (6)在工作时间和工作岗位,突发疾病死亡或者在48 h之内经抢救无效死亡。 (7)根据法律、行政法规规定应当认定为安全生产事故的其他情形。 2. 附加第三者责任 在保险期间,被保险人合法聘用的工作人员在被保险人的工作场所内,受雇从事保险单明细表所载明的被保险人的业务过程中,发生安全生产事故,造成第三者死亡,依法应由被保险人承担的经济赔偿责任,保险人按照附加险合同和主险合同的约定负责赔偿。 3. 附加施救及事故善后处理费用保险责任 在保险期间,被保险人的工作人员因主险条款所列情形导致的伤残或死亡,被保险人因采取必要、合理的施救及事故善后处理措施而支出的下列费用,保险人按照附加险合同和主险合同的约定负责赔偿: (1)现场施救费用。 (2)参与事故处理人员的加班费、住宿费、交通费、餐费以及生活补助费。 4. 附加医疗费用保险责任 在保险期间,被保险人的工作人员因主险条款所列情形导致的伤残或死亡,依照中华人民共和国法律应由被保险人承担的医疗费用,保险人按照附加险合同和主险合同的约定负责赔偿
《安全生产责任保险实施办法》的相关规定	2017年12月12日,《关于印发〈安全生产责任保险实施办法〉的通知》(安监总办〔2017〕140号)明确规定,根据《中共中央国务院关于推进安全生产领域改革发展的意见》关于建立健全安全生产责任保险制度的要求,为进一步规范安全生产责任保险工

续表

项目	具体内容
《安全生产责任保险实施办法》的相关规定	作,切实发挥保险机构参与风险评估管控和事故预防功能,国家安全监管总局(现已并入应急管理部)、保监会(现合并为银保监会)、财政部制定了《安全生产责任保险实施办法》。 第一章 总则 第一条 为了规范安全生产责任保险工作,强化事故预防,切实保障投保的生产经营单位及有关人员的合法权益,根据相关法律法规和规定,制定《安全生产责任保险实施办法》。 第二条 安全生产责任保险是指保险机构对投保的生产经营单位发生的生产安全事故造成的人员伤亡和有关经济损失等予以赔偿,并且为投保的生产经营单位提供生产安全事故预防服务的商业保险。 第三条 按照《安全生产责任保险实施办法》请求的经济赔偿,不影响参保的生产经营单位从业人员(含劳务派遣人员,下同)依法请求工伤保险赔偿的权利。 第四条 坚持风险防控、费率合理、理赔及时的原则,按照政策引导、政府推动、市场运作的方式推行安全生产责任保险工作。 第五条 安全生产责任保险的保费由生产经营单位缴纳,不得以任何方式摊派给从业人员个人。 第六条 煤矿、非煤矿山、危险化学品、烟花爆竹、交通运输、建筑施工、民用爆炸物品、金属冶炼、渔业生产等高危行业领域的生产经营单位应当投保安全生产责任保险。鼓励其他行业领域生产经营单位投保安全生产责任保险。各地区可针对本地区安全生产特点,明确应当投保的生产经营单位。对存在高危粉尘作业、高毒作业或其他严重职业病危害的生产经营单位,可以投保职业病相关保险。对生产经营单位已投保的与安全生产相关的其他险种,应当增加或将其调整为安全生产责任保险,增强事故预防功能。 第二章 承保与投保 第七条 承保安全生产责任保险的保险机构应当具有相应的专业资质和能力,主要包含以下方面: (1)商业信誉情况。 (2)偿付能力水平。 (3)开展责任保险的业绩和规模。 (4)拥有风险管理专业人员的数量和相应专业资格情况。 (5)为生产经营单位提供事故预防服务情况。 第八条 根据实际需要,鼓励保险机构采取共保方式开展安全生产责任保险工作。 第九条 安全生产责任保险的保险责任包括投保的生产经营单位的从业人员人身伤亡赔偿,第三者人身伤亡和财产损失赔偿,事故抢险救援、医疗救护、事故鉴定、法律诉讼等费用。保险机构可以开发适应各类生产经营单位安全生产保障需求的个性化保险产品

续表

<table>
<tr><th>项目</th><th>具体内容</th></tr>
<tr><td>《安全生产责任保险实施办法》的相关规定</td><td>第十条　除被依法关闭取缔、完全停止生产经营活动外，应当投保安全生产责任保险的生产经营单位不得延迟续保、退保。
第十一条　制定各行业领域安全生产责任保险基准指导费率，实行差别费率和浮动费率。建立费率动态调整机制，费率调整根据以下因素综合确定：
(1)事故记录和等级。费率调整根据生产经营单位是否发生事故、事故次数和等级确定，可以根据发生人员伤亡的一般事故、较大事故、重大及以上事故次数进行调整。
(2)其他。投保生产经营单位的安全风险程度、安全生产标准化等级、隐患排查治理情况、安全生产诚信等级、是否被纳入安全生产领域联合惩戒“黑名单”、赔付率等。
各地区可以参考以上因素，根据不同行业领域实际情况进一步确定具体的费率浮动。
第十二条　生产经营单位投保安全生产责任保险的保障范围应当覆盖全体从业人员。
第三章　事故预防与理赔
第十三条　保险机构应当建立生产安全事故预防服务制度，协助投保的生产经营单位开展以下工作：
(1)安全生产和职业病防治宣传教育培训。
(2)安全风险辨识、评估和安全评价。
(3)安全生产标准化建设。
(4)生产安全事故隐患排查。
(5)安全生产应急预案编制和应急救援演练。
(6)安全生产科技推广应用。
(7)其他有关事故预防工作。
第十四条　保险机构应当按照上述规定的服务范围，在安全生产责任保险合同中约定具体服务项目及频次。保险机构开展安全风险评估、生产安全事故隐患排查等服务工作时，投保的生产经营单位应当予以配合，并对评估发现的生产安全事故隐患进行整改；对拒不整改重大事故隐患的，保险机构可在下一投保年度上浮保险费率，并报告安全生产监督管理部门和相关部门。
第十五条　保险机构应当严格按照合同约定及时赔偿保险金；建立快速理赔机制，在事故发生后按照法律规定或者合同约定先行支付确定的赔偿保险金。生产经营单位应当及时将赔偿保险金支付给受伤人员或者死亡人员的受益人(以下统称受害人)，或者请求保险机构直接向受害人赔付。生产经营单位怠于请求的，受害人有权就其应获赔偿部分直接向保险机构请求赔付。
第十六条　同一生产经营单位的从业人员获取的保险金额应当实行同一标准，不得因用工方式、工作岗位等差别对待。
第十七条　各地区根据实际情况确定安全生产责任保险中涉及人员死亡的最低赔偿金额，每死亡1人按不低于30万元赔偿，并按本地区城镇居民上一年度人均可支配收入的变化进行调整。对未造成人员死亡事故的赔偿保险金额度在保险合同中约定</td></tr>
</table>

续表

项目	具体内容
《安全生产责任保险实施办法》的相关规定	第四章　激励与保障 第十八条　安全生产监督管理部门和有关部门应当将安全生产责任保险投保情况作为生产经营单位安全生产标准化、安全生产诚信等级等评定的必要条件，作为安全生产与职业健康风险分类监管，以及取得安全生产许可证的重要参考。安全生产和职业病预防相关法律法规另有规定的，从其规定。 第十九条　各地区应当在安全生产相关财政资金投入、信贷融资、项目立项、进入工业园区以及相关产业扶持政策等方面，在同等条件下优先考虑投保安全生产责任保险的生产经营单位。 第二十条　对赔付及时、事故预防成效显著的保险机构，纳入安全生产诚信管理体系，实行联合激励。 第二十一条　各地区将推行安全生产责任保险情况，纳入对本级政府有关部门和下级人民政府安全生产工作巡查和考核内容。 第二十二条　鼓励安全生产社会化服务机构为保险机构开展生产安全事故预防提供技术支撑。 第五章　监督与管理 第二十三条　建立安全生产监督管理部门和保险监督管理机构信息共享机制。安全生产监督管理部门和有关部门应当建立安全生产责任保险信息管理平台，并与安全生产监管信息平台对接，对保险机构开展生产安全事故预防服务及服务费用支出使用情况定期进行分析评估。安全生产监督管理部门可以引入第三方机构对安全生产责任保险信息管理平台进行建设维护及对保险机构开展预防服务情况开展评估，并依法保守有关商业秘密。 第二十四条　支持投保的生产经营单位、保险机构和相关社会组织建立协商机制，加强自主管理。 第二十五条　安全生产监督管理部门、保险监督管理机构和有关部门应当依据工作职责依法加强对生产经营单位和保险机构的监督管理，对实施安全生产责任保险情况开展监督检查。 第二十六条　对生产经营单位应当投保但未按规定投保或续保、将保费以各种形式摊派给从业人员个人、未及时将赔偿保险金支付给受害人的，保险机构预防费用投入不足、未履行事故预防责任、委托不合法的社会化服务机构开展事故预防工作的，安全生产监督管理部门、保险监督管理机构及有关部门应当提出整改要求；对拒不整改的，应当将其纳入安全生产领域联合惩戒“黑名单”管理，对违反相关法律法规规定的，依法追究其法律责任。 第二十七条　相关部门及其工作人员在对安全生产责任保险的监督管理中收取贿赂、滥用职权、玩忽职守、徇私舞弊的，依法依规对相关责任人严肃追责；涉嫌犯罪的，移交司法机关依法处理

第五章 应急管理

知识框架

- 应急管理
  - 应急管理体系建设
    - 事故应急救援的基本任务和特点
    - 事故应急救援体系的基本构建
  - 应急预案制定和演练
    - 事故应急预案的作用
    - 事故应急预案的基本要求
    - 事故应急预案的主要内容
    - 应急演练的定义、目的与原则
    - 应急演练的类型
  - 应急准备与响应

考点精讲

第一节 应急管理体系建设

考点1 事故应急救援的基本任务和特点

项目	具体内容
基本任务	1. 总目标 总目标是通过有效的应急救援行动，尽可能地降低事故的后果，包括人员伤亡、财产损失和环境破坏等。 2. 基本任务 (1)立即组织营救受害人员，组织撤离或者采取其他措施保护危害区域内的其他人员。抢救受害人员是应急救援的首要任务。 (2)迅速控制事态，并对事故造成的危害进行检测、监测，测定事故的危害区域、危害性质及危害程度。 (3)消除危害后果，做好现场恢复。 (4)查清事故原因，评估危害程度

续表

项目	具体内容
特点	(1)不确定性和突发性。 (2)应急活动的复杂性。 (3)后果影响易猝变、激化和放大

考点2　事故应急救援体系的基本构建

项目	具体内容
相关法规要求	1.《安全生产法》规定 (1)生产经营单位的主要负责人具有组织制定并实施本单位的生产安全事故应急救援预案的职责。 (2)生产经营单位对重大危险源应当登记建档，进行定期检测、评估、监控，并制定应急预案，告知从业人员和相关人员在紧急情况下应当采取的应急措施。 2.《危险化学品安全管理条例》规定 (1)县级以上地方人民政府安监部门应当会同工信、环保、公安、卫生、交通、铁路、质检等部门，根据本地区实际情况，制定危险化学品事故应急预案，报本级人民政府批准。 (2)危险化学品单位应当制定本单位危险化学品事故应急预案，配备应急救援人员和必要的应急救援器材、设备，并定期组织应急救援演练。危险化学品单位应当将其危险化学品事故应急预案报所在地设区的市级人民政府安监部门备案。 3. 国务院《特种设备安全监察条例》规定 特种设备使用单位应当制定特种设备的事故应急专项预案，并定期进行事故应急演练。 4. 国务院《关于特大安全事故行政责任追究的规定》规定 市(地、州)、县(市、压)人民政府必须制定本地区特大安全事故应急处理预案
事故应急管理理论框架	应急管理是一个动态的过程，包括预防、准备、响应和恢复4个阶段。 自然灾害、事故灾难或者公共卫生事件发生后，履行统一领导职责的人民政府可以采取下列一项或者多项应急处置措施： (1)组织营救和救治受害人员，疏散、撤离并妥善安置受到威胁的人员以及采取其他救助措施。 (2)迅速控制危险源，标明危险区域，封锁危险场所，划定警戒区，实行交通管制以及其他控制措施。 (3)立即抢修被损坏的交通、通信、供水、排水、供电、供气、供热等公共设施，向受到危害的人员提供避难场所和生活必需品，实施医疗救护和卫生防疫以及其他保障措施。 (4)禁止或者限制使用有关设备、设施，关闭或者限制使用有关场所，中止人员密集的活动或者可能导致危害扩大的生产经营活动以及采取其他保护措施

续表

<table>
<tr><th>项目</th><th colspan="2">具体内容</th></tr>
<tr><td>事故应急管理理论框架</td><td colspan="2">(5)启用本级人民政府设置的财政预备费和储备的应急救援物资,必要时调用其他急需物资、设备、设施、工具。
(6)组织公民参加应急救援和处置工作,要求具有特定专长的人员提供服务。
(7)保障食品、饮用水、燃料等基本生活必需品的供应。
(8)依法从严惩处囤积居奇、哄抬物价、制假售假等扰乱市场秩序的行为,稳定市场价格,维护市场秩序。
(9)依法从严惩处哄抢财物、干扰破坏应急处置工作等扰乱社会秩序的行为,维护社会治安。
(10)采取防止发生次生、衍生事件的必要措施</td></tr>
<tr><td rowspan="4">事故应急响应机制</td><td>一级紧急情况</td><td>(1)一级紧急情况是指必须利用所有有关部门及一切资源的紧急情况,或者需要各个部门同外部机构联合处理的各种紧急情况,通常要宣布进入紧急状态。
(2)在该级别中,作出主要决定的机构是紧急事务管理部门。
(3)现场指挥部可在现场作出保护生命和财产以及控制事态所必需的各种决定</td></tr>
<tr><td>二级紧急情况</td><td>(1)二级紧急情况是指需要两个或更多个部门响应的紧急情况。
(2)该事故的救援需要有关部门的协作,并且提供人员、设备或其他资源。
(3)该级响应需要成立现场指挥部来统一指挥现场的应急救援行动</td></tr>
<tr><td>三级紧急情况</td><td>(1)三级紧急情况是指能被一个部门正常可利用的资源处理的紧急情况。
(2)正常可利用的资源指在该部门权力范围内通常可以利用的应急资源,包括人力和物力等。
(3)必要时,该部门可以建立一个现场指挥部,所需的后勤支持、人员或其他资源增援由本部门负责解决</td></tr>
<tr><td>事故应急救援响应程序</td><td>(1)接警。
(2)警情判断及响应级别。
(3)应急启动。
(4)救援行动。
(5)事态控制。
(6)应急恢复。
(7)应急结束(关闭)</td></tr>
</table>

第二节　应急预案制定和演练

考点1　事故应急预案的作用

项目	具体内容
事故应急预案的作用	(1)确定了应急救援的范围和体系,使应急管理不再无据可依、无章可循。 (2)有利于做出及时的应急响应,降低事故后果。 (3)是各类突发重大事故的应急基础。 (4)建立了与上级单位和部门应急救援体系的衔接。 (5)有利于提高风险防范意识

考点2　事故应急预案的基本要求

项目	具体内容
事故应急预案的基本要求	(1)符合有关法律、法规、规章和标准的规定。 (2)结合本地区、本部门、本单位的安全生产实际情况。 (3)结合本地区、本部门、本单位的危险性分析情况。 (4)应急组织和人员的职责分工明确,并有具体的落实措施。 (5)有明确、具体的应急程序和处置措施,并与其应急能力相适应。 (6)有明确的应急保障措施,并能满足本地区、本部门、本单位的应急工作要求。 (7)预案基本要素齐全、完整,预案附件提供的信息准确。 (8)预案内容与相关应急预案相互衔接

考点3　事故应急预案的主要内容

项目	具体内容	
概况	主要描述生产经营单位概况以及危险特性状况等,同时对紧急情况下应急事件、适用范围和方针原则等提供简述并作必要说明	
事故预防	预防程序是对潜在事故、可能的次生与衍生事故进行分析并说明所采取的预防和控制事故的措施	
	危险分析	(1)危险识别。 (2)脆弱性分析。 (3)风险分析
	资源分析	(1)针对危险分析所确定的主要危险,明确应急救援所需的资源,列出可用的应急力量和资源。 (2)包括:①各类应急力量的组成及分布情况。②各种重要应急设备、物资的准备情况。③上级救援机构或周边可用的应急资源

续表

项目	具体内容	
事故预防	法律法规要求	编制预案前，应调研国家和地方有关应急预案、事故预防、应急准备、应急响应和恢复相关的法律法规文件，以作为预案编制的依据和授权
准备程序	(1)机构与职责。 ①应急机构组织体系包括城市应急管理的领导机构、应急响应中心以及各有关机构部门等。 ②对应急救援中承担任务的所有应急组织，应明确相应的职责、负责人、候补人及联络方式。 (2)应急资源。 应急资源的准备包括合理组建专业和社会救援力量，配备应急救援中所需的各种救援机械和装备、监测仪器、堵漏和清消材料、交通工具、个体防护装备、医疗器械和药品、生活保障物资等，并定期检查、维护与更新，保证始终处于完好状态。 (3)教育、培训与演习。 提高公众意识和自我保护能力、应急演习等方面。 (4)互助协议	
应急程序	(1)在应急救援过程中，存在一些必需的核心功能和任务，如接警与通知、指挥与控制、警报和紧急公告、通信、事态监测与评估、警戒与治安、人群疏散与安置、医疗与卫生、公共关系、应急人员安全、消防和抢险、泄漏物控制等，无论何种应急过程都必须围绕上述功能和任务开展。 (2)应急程序主要指实施上述核心功能和任务的程序和步骤	
现场恢复	(1)也可称为紧急恢复，是指事故被控制住后所进行的短期恢复。 (2)该部分主要内容应包括：①宣布应急结束的程序。②撤离和交接程序。③恢复正常状态的程序。④现场清理和受影响区域的连续检测。⑤事故调查与后果评价等	
预案管理与评审改进	(1)应急预案是应急救援工作的指导文件。 (2)应当对预案的制定、修改、更新、批准和发布做出明确的管理规定，保证定期或在应急演习、应急救援后对应急预案进行评审和改进，针对各种实际情况的变化以及预案应用中所暴露出的缺陷，持续地改进，以不断地完善应急预案体系	

考点4 应急演练的定义、目的与原则

项目	具体内容
定义	各级政府部门、企事业单位、社会团体，组织相关应急人员与群众，针对待定的突发事件假想情景，按照应急预案所规定的职责和程序，在特定的时间和地域，执行应急响应任务的训练活动
目的	检验预案、完善准备、锻炼队伍、磨合机制、科普宣教
地位	是应急管理的重要环节，在应急管理工作中有着十分重要的作用

续表

项目	具体内容
原则	(1)结合实际、合理定位。 (2)着眼实战、讲求实效。 (3)精心组织、确保安全。 (4)统筹规划、厉行节约
作用	(1)实现评估应急准备状态,发现并及时修改应急预案、执行程序等相关工作的缺陷和不足。 (2)评估突发公共事件应急能力,识别资源需求,澄清相关机构、组织和人员的职责,改善不同机构、组织和人员之间的协调问题。 (3)通过演练手段,检验应急响应人员对应急预案、执行程序的具体了解程度和实际操作技能,评估人员的应急培训效果,分析培训需求。 (4)作为一种培训手段,通过调整演练难度,可以进一步提高应急响应人员的业务素质和能力。 (5)促进公众、媒体对应急预案的理解,争取他们对应急工作的支持

考点 5　应急演练的类型

项目	具体内容	
按照组织方式及目标重点的不同分类	桌面演练	(1)桌面演练是一种圆桌讨论或演习活动。 (2)其目的是使各级应急部门、组织和个人在较轻松的环境下,明确和熟悉应急预案中所规定的职责和程序,提高协调配合及解决问题的能力。 (3)桌面演练的情景和问题通常以口头或书面叙述的方式呈现,也可以使用地图、沙盘、计算机模拟、视频会议等辅助手段,有时被分别称为图上演练、沙盘演练、计算机模拟演练、视频会议演练等
	现场演练	(1)现场演练是以现场实战操作的形式开展的演练活动。 (2)参演人员在贴近实际状况和高度紧张的环境下,根据演练情景的要求,通过实际操作完成应急响应任务,以检验和提高相关应急人员的组织指挥、应急处置以及后勤保障等综合应急能力
按演练内容分类	单项演练	(1)单项演练是指只涉及应急预案中特定应急响应功能或现场处置方案中一系列应急响应功能的演练活动。 (2)注重针对一个或少数几个参与单位(岗位)的特定环节和功能进行检验
	综合演练	(1)综合演练是指涉及应急预案中多项或全部应急响应功能的演练活动。 (2)注重对多个环节和功能进行检验,特别是对不同单位之间应急机制和联合应对能力的检验

续表

项目	具体内容	
按演练目的和作用分类	检验性演练	检验性演练是指为了检验应急预案的可行性及应急准备的充分性而组织的演练
	示范性演练	示范性演练是指为了向参观、学习人员提供示范,为普及宣传应急知识而组织的观摩性演练
	研究性演练	研究性演练是为了研究突发事件应急处置的有效方法,试验应急技术、设施和设备,探索存在问题的解决方案等而组织的演练

第三节　应急准备与响应

考点　应急准备与响应

项目	具体内容
演练前检查	(1)演练实施当天,演练组织机构的相关人员应在演练开始前提前到达现场,对演练所用的设备设施等的情况进行检查,确保其正常工作。 (2)按照演练安全保障工作安排,对进入演练场所的人员进行登记和身份核查,防止无关人员进入
演练前情况说明和动员	(1)导演组完成事故应急演练准备,以及对演练方案、演练场地、演练设施、演练保障措施的最后调整后,应在演练前夕分别召开控制人员、评估人员、演练人员的情况介绍会,确保所有演练参与人员了解演练现场规则以及演练情景和演练计划中与各自工作相关的内容。 (2)演练模拟人员和观摩人员一般参加控制人员情况介绍会。 (3)导演组可向演练人员分发演练人员手册,说明演练适用范围、演练大致日期(不说明具体时间)、参与演练的应急组织、演练目标的大致情况、演练现场规则、采取模拟方式进行演练的行动等信息。 (4)演练过程中,如果某些应急组织的应急行为由控制人员或模拟人员以模拟方式进行演示,则演练人员应了解这些情况,并掌握相关控制人员或模拟人员的通讯联系方式,以免演练时与实际应急组织发生联系
演练启动	(1)示范性演练一般由演练总指挥或演练组织机构相关成员宣布演练开始并启动演练活动。 (2)检验性和研究性演练,一般在到达演练时间节点,演练场景出现后,自行启动
演练执行	1. 现场演练 应急演练活动一般始于报警消息,在此过程中,参演应急组织和人员应尽可能按实际紧急事件发生时的响应要求进行演示,即"自由演示",由参演应急组织和人员根据自己

续表

项目	具体内容
演练执行	关于最佳解决办法的理解，对情景事件做出响应行动。 2. 桌面演练 桌面演练的执行通常是五个环节的循环往复： （1）演练信息注入。 （2）问题提出。 （3）决策分析。 （4）决策结果表达。 （5）点评。 3. 演练解说 （1）在演练实施过程中，演练组织单位可以安排专人对演练过程进行解说。 （2）解说内容一般包括演练背景描述、进程讲解、案例介绍、环境渲染等。 （3）对于有演练脚本的大型综合性示范演练，可按照脚本中的解说词进行讲解。 4. 演练记录 演练实施过程中，一般要安排专门人员，采用文字、照片和音像等手段记录演练过程。 5. 演练宣传报道 （1）演练宣传组按照演练宣传方案做好演练宣传报道工作。 （2）认真做好信息采集、媒体组织、广播电视节目现场采编和播报等工作，扩大演练的宣传教育效果。 （3）对涉密应急演练要做好相关保密工作
演练结束与意外终止	（1）演练完毕，由总策划发出结束信号，演练总指挥或总策划宣布演练结束。 （2）演练结束后所有人员停止演练活动，按预定方案集合进行现场总结讲评或者组织疏散。 （3）保障部负责组织人员对演练场地进行清理和恢复。 （4）演练实施过程中出现下列情况，经演练领导小组决定，由演练总指挥或总策划按照事先规定的程序和指令终止演练：①出现真实突发事件，需要参演人员参与应急处置时，要终止演练，使参演人员迅速回归其工作岗位，履行应急处置职责。②出现特殊或意外情况，短时间内不能妥善处理或解决时，可提前终止演练
现场点评会	（1）演练组织单位演练活动结束后，应组织针对本次演练现场点评会。 （2）包括专家点评、领导点评、演练参与人员的现场信息反馈等
文件归档与备案	（1）演练组织单位在演练结束后应将演练计划、演练方案、各种演练记录（包括各种音像资料）、演练评估报告、演练总结报告等资料归档保存。 （2）对于由上级有关部门布置或参与组织的演练，或者法律、法规、规章要求备案的演练，演练组织单位应当将相关资料报有关部门备案

第六章　生产安全事故与安全生产统计分析

知识框架

- 生产安全事故与安全生产统计分析
  - 生产安全事故报告、调查、处理
    - 生产安全事故报告
    - 生产安全事故调查
    - 生产安全事故处理
  - 安全生产统计分析
    - 事故统计的范围和内容
    - 经济损失的统计与计算方法

考点精讲

第一节　生产安全事故报告、调查、处理

考点1　生产安全事故报告

项目	具体内容
事故上报的时限和部门	(1)生产安全事故发生后,事故现场有关人员应当立即向本单位负责人报告。 (2)单位负责人接到报告后,应当于1小时内向事故发生地县级以上人民政府安全生产监督管理部门和负有安全生产监督管理职责的有关部门报告。 (3)情况紧急时,事故现场有关人员可以直接向事故发生地县级以上人民政府安全生产监督管理部门和负有安全生产监督管理职责的有关部门报告。 (4)如果,现场条件特别复杂,难以准确判定事故等级,情况十分危急,上一级部门没有足够能力开展应急救援工作,或者事故性质特殊、社会影响特别重大时,就应当允许越级上报事故。 (5)安全生产监督管理部门和负有安全生产监督管理职责的有关部门逐级上报事故情况,每级上报的时间不得超过2小时。 (6)所谓"2小时"起点是指接到下级部门报告的时间,以特别重大事故的报告为例,按照报告时限要求的最大值计算,从单位负责人报告县级管理部门,再由县级管理部门报告市级管理部门、市级管理部门报告省级管理部门、省级管理部门报告国务院管理部门,直至最后报至国务院,总共所需时间为9小时

续表

项目	具体内容
事故的补报	事故报告后出现新情况的，应当及时补报： (1)自事故发生之日起30日内，事故造成的伤亡人数发生变化的，应当及时补报。 (2)道路交通事故、火灾事故自发生之日起7日内，事故造成的伤亡人数发生变化的，应当及时补报。 (3)上报事故的首要原则是及时
不同级别事故上报单位	安全生产监督管理部门和负有安全生产监督管理职责的有关部门接到事故报告后，应当依照下列规定上报事故情况，并通知公安机关、劳动保障行政部门、工会和人民检察院。 (1)特别重大事故、重大事故逐级报至国务院安监部门和有关部门。 (2)较大事故逐级报至省级安监部门和有关部门。 (3)一般事故报至设区的市级安监部门和有关部门
事故上报内容	(1)事故发生单位概况。 (2)事故发生的时间、地点以及事故现场情况。 (3)事故的简要经过。 (4)事故已经造成或者可能造成的伤亡人数(包括下落不明的人数)和初步估计的直接经济损失。 (5)已经采取的措施。 (6)其他应当报告的情况

考点2　生产安全事故调查

项目	具体内容
事故调查工作的要求	(1)事故调查处理应当坚持实事求是、尊重科学的原则，及时准确地查清事故经过、事故原因和事故损失，查明事故性质，认定事故责任，总结事故教训。提出整改措施并对事故责任者依法追究责任。 (2)县级以上人民政府应当依照《生产安全事故报告和调查处理条例》的规定，严格履行职责，及时、准确地完成事故调查处理工作。 (3)事故发生地有关地方人民政府应当支持、配合上级人民政府或者有关部门的事故调查处理工作，并提供必要的便利条件。 (4)参加事故调查处理的部门和单位应当互相配合，提高事故调查处理工作的效率。 (5)工会依法参加事故调查处理，有权向有关部门提出处理意见。 (6)任何单位和个人不得阻挠和干涉对事故的报告和依法调查处理
组织原则与影响	(1)事故调查工作实行“政府领导、分级负责”的原则。 (2)特别重大事故由国务院，或者国务院授权有关部门组织事故调查组进行调查。 (3)重大事故、较大事故、一般事故分别由事故发生地省级人民政府、设区的市级人民政府、县级人民政府负责调查

续表

项目	具体内容
组织原则与影响	(4)下列情况下，上级人民政府可以调查由下级人民政府负责调查的事故：①事故性质恶劣、社会影响较大的；②同一地区连续频繁发生同类事故的；③事故发生地不重视安全生产工作、不能真正吸取事故教训的；④社会和群众对下级政府调查的事故反响十分强烈的；⑤事故调查难以做到客观、公正的。 (5)自事故发生之日起30日内(道路交通事故、火灾事故自发生之日起7日内)，因事故伤亡人数变化导致事故等级发生变化，应当由上级人民政府负责调查的，上级人民政府可以另行组织事故调查组进行调查。 (6)特别重大事故以下等级事故，事故发生地与事故发生单位不在同一个县级以上行政区域的，由事故发生地人民政府负责调查，事故发生单位所在地人民政府应当派人参加

考点3　生产安全事故处理

项目	具体内容
生产安全事故处理相关规定	(1)重大事故、较大事故、一般事故，负责事故调查的人民政府应当自收到事故调查报告之日起15日内做出批复；特别重大事故，30日内做出批复，特殊情况下，批复时间可以适当延长，但延长的时间最长不超过30日。 (2)有关机关应当按照人民政府的批复，依照法律、行政法规规定的权限和程序，对事故发生单位和有关人员进行行政处罚，对负有事故责任的国家工作人员进行处分。 (3)事故发生单位应当按照负责事故调查的人民政府的批复，对本单位负有事故责任的人员进行处理。 (4)负有事故责任的人员涉嫌犯罪的，依法追究刑事责任。 (5)事故发生单位应当认真吸取事故教训，落实防范和整改措施，防止事故再次发生。防范和整改措施的落实情况应当接受工会和职工的监督。 (6)安全生产监督管理部门和负有安全生产监督管理职责的有关部门应当对事故发生单位落实防范和整改措施的情况进行监督检查。 (7)事故处理的情况由负责事故调查的人民政府或者其授权的有关部门、机构向社会公布，依法应当保密的除外

第二节　安全生产统计分析

考点1　事故统计的范围和内容

项目	具体内容
事故统计的范围和内容	(1)伤亡事故统计的范围：中华人民共和国领域内从事生产经营活动的单位。 (2)统计内容：①企业的基本情况；②各类事故发生的起数；③伤亡人数；④伤亡程度；⑤事故类别；⑥事故原因；⑦直接经济损失

考点2　经济损失的统计与计算方法

<table>
<tr><th>项目</th><th colspan="2">具体内容</th></tr>
<tr><td>直接经济损失的统计</td><td colspan="2">(1)人身伤亡后所支出的费用:①医疗费用(含护理费用);②丧葬及抚恤费用;③补助及救济费用;④歇工工资。
(2)善后处理费用:①处理事故的事务性费用;②现场抢救费用;③清理现场费用;④事故罚款和赔偿费用。
(3)财产损失价值:固定资产损失价值和流动资产损失价值。
①固定资产损失价值按下列情况计算:报废的固定资产,以固定资产净值减去残值计算;损坏的固定资产,以修复费用计算。
②流动资产损失价值按下列情况计算:原材料、燃料、辅助材料等均按账面值减去残值计算;成品、半成品、在制品等均以企业实际成本减去残值计算</td></tr>
<tr><td>间接经济损失的统计</td><td colspan="2">(1)停产、减产损失价值。
(2)工作损失价值。
(3)资源损失价值。
(4)处理环境污染的费用。
(5)补充新职工的培训费用。
(6)其他损失费用</td></tr>
<tr><td rowspan="4">计算方法</td><td>经济损失计算</td><td>$E=E_d+E_i$
式中:E——经济损失,万元;
E_d——直接经济损失,万元;
E_i——间接经济损失,万元</td></tr>
<tr><td>工作损失价值计算</td><td>$V_W=D_LM/(SD)$
式中:V_W——工作损失价值,万元;
D_L——一起事故的总损失工作日数,死亡一名职工按6 000个工作日计算,受伤职工视伤害情况按《企业职工伤亡事故分类标准》(GB 6441—1986)的附表确定,日;
M——企业上年税利(税金加利润),万元;
S——企业上年平均职工人数,人;
D——企业上年法定工作日数,日</td></tr>
<tr><td>固定资产损失价值计算</td><td>(1)报废的固定资产,以固定资产净值减去残值计算。
(2)损坏的固定资产,以修复费用计算</td></tr>
<tr><td>流动资产损失价值计算</td><td>(1)原材料、燃料、辅助材料等均按账面值减去残值计算。
(2)成品、半成品、在制品等均以企业实际成本减去残值计算</td></tr>
</table>

续表

项目	具体内容	
经济损失的评价指标	千人经济损失率	$R_S(‰) = E/S \times 1\,000$ 式中：R_S——千人经济损失率； E——全年内经济损失，万元； S——企业平均职工人数，人
	百万元产值经济损失率	$R_V(‰) = E/V \times 100$ 式中：R_V——百万元产值经济损失率； E——全年内经济损失，万元； V——企业总产值，万元

第七章　经典案例

案例 1

2011 年 11 月 29 日 4 时，A 铁矿 390 平巷盲竖井的罐笼在提升矿石时发生卡罐故障，罐笼被撞破损后卡在距离井口 2.5 m 处。当班绞车工甲随即升井并向矿长乙和维修工丙报告后，乙和丙下井检修。丙在没有采取任何防护措施的情况下 3 次对罐笼角、井筒护架进行切割与焊接，切割与焊接作业至 7 时结束。随后乙和丙升井返回地面。

当日 7 时 29 分，甲在绞车房发现提升罐笼的钢丝绳异动，前往井口观察，发现盲竖井内起火，当即返回绞车房，关闭向井下送电的电源开关并立即升井向乙和丙报告。随后甲和丙一起下井，到达 390 平巷时烟雾很大，能见度不足 5 m，甲和丙前行到达离起火盲竖井约 300 m 处，无法继续前行，遂返回地面向乙汇报。乙立即报警，调矿山救护队救援，并启动 A 矿山应急救援预案。截至 11 月 29 日 10 时核实井下被困人员共 122 人，其中救护队救出 52 人，70 人遇难。遇难人员中包括周边的 4 座铁矿 61 名井下作业人员。

事故调查发现：A 铁矿与周边的 4 座铁矿越巷开采，井下巷道及未开采区互相贯通。各矿均未形成独立的通风系统，且安全出口和标志均不符合安全规定。

事故调查组确认，该起事故的直接原因是丙在切割与焊接作业时，切割下来的高温金属残块及焊渣掉落在井槽充填护套的表面上，造成荆笆着火，引燃充填护套的可燃物，引发火灾。该起事故的经济损失包括：人员伤亡后所支出的费用 9 523 万元、善后处理费用 3 052 万元、财产损失 1 850 万元、停产损失 580 万元和处理环境污染费用 5 万元。

根据以上场景，回答下列问题：

1. 根据《火灾分类》(GB/T 4968) A 铁矿盲竖井发生的火灾类别属于(　　)。

A. A 类火灾　　B. B 类火灾　　C. C 类火灾　　D. D 类火灾

E. E 类火灾

2. 在 A 铁矿 390 平巷盲竖井进行切割与焊接作业，应办理的许可手续是(　　)。

A. 受限空间作业许可　　B. 带电作业许可

C. 动火作业许可　　D. 高温作业许可

E. 潮湿作业许可

3. 根据以上场景中所列出的数据，该起事故的直接经济损失为(　　)万元。

A. 9 523　　B. 12 575　　C. 14 425　　D. 15 005

E. 15 010

4. 这起事故中,当甲发现盲竖井内起火时,应该采取的应急措施包括(　　)。

A. 设法使盲竖井风流反向

B. 设法加大盲竖井风速

C. 用灭火器灭火,灭火无效时迅速撤离

D. 向 A 铁矿调度室报告火情

E. 通知现场人员撤离

5. 根据事故情况,A 铁矿的应急管理工作应改进的方面包括(　　)。

A. 矿井火灾等事故的应急预案方面

B. 下井作业人员配备自救设备方面

C. 用文件的形式授权矿长乙全权处理矿井火灾事故方面

D. 高危行业安全生产责任保险方面

E. 矿井通信系统及安全标志标识方面

参考答案及解析

1. A 【解析】A 类火灾指固体物质火灾。这种物质通常具有有机物质,一般在燃烧时能产生灼热灰烬,如木材、棉、毛麻纸张火灾。题中为高温金属残块及焊渣引发荆笆着火,属于固体火灾,A 选项正确。

2. C 【解析】在禁火区进行焊接与切割作业,在易燃、易爆场所使用喷灯、电钻、砂轮等、以及进行可能产生火焰、火花或炽热表面的临时性作业均属动火作业。在禁火区进行动火作业应办理动火安全作业许可证,严格履行申请、审核和批准手续。

3. C 【解析】该起事故造成的直接经济损失为 9 523 + 3 052 + 1 850 = 14 425(万元)。

4. CD 【解析】生产经营单位发生生产安全事故后,事故现场有关人员应当立即报告本单位负责人。单位负责人接到事故报告后,应当迅速采取有效措施,组织抢救,防止事故扩大,减少人员伤亡和财产损失。目的,按照国家有关规定立即如实报告当地负有安全生产监督管理职责的部门,不得隐瞒不报、谎报或者拖延不报,不得故意破坏事故现场、毁灭有关证据。

5. AE 【解析】依据本案例,矿井火灾事故的应急预案方面需要改进。本案例中井下巷道及未开采区互相贯通,各矿均未形成独立的通风系统,且安全出口和标志均不符合安全规定,所以矿井通信系统及安全标志标识方面需要改进。

案例 2

某日,某矿山近百人分 4 个组下井作业:1 个组到采矿工作面采矿,2 个组掘进切眼,另外1个组去采矿面回风巷回收铁棚。回收组的几个人在8时左右到达工作地点开始进行回收作业,完成任务后往外走时,突然听到巨响感觉出事了,他们根据冲击波方向判断是矿工作面发生了瓦斯爆炸,立即报告调度室。调度室接到报告后立即启动应急预案,通知救护队、医院、矿领导及有关人员,组成抢险救灾领导小组,派救护队进入采矿工作面进行抢救。救护队连续工作20多个小时,先后发现28名遇难人员尸体。抢险救灾领导小组考虑救护队已非常疲劳,且遇难的29人中有28人已找到,因此决定次日上午让救护队员休息下午再继续寻找另1名遇难者。次日中午12时,安排救护队到413工作面寻找另1名遇难者的同时,又安排25人到采矿工作面外采区进风巷清理维修,为寻找另1名遇难人员做准备。当救护队和维修作业人员还未到达作业地点时灾区发生了第2次爆炸,走在前面的21人当场死亡、5人受伤。

根据以上场景,回答下列问题:

1. 事故调查组成员应该符合哪些条件?具体到这起事故主要聘请哪方面的专家进行技术鉴定?

2. 这起事故是由2次事故组成的,第1次是在生产作业时发生的事故,第2次是在抢险救灾事故过程中发生的事故,2次事故的性质不同。是否应该按2次事故进行调查和处理?主要教训是什么?

3. 调查组应该由哪些部门参加?

4. 根据《企业职工伤亡事故分类》(GB 6441),列出413工作面可能发生的事故类别。

参考答案及解析

1. 调查组成员应该符合以下条件:

(1)具有事故调查所需要的某一方面的专长。

(2)与所发生事故没有直接利害关系。

这起事故主要应该聘请瓦斯、通风、机电等方面的专家进行技术鉴定。

2. 这是一起特别重大事故,应该按照《生产安全事故报告和调查处理条例》进行调查和处理,而不能按2起重大事故进行调查处理。主要教训是救援人员的安全没有得到保障,所以,应在矿井救灾计划中拟定保障救援人员安全的措施。

3. 调查组应该由矿山安全监察机构、监察部门、工会组织、公安、煤炭管理部门组成。

4. 该工作面可能发生的事故类别有物体打击、机械伤害、触电、火灾、冒顶片帮、透水、爆破、火药爆炸、瓦斯爆炸、其他爆炸、中毒和窒息、其他伤害等。

案例 3

将某矿山 A 企业采用地下开采方式,设计生产能力为 50×10^4 t/a,服务年限为 30 年,已经开采 22 年,采矿作业委托具有资质的承包商 B 企业进行。井下有 2 个中段同时生产,矿山周边有采空区和废弃井巷,并已初步探明周边采空区充水。A 企业设有安全管理部门,安全管理人员不定期在井下进行安全检查,承包商 B 企业配备了专职安全管理人员。2008 年 4 月某日,一组当班作业人员在第 3 工作面爆破时,将临近的采空区炸穿,发生透水事故。此时另一组当班作业人员正在标高低于第 3 工作面的第 2 工作面作业,造成 1 人死亡。

根据事后调查,A 企业与 B 企业签订了安全协议,提供了安全管理制度并进行了培训,在作业前 A 企业已经向 B 企业进行了技术交底,并要求探水。B 企业员工有培训教育记录,但都是一些简单告知内容。员工大多为临时工,且人员流动率很高。

根据以上场景,回答下列问题:

1. 参照《企业职工伤亡事故分类》(GB 6441),对该矿山的危险有害因素进行辨识。

2. 对承包商安全管理的要点和关键环节有哪些?

3. 指出 A 企业在承包商安全管理中存在的问题。

4. 指出 A 企业在隐患排查治理方面存在的问题。

参考答案及解析

1. 该矿山的危险有害因素包括:(1)物体打击;(2)车辆伤害;(3)机械伤害;(4)触电;(5)火灾;(6)高处坠落;(7)冒顶片帮;(8)透水;(9)爆破;(10)火药爆炸;(11)中毒和窒息。

2. 对承包商安全管理的要点和关键环节:

(1)发包工程的内部管理。以生产经营单位名义发包工程,明确工程归口管理部门,工程应发包给具有相关资质的单位,对承包商资质和条件进行审查,复印并保存有关见证材料,依法签订合同,签订安全协议,开工前向承包商收取安全风险抵押金。审查材料包括:营业执照及资质证书、近 3 年安全记录、人员技术素质及安全技能的证明材料、工器具及安全防护设备合格检验报告、安全管理组织机构、按规定配备的专兼职安全管理人员是否持有资质证书等。

(2)安全协议主要内容有:①发包单位提出的确保施工安全的组织措施、安全措施和技术措施要求;②承包商制定的确保施工安全的组织措施、安全措施和技术措施;③承包商应遵守的安全生产规章制度;④发包单位对现场实施奖惩的有关规定;⑤事故报告、调查、统计、责任划分的规定;⑥对承包商人员进行安全教育、考试及办理进入现场应履行的程序;⑦承包商不得擅自将工程转包、分包、返包的要求;承包商不得擅自更换工程技术安全管理人员及特殊工种人员;⑧承包商不得使用童工、职业禁忌证人员的要求等。

(3)现场安全管理要求:①对承包商进行全面的技术交底,对承包商进行教育培训和考试,提供有关安全生产的制度、规程和要求;②在有危险性的生产区域内作业,应要求承包商做好作业安全风险分析,并制定安全措施,经发包方审批后,监督承包商实施;③在承包商进入现场前,对承包商进行安全、设备设施保护教育,实行出入证管理;④承包商取得开工手续后方可开工;⑤发包单位安全管理人员应深入现场,检查指导安全施工,对施工安全进行监督,及时纠正违章情况,按规定惩处;⑥同一工程项目或同一作业场所有多个承包商作业的,应与承包商签订专门的安全管理协议或者在合同中制定各自的安全生产管理职责,发包单位对各承包商的安全生产工作统一协调管理;⑦承包商队伍严重违章作业,导致事故,发包方有权要求承包商停工整顿,有权决定终止合同执行。

3. A 企业在承包商安全管理中存在的问题:

(1)对承包商员工技术素质要求不严,对承包商人员变化的控制不完善,教育培训深度不够。

(2)对承包商现场监督管理考核不严格,对于提出的要求没有督促、跟踪、落实到位,没有进行深度管理。

4. A 企业在隐患排查治理方面存在的问题:

(1)没有对初步探明的采空区充水的隐患进行全面评估,没有认识到存在的高风险,因此采取了常规的控制手段,没有针对高风险制订专门的安全技术措施并严格加以实施。

(2)没有排查出爆破过程中对其他作业面作业人员产生的影响这一隐患,没有采取相应的控制措施(如固定爆破时间、相关人员撤离等)。

(3)对探水作业执行情况的检查不够深入,没有发现问题并要求承包商进行整改,以至没有发现事故征兆。

案例 4

某铁矿以 16 号勘探线为界划分为南北两区,井下采切工程、采矿作业由 8 个外委施工单位承担,施工与生产人员千余人。

北区采用斜井开拓方式,距斜井井底车场变坡点 15 m 处设有躲避硐室,硐室东壁为砖砌墙,外抹水泥砂浆,硐室长 × 底宽高为 6 m × 3 m × 3 m,中间为铝合金隔断,隔断靠近硐室南部有一扇铝合金推拉门,宽约 600 m。硐室东侧靠近北墙东西方向摆放有由床板搭成的床、办公用桌和放电话的小桌子,南墙有一个存放靴子和工作服的铁皮箱,隔断外基本没有放置其他物品。隔断内和隔断外拱顶部各有一盏照明灯。据详细询问,该照明灯为普通 200 W 白炽灯,其线路由信号硐室引入,并沿硐室南墙通过拱顶连线,电压等级为 220 V,照明开关为拉线开关,还有一空气开关,固定在铝合金隔断内框上。

2009 年 7 月 11 日 9 时 30 分,某民爆公司运送 14 箱炸药和 600 发导爆管雷管至该铁矿北区斜井井口。炸药由施工队工人用矿车运送至井底车场，一部分转运放置于躲避硐室内。10时10分左右，施工队爆破工领取600发导爆管雷管，撕下塑料包装，用软绳捆绑在一起，徒步经斜井人行道送至井下。导爆管雷管被运送至躲避硐室内，此时多名工人在躲避硐室处等待领取炸药和导爆管雷管。10时25分，躲避硐室内发生爆炸。事故共造成16人死亡，6人受伤，直接经济损失1 000余万元。

根据以上情景，回答下列问题：

1. 试分析引起此事故的主要原因。

2. 外来施工队伍必须具备哪些安全生产准入条件。

3. 此类火药爆炸事故预防措施有哪些。

参考答案及解析

1. 事故的主要原因：(1)导爆管雷管裸露运送；(2)违规将躲避硐室作为井下爆破器材发放站；(3)违反《爆破安全规程》相关规定，炸药在井底车场停留；(4)炸药与导爆管雷管同时放置于躲避硐室，存在混放、混发现象；(5)爆破器材发放地点的照明电缆、照明灯具、空气开关、拉线开关、电压等级等不符合《爆破安全规程》(CB 6722)14.2.3.10项(应采用防爆型或矿用密闭型电气设备，电线应采用铜芯铠装电缆；井下库区的电压宜为36V；贮存爆破器材的硐室或壁槽，不应安装灯具)的有关规定；(6)爆破器材运输、分发及使用的相关管理、检查制度欠缺；(7)外包工程施工单位管理不严格，安全管理责任不落实。

2. 必须具备的安全准入条件：(1)取得采掘施工单位安全生产许可证，并到施工项目所在地县级以上人民政府安全生产监督管理部门备案；(2)按规定配备专兼职安全管理人员，且主要负责人和安全管理人员持有有效的安全生产资格证书；(3)特种作业人员持有有效的安全作业证；(4)有基本的安全生产管理制度；(5)与工程发包单位签订安全生产管理协议；(6)所带来的特种设备有有效的检测检验合格证明；(7)参加工伤社会保险或安全生产责任保险，并为从业人员缴纳保险费。

3. 事故预防措施：(1)井下爆破器材分库必须进行正规设计；(2)井下爆破器材分库的建设与使用必须符合设计要求；(3)严格爆破器材安全管理，爆破器材的运输、储存、分发须符合相关规定要求爆破材料必须用专车运送，严禁炸药、起爆器材同车运送、混放、混发；严禁在无防爆设施的区域发放爆破器材；(4)从事爆破作业的人员必须经专门的安全技术培训并考核合格，持证上岗。

案例5

某铁矿采用地下开采方式，竖井、斜坡道联合开拓，空场采矿嗣后充填，开采规模为年产原矿200×10^4 t，开采深度范围为50 m至-140 m，水文地质条件为简单类型，矿岩中等稳固，矿体局部有极薄的绢云母软弱夹层。

该矿主、副井提升系统均选用落地式多绳摩擦提升机，主井采用 14 m^3 的箕斗提升矿石，副井采用单层罐笼提升人员、材料和掘进废石，副井内设有梯子间；斜坡道为井下无轨运输设备进出地表的通道，按单车道加错车道设计，其硐口标高为 +110 m；另设有东进风井和西回风井，且均设有梯子间。该矿井下采掘施工全部外委给 3 个外来施工队伍。该矿地面工业场地设有办公楼、选矿厂（原矿处理能力为 200×10^4 t/a）、110 kV 变电站、尾砂充填站、空压机房、提升机房、锅炉房（8 t/h 燃煤蒸汽锅炉 1 台）等设施。部分地面工业设施处在矿体开采的影响范围内。选矿厂主要生产及辅助设备包括带式输送机、圆锥破碎机（中细碎）、双层圆振动筛、球磨机、磁选机等，另有不同起重量的行车多台。该矿井下主要生产设备包括手持式凿岩设备、柴油铲运机、14 t 电机车、颚式破碎机（粗破）、柴油运矿卡车等。

该矿井下设有硐室型爆破器材库（可储存炸药 10 t、非电导爆管 30 000 m 和导爆雷管 20 000发）、中央变电所、水泵房、采区变电所、卸矿硐室、风机房、破碎硐室及井下调度室等硐室。

离矿 3 km 处设有一座用黏土堆筑的四面筑坝的尾矿周转库，设计坝高 8 m，库容为 120×10^4 m^3，库区周边 500 m 范围内有农田，但无民房。

该矿于 2012 年 5 月通过了安全生产监督管理部门组织的安全设施竣工验收，并于 8 月 20 日取得了安全生产许可证。8 月 28 日，该矿发生电焊工检修作业触电身亡事故，死亡 1 人。2012 年 8 月 29 日至 2013 年 8 月，该矿未发生工亡事故，且其安全标准化系统已运行 10 个多月。

根据以上情景，回答下列问题：

1. 辨识该矿生产工艺系统可能存在的重大危险源。

2. 外来施工队伍必须具备哪些安全生产准入条件？

3. 针对井上下作业风险，该矿可能的专项应急预案应包括哪几项？

4. 该矿应建立哪些监测监控与紧急避险系统？

参考答案及解析

1. 重大危险源包括：(1) 井下爆破器材库。(2) 尾矿库。

2. 外来施工队伍应具备的条件包括：

(1) 取得采掘施工单位安全生产许可证，并到施工项目所在地县级以上人民政府安全生产监督管理部门备案。

(2) 按规定配备专兼职安全管理人员，且主要负责人和安全管理人员持有有效的安全生产资格证书。

(3) 特种作业人员持有有效的安全作业证。

(4)有基本的安全生产管理制度。

(5)与工程发包单位签订安全生产管理协议。

(6)所带来的特种设备有有效的检测检验合格证明。

(7)参加工伤社会保险或安全生产责任保险,并为从业人员缴纳保险费。

3.专项应急预案有:

(1)冒顶片帮。

(2)火灾。

(3)中毒和窒息。

(4)坠罐。

(5)尾矿库溃坝。

(6)火药爆炸。

(7)容器爆炸。

4.该矿应建立的监测监控与紧急避险系统有:(1)有毒有害气体监测。(2)通风系统监测。(3)视频监控系统。(4)地表沉降监测。(5)完善井下紧急避灾路线,标识清晰,保持通畅。

案例6

某矿采用抽出式通风,各中段作业地点辅以局部通风机进行局部压入式通风。二工区在510主巷装有一台局部通风机,经南行人天井向508采场进行压入式通风。2010年3月10日凌晨4时,6名作业人员进入二工区508采场进行钻孔爆破作业,此时9~10号漏斗间有碎石堆积,碎石距巷道顶板仅0.7 m,巷道已经出现通风不畅;工人未处理碎石,仍然进行了爆破作业,导致9~10号漏斗间的碎石堆积进一步增加,并最终堵塞巷道,造成风流阻断,炮烟无法扩散排出。爆破产生的炮烟在508采场内积聚,并逐渐蔓延扩散至北人行天井中下部。20时30分,3名运矿工人由天井进入采场,由于天井及采场内炮烟浓度过高,3名工人中毒窒息倒地。事故发生半小时后,在其他地点作业的3名工人感觉可能发生了事故,便连同经过的两名工人前去救援。其中4人由天井进入采场,1人在天井底部等待。由于炮烟仍未扩散排出,进入采场的4人在施救过程中先后中毒窒息倒地,位于天井底部的1人也因吸入炮烟而中毒窒息倒地。事故共造成8人死亡,直接经济损失578万元。

根据以上场景,回答下列问题:

1.试分析此次事故相关的安全管理问题。

2.针对本次事故,中毒窒息事故的预防措施有哪些?

3.针对本次事故,应采取的整改措施有哪些?

参考答案及解析

1. 安全管理的问题有：

(1)现场安全管理混乱，未能及时消除爆堆对通风系统的影响。

(2)井下人员培训不足，未给入井人员配备和正确佩戴个体防护装置，盲目施救。

(3)入井人员未佩戴自救器和气体检测仪。

(4)安全生产责任制度落实不力，未严格执行安全管理制度。

(5)未认真实施事故防范措施。

2. 中毒窒息事故的预防措施有：

(1)建立完善机械通风系统，确保井下风质、风量满足要求。

(2)加强局部通风。

(3)必须配备便携式气体检测报警仪，人员进入采掘工作面前，应检测有毒有害气体浓度。

(4)井下废弃巷道必须及时封闭，并设置明显的警示标志。

(5)建设完善安全避险"六大系统"，尤其要为每一位入井人员配备自救器并确保随身携带。

(6)制定有针对性的应急预案，并定期组织演练。

(7)禁止在未采取有效防护措施的情况下盲目施救。

3. 针对本次事故，应采取的整改措施有：

(1)优化通风设计，优先设置先行通风天井，在不具备条件布置先行通风天井的个别采场，要减小采场长度。

(2)加强局部通风和现场安全管理，加强现场检查。

(3)加强安全教育培训工作，保证从业人员具备必要的安全生产知识，熟悉有关的安全生产规章制度和安全操作规程，掌握本岗位的安全操作技能，增强从业人员对本职岗位危险因素的识别能力，熟练本职岗位的防范措施和事故应急措施。

(4)加强采场通风系统监测和有毒有害气体监测，建立智能监测监控系统。

(5)为入井人员配备自救器。

案例 7

某大型地下铁矿，采用充填法开采，设计规模为 $600 \times 10^4 t/a$。尾矿大部分用于充填井下采空区，部分排入尾矿库，尾矿库为三等库。矿山井下分东采区、中一采区、中二采区、西采区，每个采区有 3 ~5 个采矿中段，各生产水平通过斜坡道连通，四个采区共用 −465 m 水平运输中段、主井提升、副井提升。该矿一期工程于 2014 年 2 月取得了安全生产许可证。

2018 年 2 月该矿一期工程达产。2019 年该矿共产生尾砂 220×10^4 t，其中 80×10^4 t 排入尾矿库。2020 年 1 月，该矿启动二期延深工程建设，委托分别负责采区一期生产任务的四家承包商同时负责二期建设，各自负责本采区开拓、采矿、提升运输、通风、供排水、供配电生产系统及其设备设施的运行管理。承担该矿主要生产任务的中一采区，由于充填不及时，形成了大量未充填采空区。

2020 年 5 月 8 日，当地县级人民政府应急管理部门现场督查发现该矿二期延深工程未批先建，遂下达执法文书，要求该矿立即停止二期延深工程建设，严格履行建设项目"三同时"程序。

根据以上场景，回答下列问题：

1. 列举该矿充填系统的专用安全设施。

2. 分析该矿未充填采空区可能导致的事故，并提出治理的技术措施和管理措施。

3. 指出该矿二期延深工程施工前履行建设项目安全设施"三同时"应开展的工作。

参考答案及解析

1. 该矿充填系统的专用安全设施包括：

(1) 充填管路减压设施。

(2) 充填管路压力监测装置。

(3) 充填管路排气设施。

(4) 充填搅拌站内及井下的安全护栏及其他防护。

(5) 充填系统事故池。

(6) 采场充填挡墙。

2. 可能导致的事故有：(1) 冒顶片帮。(2) 透水。(3) 中毒和窒息。

治理的技术措施和管理措施包括：(1) 充填。(2) 封闭。(3) 防止积水。(4) 警示标志标识、栅栏。(5) 定期巡查。

3. 该矿二期延深工程施工前履行建设项目安全设施"三同时"应开展的工作有：

(1) 委托有资质的单位编制安全预评价报告。

(2) 委托有资质的单位编制安全设施设计。

(3) 安全设施设计审查。

参考文献

[1]廖永平,曲光宇.金属非金属矿山安全生产标准.北京:煤炭工业出版社,2010.

[2]李晓飞,薛剑光.金属非金属矿山安全规程解读.北京:长江出版社,2006.

[3]吴肇鲁.金属非金属矿山主要负责人和安全生产管理人员培训教材.北京:冶金工业出版社,2016.

[4]安全生产隐患排查治理指导丛书编委会.金属非金属矿山安全生产隐患排查治理指导.北京:中国劳动社会保障出版社,2008.

[5]熊远喜.矿山企业安全生产管理人员安全培训教材.北京:气象出版社,2007.

[6]中国安全生产科学研究院.金属非金属矿山安全培训教程.北京:化学工业出版社,2006.

[7]郎咸民,许治国.矿山地质与灾害防治.北京:中国劳动社会保障出版社,2011.

[8]黎竹勋.安全生产督导师培训教程.北京:中国劳动社会保障出版社,2008.

[9]李烈荣等.中国地质灾害与防治.北京:地质出版社,2003.

[10]金属非金属矿山安全编委会.金属非金属矿山安全.武汉:湖北科学技术出版社,2003.

[11]中国安全生产科学研究院.金属非金属矿山安全培训课程.北京:化学工业出版社,2006.

[12]赵耀江.非煤矿山安全生产法规和安全生产技术.北京:煤炭工业出版社,2004.

[13]北京达飞安全科技有限公司.非煤矿山矿长和管理人员安全培训必读.北京:中国石化出版社,2005.

[14]国家安全生产监督管理局.矿山安全法规汇编.北京:煤炭工业出版社,2001.

[15]国家安全生产监督管理总局宣教中心,中华全国总工会劳动保护部.职工安全知识读本.北京:中国工人出版社,2006.

[16]北京达飞安全科技有限公司.非煤矿山职工安全培训教材.北京:中国石化出版社,2005.

参考文献